高等院校珠宝首饰专业人才培养精品教材

Rhino 首饰建模技法

徐　禹　周烨林　姚思懿　著

中国轻工业出版社

图书在版编目（CIP）数据

Rhino首饰建模技法 / 徐禹，周烨林，姚思懿著. —
北京：中国轻工业出版社，2022.6
　　ISBN 978-7-5184-3814-3

　　Ⅰ.①R… Ⅱ.①徐… ②周… ③姚… Ⅲ.①首饰—
产品设计—计算机辅助设计—应用软件—教材 Ⅳ.
①TS934.3-39

　　中国版本图书馆CIP数据核字（2021）第274892号

责任编辑：杜宇芳　　　责任终审：李建华　　　封面设计：锋尚设计
策划编辑：杜宇芳　　　责任校对：宋绿叶　　　责任监印：张　可

出版发行：中国轻工业出版社（北京东长安街6号，邮编：100740）

印　　　刷：艺堂印刷（天津）有限公司

经　　　销：各地新华书店

版　　　次：2022年6月第1版第1次印刷

开　　　本：787×1092　1/16　印张：18.25

字　　　数：450千字

书　　　号：ISBN 978-7-5184-3814-3　定价：99.80元

邮购电话：010-65241695

发行电话：010-85119835　传真：85113293

网　　　址：http://www.chlip.com.cn

Email：club@chlip.com.cn

如发现图书残缺请与我社邮购联系调换

200816J2X101ZBW

前言
PREFACE

　　"Rhino"（犀牛）是一款全球广泛应用的曲面建模软件，历时二十余年的迭代发展，功能日臻强大。它拥有NURBS的优秀建模方式，通过对建模数据的高精度控制，使得模型便于输出，并通过各种数控成型机器、3D打印设备加工制造。这些优异的特点使其在工业设计、产品艺术设计以及珠宝首饰设计等领域备受青睐。目前，首饰行业中的起版环节基本实现了3D设计、3D制造全覆盖，这也使得电脑建模成为首饰行业制版岗位的核心技能，也成为各大高校首饰专业教学的主要课程之一。建模融汇了设计审美造型与后期生产工艺，是一门介乎设计与工艺类的纽带型课程。

　　目前，各高校珠宝首饰设计类专业的软件类课程主要选用JewelCAD、Rhino、ZBrush等，而教学对象大都是初次面对软件建模的学生"小白"们。如何在有限的课时中，教会学生掌握软件基本命令，并建出基本符合生产工艺要求的模型，是每位任课教师一直思考的问题。建模，不仅需要建模者具有将平面设计呈现于三维空间内的技术能力，更需要把控模型符合后期生产工艺的数据要求。这也是我们在教学中需要传授的重要技能与知识点。要解决这些问题，带领"小白"入门的方式方法显得尤为重要。

　　正基于此，本人凭借在珠宝首饰专业十余年的教学经验，在已出版的《JewelCAD首饰设计》《JewelCAD首饰设计高级技法》基础之上，带领教学团队梳理汇集近年来建模课程中的教学案例，开发了此部教材。本书侧重于从基础入门到中级技巧阶段的学习，从零起步，既讲建模技巧，又讲首饰结构，建模过程注重与工艺知识的融合，帮助读者迅速达到从建模思路到技术实施的融会贯通。

　　本书以"点、线、面、体"为脉络，由易及难、循序渐进的章节安排，让初学者从零起步，有章可循地成为一名合格的首饰建模者。全书共六章。第一章是整体初识，介绍建模基本思路、数据要求、界面认知；第二章以由点成线的描图功能为主，通过常用的曲线工具和曲线编辑工具，学习平面构线案例；第三章以多种不同曲面功能为主，通过常用的曲面工具和曲面编辑工具，学习立体构面案例；第四章以由面成体的实体功能为主，通过实体工具和实体编辑工具，学习实体成型案例；第五章是综合案例学习，通过多款式和相对复杂的案例学习达到功能熟悉、建模技巧融会贯通的目标。第六章简要介绍3D打印工艺及缩水放量知识，按照设计到制作的流程步骤，故编排于本书最后一章。只是，希望读者提前阅读学习该章节，以便熟悉相关工艺数据要求。

全书示范案例均依据生产工艺要求，涵盖了艺术款、商业款、定制款等不同应用场景下的男戒、女戒、项链、耳饰、胸针、手镯、手串等首饰主要款型，较为全面总结了各款型的制作技巧和首饰结构，让读者较为全面直观地了解各项建模要领。

附录中，提供了手寸、腕寸、石重、多种镶嵌石位数据及蜡金换算表，便于读者查找对应建模数据。同时，本书案例提供源文件供读者在www.chilp.com.cn//qrcode/200816J2X101ZBW/fj.rar下载，以及各案例教学视频的二维码，便于各位读者扫码观看。本书云端文件仅供学习研究之用。

本书适合本科院校、高职高专类院校师生，以及首饰专业人士与珠宝首饰设计爱好者阅读参考。在此，与诸位共勉。

徐禹

2021年12月

目录
CONTENTS

第一章 Chapter

建模初探

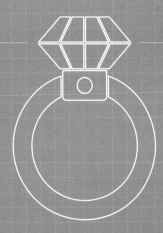

第一节　建模思路

Rhino软件功能命令全球一致，但建模的思路和方法，因人而异。无论通过何种思路和方法，只要能做到用适合的想法、简洁的步骤，做出理想的模型，就是最符合自己的建模思路。

本书各案例的建模思路与方法未必最佳。希望通过不同案例的多角度建模方法讲解，使读者在练习过程中熟悉工具与命令，了解建模思路，从而达到举一反三的效果。

Rhino建模的基本思路，主要是围绕"点、线、面、实体"的制作综合展开。

首先，由点成线，点的移动轨迹就是线。在Rhino软件中有多种特征点，譬如端点、顶点、中点、垂点等，通过这些特征点可以规范曲线的绘制，使用多种曲线功能，譬如控制点曲线、画圆曲线、弧线等，曲线的起点和终点往往连接于两个特征点上。如第二章所述，正是通过使用建模中常用的曲线工具和曲线编辑工具，实现平面构线的案例。

其次，由线成面，线的移动轨迹就是面。在已绘制好的曲线基础上，软件自动根据闭合曲线边界，在其中生成曲面，或者按照曲线的曲率、位置等参数得出相似参数的曲面。软件中，具有强大多样的曲面生成工具，可使用多种不同的曲面功能应对不同状态下的曲线边界。譬如，从网线建立曲面、放样、扫略、旋转成型等建面功能。如第三章所述，便是通过建模中常用的曲面工具和曲面编辑工具，对首饰款式进行立体构面案例教学。

再次，由面成实体，面的移动轨迹就是实体。要得到一个物体，需要先有物体的各个面，并要求这些面是相互之间严丝合缝地连接

着，从而组成封闭的实体物件。譬如，球体、立方体、圆管等实体工具，布尔运算、修剪等运算功能，帮助我们直接得到实体成型。如第四章，通过对建模中常用的实体工具和实体编辑工具，对各首饰款式进行实体成型案例教学。

虽然模型中是遵循由点成线——由线成面——由面成体的形体构建底层的逻辑运算关系，但是，作为一名设计师，我们活跃的建模思路并非是刻板的，也绝不能够从0到9按部就班地进行。我们需要根据设计方案或建模方案进行分析和思考，也并非只有一种方法或一种最优解可以实现建模。艺术设计是一种跳跃式的思维，归于模型构建则是多种形态组合能力的综合应用。Rhino建模思路中最重要的是逆向分析。例如，制作一个立方体，就要先分析出它是由六个正方形曲面构成，以及六个面之间的空间位置关系，再将六个正方形曲面制作出来，最终组合为一个立方体模型。

建模思路千人千面，各有所长。还是秉持这个观点：无论通过何种思路和方法，只要能做到用最恰当的想法、最简捷的步骤，做出最理想的模型，就是一种最符合自己的建模思路。

第二节　数据要求

电脑建模，自第一步起，便进入一个"0"和"1"的数字海洋，在由数字建构的虚拟空间内构建出虚拟的数字模型。模型数据输入3D打印设备执行后，才一点一层地在现实世界中堆积成为实体物件。这个实体物件的大小比例、高低厚薄，则和生产工艺的要求密切相关。所以，自第一步起，每一个输入的数据

命令是否能与现实空间的生产要求匹配，决定了虚拟数字模型能否成功地在现实世界诞生。这就是建模的数据基础要求法则。

一、第一数据法则："0.6"厚度

首饰模型中各部件厚度建议不小于0.6mm。

目前，首饰3D打印技术日臻成熟，0.2mm的薄型打印不在话下。但是，受限于自然物理条件下的首饰精密铸造工艺，目前最小浇铸厚度值约为0.3mm（视物件大小）。所以可打印成型不代表可以成功铸造。在精密铸造时，若模型厚度太薄，留下的空腔空间太小，造成金属液流动困难，容易失败（贵金属在铸造过程中，流动性会随着温度的降低逐渐减弱，蜡模体积过小所形成的石膏模空腔会相应地减小，如果金属熔液不能通过空腔就会导致铸造失败。）故而，除主体附属的钉、短且小的角位等特殊部位，一般的模型数据绝对不能小于这个数值，厚度尽量保持在0.6mm以上（如果首饰模型细节很多，在建模时就需要采取一些措施，例如：细节部分增加分支水口，既可支撑作业，又利于金属流通；或者修改设计方案，降低模型整体长度等，以利于铸造成功）。

二、第二数据法则：数值均衡

首饰模型中各部位厚度数值易均衡。

若首饰蜡模厚处与薄处厚薄悬殊时，由于浇铸时金属收缩程度不一致，容易使得铸造后的首饰表面产生砂孔，甚至裂缝的情况。因此在建模时要注意掌握厚度，整个模型厚度尽量平均一致；厚薄造型应该逐步过渡变化。

三、第三数据法则：缩水放量

缩水是指首饰从模型到成品，在制作过程中的每一个步骤都会出现不断缩小的情况：

（1）建模后，喷蜡打印，蜡（树脂）模与原始数据相比，产生约1‰的缩小情况。

（2）蜡版在金属浇铸成母版时，金属冷凝产生向内缩小的现象。（需补缩水）

（3）浇铸出的金属版，进行执版工序处理，这一过程损失了外层金属。（需补放量）

（4）金属版在压制胶模的过程中空腔体积缩小。（需补缩水）

（5）注蜡时，热蜡液冷凝产生微小收缩。（需补缩水）

（6）浇铸注蜡模时，再次出现金属冷凝收缩。（需补缩水）

（7）金属件在执模处理时，损失外侧金属。（需补放量）

以上7道工序是首饰批量生产必经工序，均出现不同程度造型收缩及金属损耗的必然情况，如图1-2-1，所示戒指版（铜版）的手寸号是港度19号，经过压胶模到注蜡复制成注蜡模后，缩小了1个手寸号，实际测量为港度18号，缩小程度是比较大的，如图1-2-2。

正因如此，导致最终产品与模型出现数据不一致的情况。这些减少的量，我们必须在建模之初就要预算出一个恰当的缩水量。适当地

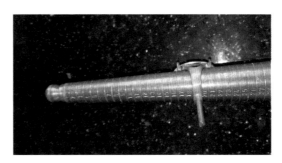

图1-2-1　铜版戒指手寸

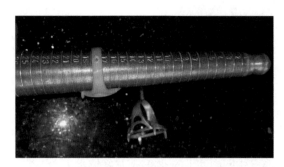

图1-2-2　注蜡模戒指手寸

将模型造型稍稍做大，以抵消后期铸造、胶模缩水。这个放大的数值称为放缩水率。

具体的放缩水率，应视不同产品大小、款式，以及各个企业采用的不同胶模材料、铸造中选用的石膏品质，以及铸造工艺、温度的不同；甚至地域环境、季节温度差异对注蜡模的影响而进行数据纠偏。所以，企业的放缩水值与执模留量均是根据自家生产工艺而拟定的。

一般而言，首饰的缩水可以参考下列设置：

1. 单件铸造缩水

单件模型直接打印、铸造，基本无须放缩水。

2. 批量铸造缩水

用于批量生产的模型，在制作时，一般比最终产品放大3%～4%，若模型体积较大，可放4%～6%。若把握不准缩水量，缩水稍放大些也无妨，可以在执版环节控制；如，戒指类建模，可放大1个手寸号进行。

3. 放量

放量是指模型整体计算出放缩水量后，再额外加大各部位数据，增加足够的损耗量以弥补后期执版、执模的损失，这个预留出的余量称之为放量。

具体留出多少余量可参考下列数据：

（1）单件产品在能执到模的位置要预留0.1～0.2mm的执模量；

（2）批量产品，需要经过执版、执模两个打磨工序，故在能执到的位置要预留0.2～0.3mm执模量。视产品使用材料不同，金货需少留余量，银、铜货可多留余量；

（3）凡是执不到的位置，如掏底、夹层死角等，一般留0.5～0.1mm供后期研磨设备研磨、抛光。

例如：批量生产G925吊坠，其成品厚度控制为1.25mm。按放量4%计算，模型各部件厚度应为1.25×1.04=1.3（mm），之后1.3mm再加上执版+执模放量0.25mm，故建模时，各部件的厚度应设定为1.55mm。

四、第四数据法则：掏底数值

掏底保留的厚度值，依据不同的款式与金属材料可参考下列数据及示意图。

（1）女戒掏底的边缘光金位置一般留1～1.2mm边宽度，如图1-2-3；男戒可留1.2～1.5mm，如图1-2-4。

图1-2-3　女戒掏底留边

图1-2-4　男戒掏底留边

（2）掏底后的厚度，依照金属材料的不同而有所差异：一般银为0.8～1.2mm，K金及铂金为0.7～0.8mm，如图1-2-5。

（3）掏底顶部是镶石位置：顶部镶嵌为钉镶，一般保持镶石腰部至掏底顶部距离最低为0.7mm；顶部镶嵌是包镶与逼镶，则需留厚1.2～1.5mm，如图1-2-6。

五、杂项数据

（1）首饰模型中，凡是分层造型，层与层之间的高度差宜在0.5mm以上；如图1-2-7。

（2）首饰模型中，凡是开槽挖坑，坑槽等减缺空间深度宜在0.5mm以上；如图1-2-8。

（3）首饰模型中，凡是两两间隙处，间隙间距宜在0.5mm以上，如图1-2-9。

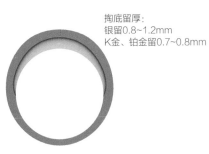

掏底留厚：
银留0.8~1.2mm
K金、铂金留0.7~0.8mm

图1-2-5　掏底留厚

掏底顶部是钉镶位置，掏底顶部至石腰需保留0.7~0.8mm厚度

图1-2-6　钉镶位置掏底留厚

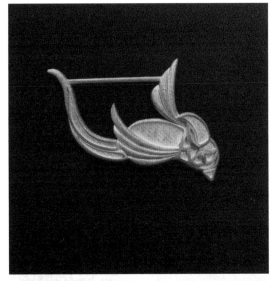

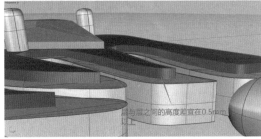

图1-2-7

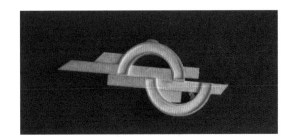

图1-2-8

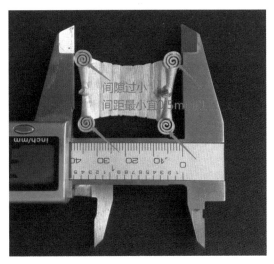

间隙过小
间距最小宜0.5mm以上

图1-2-9

（4）首饰模型中，瓜子扣内径以及穿链位置内径，一般做到2mm×4mm，最小高度为1.5mm×3.5mm，圆型的最小为2mm，如图1-2-10、图1-2-11。扣圈内直径最小要1.5mm，圈直径最小0.8mm以上，如图1-2-12。

（5）首饰模型中，若是造型的尖角位置，若是批量生产，其尖角端的厚度不宜过薄，宜控制在0.8mm左右，如图1-2-13。

（6）首饰模型中，若是造型的尖角位置，若是批量生产，其尖角端的厚度不宜过薄，宜控制在0.8mm左右，如图1-2-13。

（7）首饰模型中，凡是有较长独立线条的设计，宜控制在1.0mm以上，如图1-2-14。

（8）戒指圈底部厚度一般女戒为1.2mm，男戒为1.5mm。

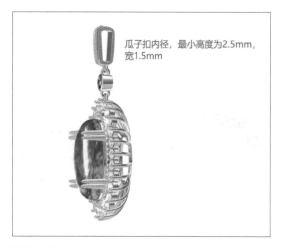

图1-2-10

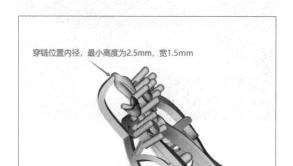

图1-2-11

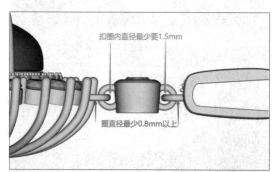

图1-2-12

图1-2-13

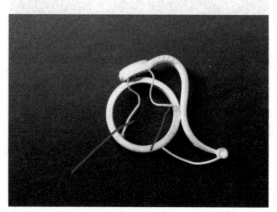

图1-2-14

六、其他要求：

（1）一般低值饰品类首饰模型建模时，石位中凡是镶不到石头的位置，可以放入1粒石头模型，后期减缺石位时，留下该石，后期打印时将该石头直接打印出来，形成假石。

（2）在槽位中排列石位时，若出现石位不足而出现只能排下"半边石"的情况，也可直接留下半边石模型一起打印。

（3）处于转角位的石位应该增加到3颗钉以防蜡镶嵌掉石。

（4）石位布满后，槽位收窄形成尖角收口处的空余位置，应该视留空位大小，放置1颗或是多颗假钉。

（5）结尾处的石位上，钉一定要比其他钉略调粗一点，高一点，以防止后期镶嵌时，尾部推钉力量较大而出现掉石情况。

第三节　界面认知

一、区域认知

学习软件前，需先了解软件主界面的功能排布。整个Rhino软件主界面由文件名、菜单栏、参数指令栏、标签栏、工具栏、属性栏、状态栏、视图窗口等几个模块组成，请读者参考图1-3-1~图1-3-7，了解所属模块在软件界面中的区域位置。

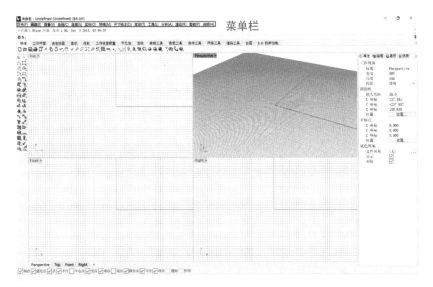

图1-3-1

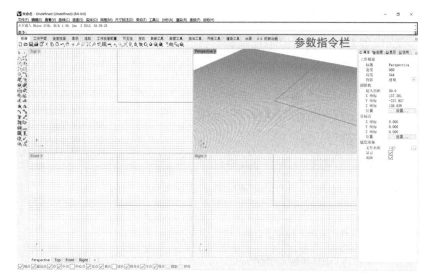

图1-3-2

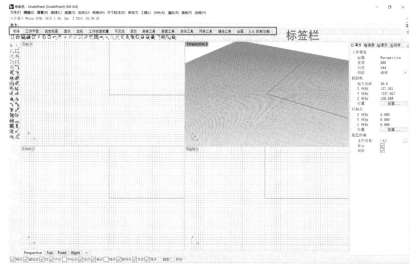

图1-3-3

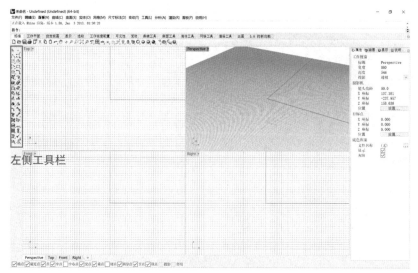

图1-3-4

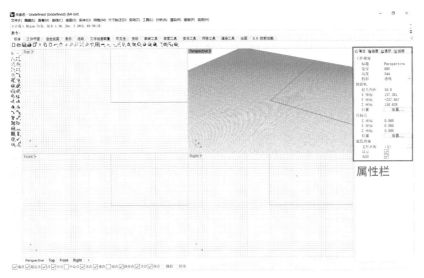

属性栏

图1-3-5

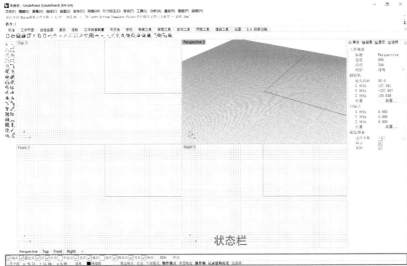

状态栏

图1-3-6

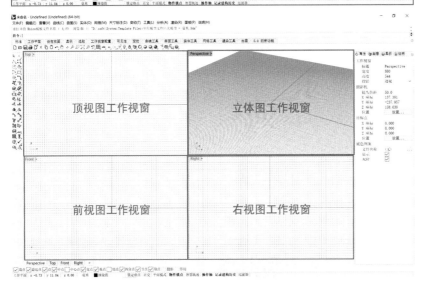

图1-3-7

二、环境设置

软件中，读者可以对Rhino进行一些个性化设置，令软件整体环境有利于首饰类精度高、体量小的物件建模。

点击【标准】标签栏下的【选项】功能，打开Rhino选项设置窗口，如图1-3-8。

（1）设置线框模式下"点"的显示大小。

"Rhino选项"—"视图"—"显示模式"—"线框模式"—"物件"—"点"，将3处点的大小设置为"5"，如图1-3-9。

（2）设置线框模式下"线"的显示大小。

"Rhino选项"—"视图"—"显示模式"—"线框模式"—"物件"—"曲线"，将曲线宽度设置为"5"，如图1-3-10。

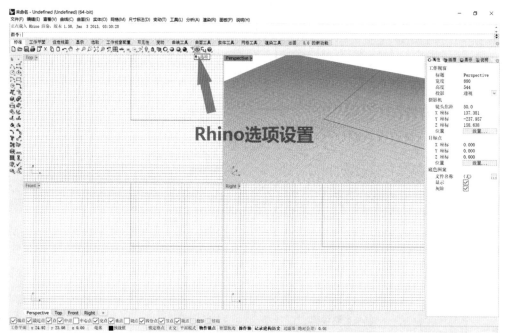

图1-3-8

图1-3-9

图1-3-10

（3）设置着色模式下"线"的显示大小。

"Rhino选项"—"视图"—"显示模式"—"着色模式"—"物件"—"曲线"，将曲线宽度设置为"5"，如图1-3-11。

（4）设置显示未显示出的功能组模块。

于"Rhino选项"—"工具列"中，勾选未显示的功能组，如图1-3-12。

（5）设置工作界面颜色。

于"Rhino选项"-"外观"-"颜色"中，可设置Rhino界面和工作场景的颜色，如图1-3-13。

图1-3-11

图1-3-12

图1-3-13

2 第二章 Chapter 从线出发

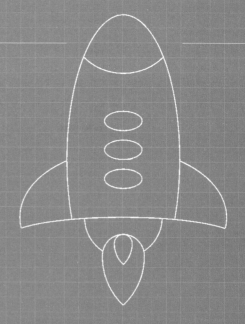

第一节　曲线绘制

视频2.1
曲线绘制

曲线描绘是犀牛建模之基石。是由点及线绘制平面图形的不二工具，是进阶曲面、实体造型等功能的学习基础。通过对本节曲线工具的学习，读者主要掌握曲线运用、描绘及其所涉及的相关命令应用。

植物造型，是首饰设计中常用元素，本节选取龟背叶图形作为耳环造型的参考。因绘制

该造型仅需在一个平面内完成，故使用正视图视窗，即可完成基本操作。

（1）打开"大场景模型文件-毫米"，为了方便绘制图案，我们将视图中的格线、格线轴和世界坐标轴均隐藏：单击工具栏中的工具(L)后点击【选项】，找到【格线】，把已选的显示格线、显示格线轴、显示世界坐标轴图案3个选项空选，得到4个空白视窗，如图2-1-1，图2-1-2。

（2）将"龟背叶"图片导入。选择【工作视窗配置】，在选择【背景图】扩展列中选择【放置背景图】功能，操作如图2-1-3所示。

（3）点击【放置背景图】功能后，在弹出的对话窗口选择相关图片，如图2-1-4。

（4）在正视图点击第1点作为图片左上角

图2-1-1

图2-1-2

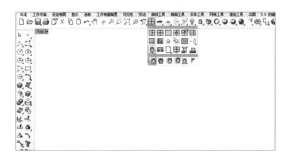

图2-1-3

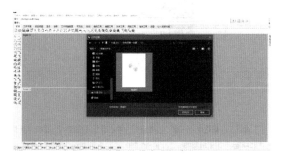

图2-1-4

位置，第2点点击确定图片右下图片位置，如图2-1-5。

Tips：如在导入后发现图片不合适可通过选择【工作视窗配置】⊞后会在选择【背景图】◙扩展列中的【移除背景】◙功能。

（5）拟定该耳环高度尺寸为30mm。使用【多重直线】∧命令，在正视窗居中位置绘制1条30mm的垂直直线作为参考线：在确定起点后，在"多重直线的下一点"命令栏内输入30，右击完成直线绘制。

（6）使用放大背景图片【缩放背景图】◙选择【移动背景图】▇功能，将图片中的叶片调整至适合参考线高度大小，如图2-1-6。

（7）为增加可视度，方便操作，将曲线

颜色调成红色，首先选取【编辑图层】◙，选择"预设值"长方形选项窗，点击红色小方块，【选择图层颜色】，更改图层显示颜色为红色，如图2-1-7。

（8）开始绘制图形。点击🔍【控制点曲线】单击鼠标沿着图形外轮廓绘制曲线。当绘制至转折位置时，可以右击终止该段线条绘制，开启【物件锁定】选取端点，之后，右击鼠标重复执行绘制命令，从上段线条端点重新开始绘制，如图2-1-8、图2-1-9。

Tips：当某一命令执行完毕后，右击鼠标，系统默认重复执行上一命令。

（9）当在绘画曲线出现需要修改弧度时，点击【点控制】∿命令（快捷键F10），显示

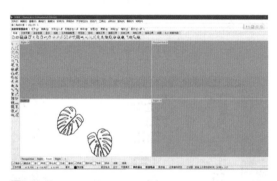

图2-1-5

图2-1-6

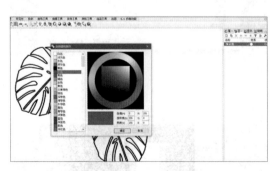

图2-1-7

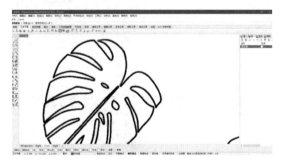

图2-1-8

☑端点	☑最近点	☐点	☐中点	☐中心点	☐交点	☐垂点	☐切点	☐四分点	☐节点	☐顶点	☐投影	☐停用
工作平面	x -1.175	y -15.350	z 0.000	毫米	▇预设值				锁定格点	正交	平面模式	物件锁点

图2-1-9

出曲线控制点，可拉动控制点对曲线弧度调整。若控制点不足，可使用【加入一个控制点】☄和【移除一个控制点】工具☄，在曲线相应位置调整增加和移除控制点，如图2-1-10。

（10）若形成极小的尖角时，为避免过小的夹角容易造成后期建模成型错误，可使用工具列中【曲线圆角】↘对两条曲线进行圆弧化，其具体命令如下：

①在左边工具栏点选【曲线圆角】↘；

②随后根据参数指令兰提示选取要建立圆角的第一条曲线：选取一条曲线并输入半径1；

③选取要建立圆角的第二条曲线：选取形成尖角图形的另个一条曲线，完成，如图2-1-11、图2-1-12。

（11）将以上步骤逐一调整后，完成绘制效果，如图2-1-13。

图2-1-10

图2-1-11

指令：_Fillet
选取要建立圆角的第一条曲线（半径(R)=1 组合(T)=否 修剪(T)=是 圆弧延伸方式(E)=圆弧）：0.5

图2-1-12

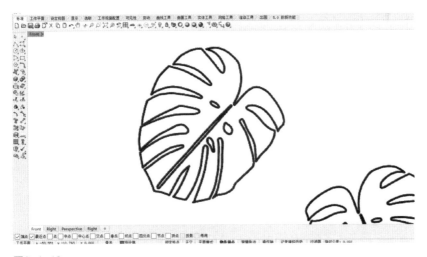

图2-1-13

第二节　几何线绘

视频2.2
几何线绘

与上节描绘有机形态图形所选用的绘制曲线工具不同，本节主要以椭圆、圆形工具，直线或曲线切割等方式，绘制1个火箭图形，练习规整线条的绘制方法，如图2-2-1。

（1）打开Rhino"大模型-毫米"场景文件，切换至前视图工作视窗，使用左侧工具栏【多重直线】功能，沿X轴绘制长30mm的垂直直线作为火箭中轴线，如图2-2-2。

（2）在左侧工具栏中点击【椭圆：从中心点】功能，绘制1个椭圆形作为火箭的主体部分。该功能在使用时由3个点构成椭圆形。首先，在视图中单击，定位椭圆的中心点。单击第2点作为椭圆的第1个方向轴线，如图2-2-3，然后在垂直方向定位第3个点为椭圆另1个方向上的轴线，如图2-2-4，回车确定，完成椭圆形曲线，如图2-2-5。

（3）使用【椭圆：从中心点】功能，绘制1个椭圆作为火箭的两翼，如图2-2-6。

（4）使用【椭圆：从中心点】功能，绘制1个椭圆形作为火箭的两翼底部弧线，如图2-2-7。

（5）使用左侧工具栏【修剪】功能，根据参数指令栏提示选取切割用物件，此处全

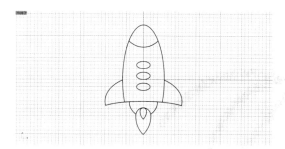

图2-2-1

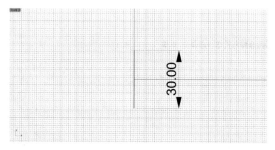

图2-2-2

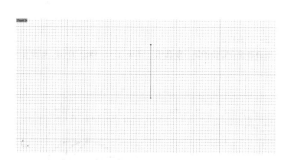

图2-2-3

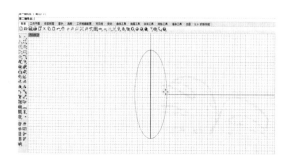

图2-2-4

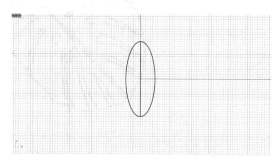

图2-2-5

选所有线条，并确认，如图2-2-8。

（6）选取要修建掉的曲线，点击确认后

修减完成，如图2-2-9。

（7）接着绘制火箭火焰部分。使用【圆：中心点、半径】功能 ⊙，如图2-2-10绘制1个圆。

（8）使用左侧工具栏【画圆】|⊙ 扩展列中的【正切圆】功能 ⊙，如图2-2-11绘制一个圆形。

（9）使用【修剪】工具 ✂，根据参数指令栏提示，选取切割用物件，此处选择椭圆形线条，并确认，如图2-2-12。

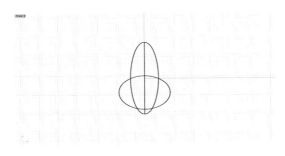

图2-2-6

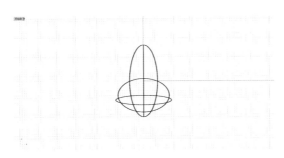

图2-2-7

图2-2-8

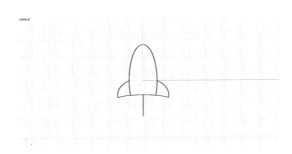

图2-2-9

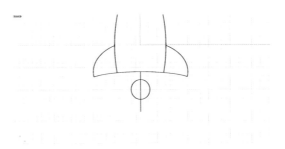

图2-2-10

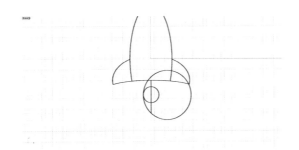

图2-2-11

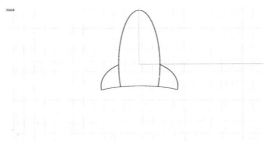

图2-2-12

（10）选取要修建掉的曲线，点击确认后修减完成，如图2-2-13。

（11）此时，经过点选线条，判断火焰线条是由2条曲线构成，如图2-2-14。

（12）选取2条曲线，使用左侧工具栏中【组合】功能📎，将其组合成1条开放曲线，如图2-2-15。

（13）使用左侧工具栏【缩放】🔲扩展列中的【二轴缩放】功能🔳，根据参数指令栏中选取要缩放的物件，右击确定。在指令栏中基点命令选择复制，如图2-2-16。

（14）根据指令栏提示，第一参考点：辅助中线底端，如图2-2-16。

（15）根据指令栏提示，第二参考点：辅助线顶端往下3mm位置，缩放完成，如图2-2-17。

（16）点选绘制好的2条火焰曲线。使用左侧工具栏【变动】↗扩展列中【镜像】功能⚖，以垂直辅助线条两端作为镜像平面起点与终点，回车确定镜像命令。删除辅助线，如图2-2-18、图2-2-19、图2-2-20。

（17）绘制装饰线，使用【圆：中心点、

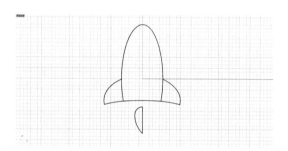

图2-2-13

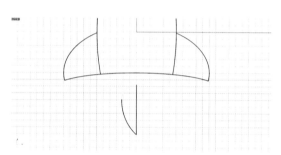

图2-2-14

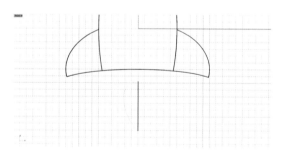

图2-2-15

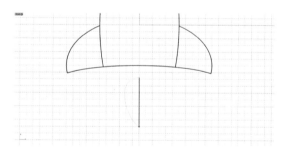

图2-2-16

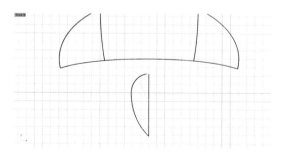

图2-2-17

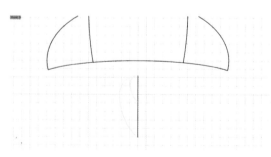

图2-2-18

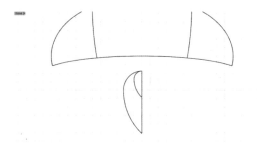

图2-2-19

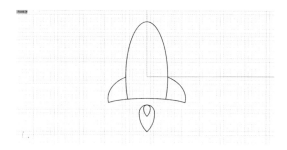

图2-2-20

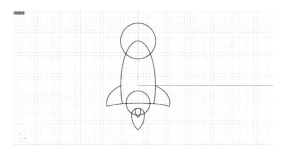

图2-2-21

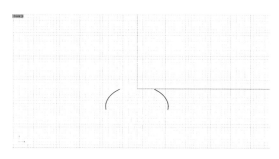

图2-2-22

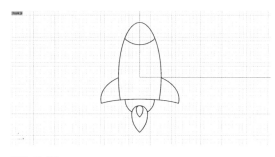

图2-2-23

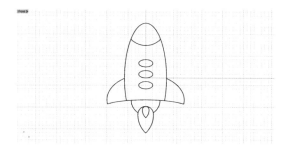

图2-2-24

半径】功能 ⊙，如图2-2-21绘制2个圆。

（18）【修剪】工具 ⬩，根据参数指令栏提示，如图2-2-22选取切割用物件，回车确定。

（19）点选不需要的曲线，确定后完成修剪，如图2-2-23。

（20）【椭圆：从中心点】功能 ⊙，绘制3个椭圆形作为火箭主体部分的装饰，最终完成火箭图形，如图2-2-24。

第三节　综合描线

视频2.3
综合描线

下面我们将使用一张手绘图扫描在软件中进行线图勾勒。

（1）切换至前视图，在参数栏下方

的"标签栏"中找到【工作视窗配置】标签 工作视窗配置 ，切换至该标签下，找到【背景图】功能 。左键点击该图标右下角小三角或右键点该图标，弹出背景图功能扩展列，按住左键拖动扩展列上部，拉拽至工作视图中，如图2-3-1。

（2）点击扩展列内【放置背景图】功能 ，弹出文件选择窗口，选择所要放置的平面图稿，点击确定导入至软件中。拖动鼠标显示图片，如图2-3-2。

（3）预设该吊坠两侧6个枕型宝石直径为10mm，以宝石大小为参考，确定背景图大小比例进行校正。利用左侧工具栏中【中心点画圆】功能 ，按下快捷键F9打开"锁定格点"功能（界面下方状态栏中"锁定格点"字体变粗 锁定格点 为已开启），找到坐标轴上（5,5）坐标格点左键单击确定为圆心位置，在参数栏上输入数字"10"确定直径 直径 <10.00> ，画出与X、Y轴相切的10mm圆曲线，并再次按下快捷键F9关闭"锁定格点"功能，如图2-3-3。

（4）利用左边工具栏【对角画矩形】功能 ，参照背景图中1颗枕型宝石轮廓，拖动鼠标，制出1个贴合宝石四边的矩形，作为后续的对齐参考，如图2-3-4。

（5）打开界面下方状态栏的"物件锁点"功能 物件锁点 （字体变粗为开启状态），打开后勾选"端点锁定"功能 ☑端点 。点击背景

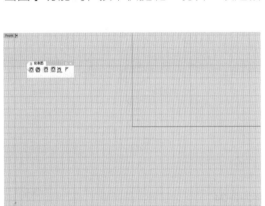

图2-3-1

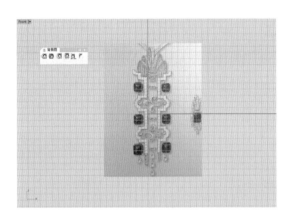

图2-3-2

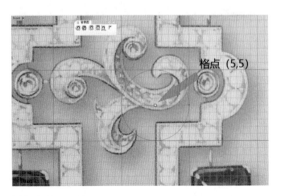

图2-3-3

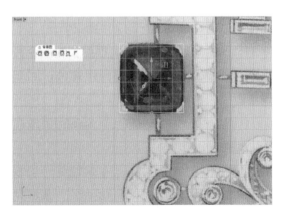

图2-3-4

图扩展列中【对齐背景图】功能 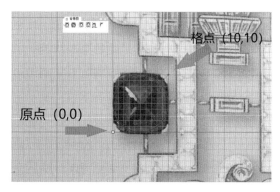，光标捕捉到参考矩形线段的左下和右上2个角点后，在参数栏输入数字"0" **工作平面上的基准点** 可，再按快捷键F9打开"锁定格点"功能，第2个基准点捕捉到坐标（10,10）的格点，此时背景图中枕型宝石直径与10mm正圆刚好相切，则背景图比例已校正成功，如图2-3-5。

（6）背景图比例校正后，使用背景图扩展列中【移动背景图】功能 ，选择背景图内1个位置点击左键，背景图像出现2条对角线，移动背景图矩形轮廓线，使其对角线中心交点重合于工作平面内的原点位置，再次点击左键确定校正背景图位置，如图2-3-6。

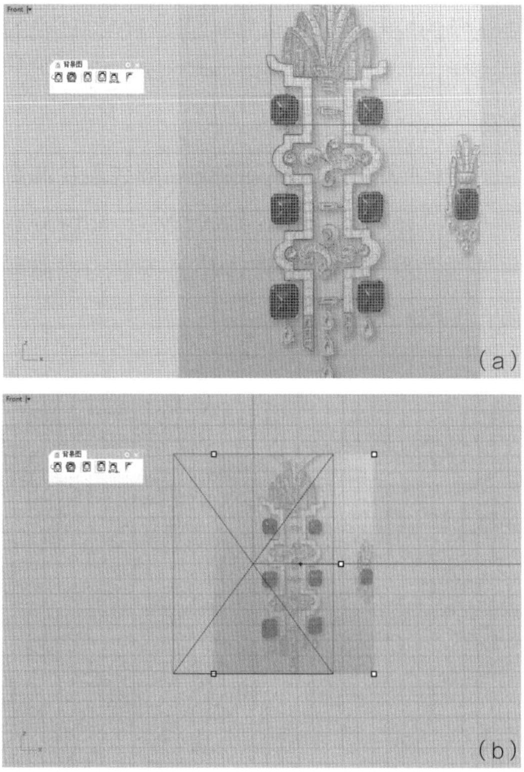

（7）在界面下方状态栏中，找到图层状态栏，选择红色的"图层01" **■图层 01**，再点击界面左侧工具栏中【控制点曲线】功能 ，参数栏内曲线"阶数" **曲线起点**（ 阶数(D)=5 输入为"5"阶。此时沿着背景图左边主体轮廓进行描线。描线过程中的折角位，可先单击右键完成上段曲线绘制，再右键重复"控制点曲线"功能，捕捉到上段曲线结束端点作为下段曲线的起点，进行转折位、折角位的绘制，如图2-3-7。

（8）绘制完成左边主体轮廓线后，左键点击背景图扩展列中【隐藏背景图】功能 ，找到界面上方菜单栏中"文件"选项点击下拉，再点击"文件属性"选项，弹出选项对话窗口。文件属性窗口中左边选项树中"Rhino选项"下一级"视图" 视图 点击展开，展开后第一个选项"显示模式" 显示模式 点击展开，展开后第一个选项"线框模式"

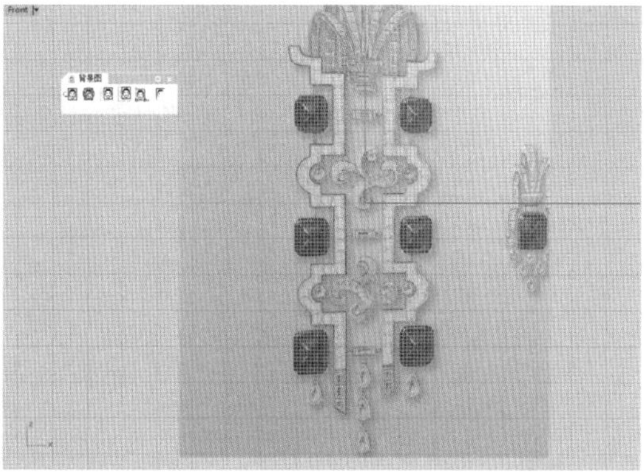

图2-3-5

图2-3-6

图2-3-7

⊞ **线框模式** 点击展开，找到第二个选项"物件" ⊞ **物件** 继续展开，点击里面曲线后，在窗口右侧找到"曲线线宽（像素）"并调到"3"，使视图中所绘制的曲线线段加粗，易于后期查看与修改。（注意，该调整仅仅是显示状态以粗线条显示，并非实际线条宽度），如图2-3-8。

（9）由于导入的背景图图稿在绘制、拍摄等过程中，因手工绘制或拍摄角度等问题而造成图案扭曲不规整，所以需要建立辅助线对图案进行校正调整。在界面下方状态栏中，找到图层状态栏，选择绿色的"图层04" **图层 04**，再点击界面左侧工具栏中【控制点曲线】功能 ◫。选择描线图案的角点作为起始点画

直线，画两点直线的过程中，可按住快捷键Shift开启"正交"功能 **正交**，使画出来的直线垂直或者平行于X、Y轴，如图2-3-9。

（10）在软件界面右侧面板栏中找到"图层" **图层**，对绿色的"图层04" **图层 04** ♀ 🔒 ■ 中锁状图标进行单击，切换至"锁定"状态 🔒，同时点击该图层的"线型" Continuous 打开对话窗口，把线型调整成"Center"类型 Center ▬▬▪▬▪▬▪▬▪▬▪，是绿色辅助线与红色轮廓线得到明显区别，方便后期对轮廓线进行对齐调整，如图2-3-10。

（11）查看界面下方状态栏中"物件锁点"是否处于开启状态 **物件锁点**，"交点"和"垂点"选项是否已选上 ☑ 交点 ☑ 垂点。确认开启后，选择一段需要调整的红色轮廓线，按下"开启控制点"功能的快捷键F10。框选上需要调整的控制点，移动并捕捉到绿色辅助线的参考点上，再次按下快捷键F10关闭控制点，如图2-3-11。

（12）对其他需要调整的轮廓线段参照步骤（11）的操作，使轮廓线段尽可能保持水平或垂直状态，保证整体轮廓造型的规整程度，如图2-3-12。

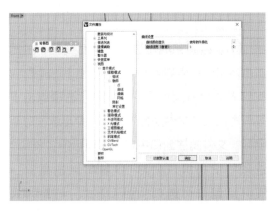

图2-3-8

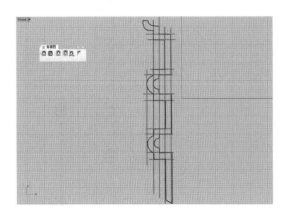

图2-3-9

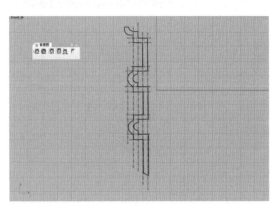

图2-3-10

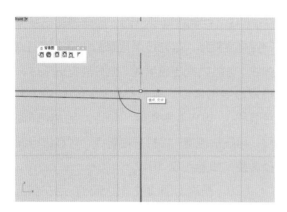

图2-3-11

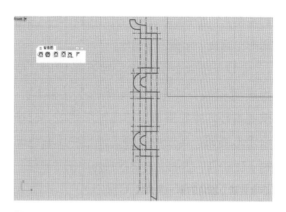

图2-3-12

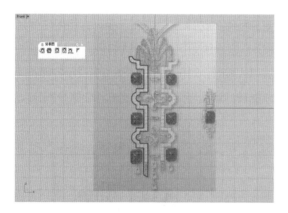

图2-3-13

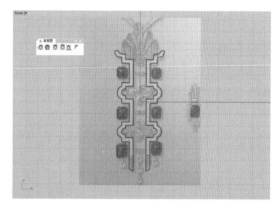

图2-3-14

（13）在软件界面右侧面板栏中找到"图层" 图层，对绿色的"图层04"进行"图层不可视"。右键点击背景图扩展列中【显示背景图】功能，使背景图再次显示出来，如图2-3-13。

（14）全选左边主体轮廓线，选择左侧工具栏中【变动】功能扩展列下的【镜像】功能，在参数栏内选择"镜像平面起点（Y轴）"

镜像平面起点 （三点(P) 复制(C)= X轴(X) Y轴(Y) ），

镜像得到右边主体轮廓线后，参照背景图利用操作轴进行位置调整，如图2-3-14。

（15）选取需要调整的尾部线段，按"打开控制点"快捷键F10，利用操作轴将尾部顶点移动到背景图对应位置上。完成调整后，再

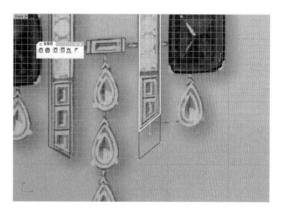

图2-3-15

次按下F10关闭控制点，如图2-3-15。

（16）完成左右两边主体轮廓线后，开始描画其他部件。选择左侧工具栏【画圆】功能扩展列中的【三点画圆】功能，沿着内

部左侧2个圆形宝石边缘上定位3个点，画出圆形轮廓线，如图2-3-16。

（17）描绘外侧的枕型宝石轮廓时，使用左侧工具栏中【对角画矩形】功能 □ ，按照宝石边缘轮廓画出对应矩形线段。框选该矩形线段，再使用左侧工具栏中【曲线圆角】功能 ⌐ ，界面上方参数栏内点击"半径" **选取要建立圆角的第一条曲线**（ 半径(R)=0.5 ，输入"2"使圆角半径为2mm，先后选点建立圆角的2条曲线，倒角处理成为圆角，如图2-3-17。

（18）参照步骤（17），处理完成其余矩形的圆角（犀牛中，当完成一个功能操作后，点击鼠标右键可快速重复上一功能命令，方便进行重复的机械性操作），如图2-3-18。

（19）绘制中间部件时，因背景图已发生一定程度变形，故先按照背景图利用【控制点曲线】功能 ⊏ 画出轮廓线。画好后框选整体，观察其变形程度，点击操作轴的旋转轴（蓝色弧线），输入旋转角度"1.5"，完成旋转调整。再按快捷键F10打开控制点，对其进行细微调整，如图2-3-19。

（20）图稿上部曲线造型部分，用左侧工具栏中【控制点曲线】功能 ⊏ 进行边缘描线，对于这种"真反"部件，通常以2条能表现其弯曲程度的边缘线段来表示即可，后期实体建模2条边缘线段可作为导轨路径。在描绘这些边缘线段时，对于平面背景图没有显示的地方，依据设计意图与结构规律描线，如图2-3-20。

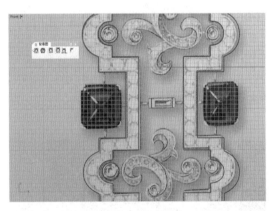

图2-3-16

图2-3-17

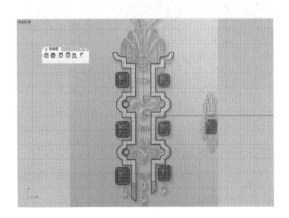

图2-3-18

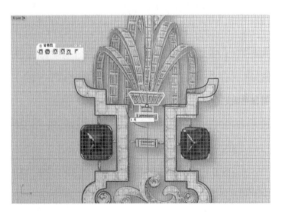

图2-3-19

图2-3-20

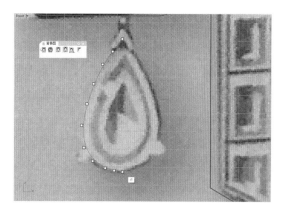

图2-3-21

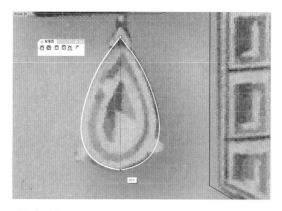

图2-3-22

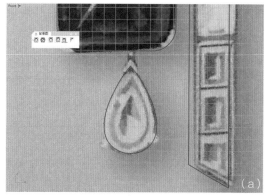

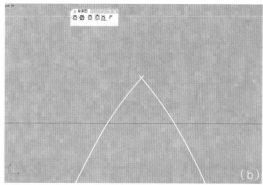

图2-3-23

（21）使用左侧工具栏中【控制点曲线】功能 ，沿图稿下方水滴形宝石外轮廓勾勒出宝石的一半轮廓曲线，如图2-3-21。

（22）选取该半边宝石轮廓线段，使用左侧工具栏中【变动】 扩展列下的【镜像】功能 ，镜像起点和终点分别为半边宝石轮廓线的2个起始端点，如图2-3-22。

（23）框选两条水滴形宝石的轮廓线，使用左侧工具栏【组合】功能 ，使这两条头尾相接的曲线组合成一条闭合的曲线。（若参数指令栏内显示"有2条曲线组合成1条封闭的曲线。"的字样 有 2 条曲线组合为 1 条封闭的曲线。则表示组合成功，若显示"无法组合曲线。"的字样 无法组合曲线。则查看两条曲线是否未头

尾相接，或是否线段相交而非相接。若线段相交，可在组合前，选中两条曲线，使用左侧工具栏中【修剪】功能 ，点击多余线段部分进行修剪删除，完成修剪后再进行组合处理），如图2-3-23。

（24）选取水滴宝石轮廓曲线，使用左侧工具栏中【变动】🔧扩展列中【复制】功能🔳，复制起点选取轮廓线上端顶点，复制终点分别是背景图中其他水滴形宝石图案的上端顶点，如图2-3-24。

（25）使用【复制】功能🔳，根据背景图下方水滴形宝石位置一一复制，如图2-3-25。

（26）利用左侧工具栏中【控制点曲线】功能🔳，以5阶曲线绘制卷草纹部件，绘制期间注意观察思考该部件形状的立体空间结构，分为3个部件，每个部件以2条路径轮廓线进行绘制，如图2-3-26。

（27）使用【变动】🔧扩展列下的【镜像】功能🔳，对步骤（26）中的曲线进行镜像操作，镜像起点和终点分别是左右2个主体轮廓线的中点，如图2-3-27。

（28）步骤（27）所得轮廓线与背景图中花纹呈左右相反的状态，还需再进行1次镜像操作。使用【镜像】功能🔳，在参数指令栏内选择镜像起点为"Y轴"

镜像平面起点（三点(P) 复制(C)=否 X轴(X) Y轴(Y)）：

得到与同向一致的轮廓线，删除原有轮廓线，如图2-3-28。

（29）点选左侧3个枕型宝石轮廓线以及2个圆形宝石轮廓线（点选的时候，按住"Shift"键点击鼠标左键可加选物件，按住

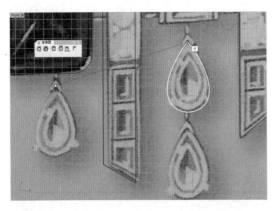

图2-3-24

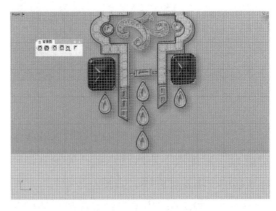

图2-3-25

图2-3-26

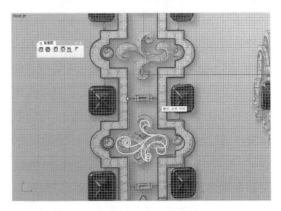

图2-3-27

"Ctrl"键点击鼠标左键可减选物件），使用
"镜像"功能，在参数指令栏内选择起点为
"Y轴"镜像平面起点（三点(P) 复制(C)=是 X轴(X) Y轴(Y)），
得到右边对称的宝石轮廓线，如图2-3-29。

（30）使用【对角画矩形】功能□，绘制
出中间3个小长方形宝石，如图2-3-30。

（31）查看整体细节，对不合理部件的轮
廓线进行位置调整。如右下角水滴形宝石轮廓
线的与上方枕型宝石轮廓线有部分重合，通过
操作轴移动该水滴型宝石轮廓线到合适位置，
如图2-3-31。

（32）绘制出整体所有部件的轮廓线条
后，使用左侧工具栏中【多重线段】功能△，
绘制出背景图中部件之间细节链接管线，最后
左键点击【隐藏背景图】功能┌，在前视图
工作区域内得到1个基于设计图稿的建模轮廓
线图，如图2-3-32。

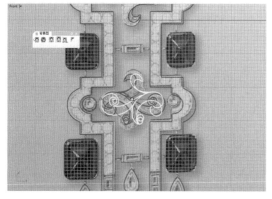

图2-3-28

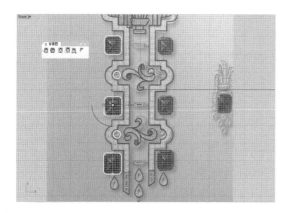

图2-3-29

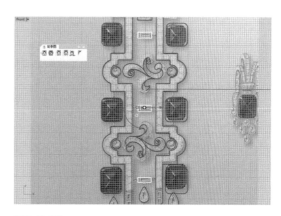

图2-3-30

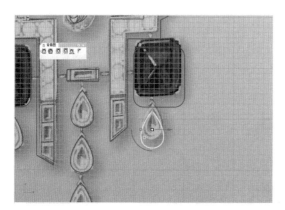

图2-3-31

图2-3-32

3 第三章 Chapter
由面成体

项目背景：客户订制一对简约风格14K耳环。

工艺要求：耳环主体造型为圆片形状，后期金属部分再焊接耳针。

建模思路：绘制基本造型，切割并调整圆形外轮廓曲线，使用网线建立曲面功能建立耳环曲面，综合运用实体编辑功能制作耳环扣部件。

关键功能命令：圆、圆柱、从网线建立曲面、旋转成型、圆柱体、布尔运算。

第一节　半圆耳钉

视频3.1
半圆耳钉

（1）新建文件，正视图，工具栏选择【圆：中心点、半径】⌖功能，指令栏输入0

后，继续在输入框输入直径数据：30mm，回车确认，制作一个直径30mm圆曲线，如图3-1-1。

Tips：在状态栏当中选择正交、锁定格点、物件锁定进行编辑。

（2）此款耳环主体造型为圆形交错状，故需在半圆位置上设定两个编辑点。在正视图工具栏选择【多重直线】⋏功能，选用直线中点命令，指令栏输入0后，贴合Z轴画出一条辅助线后，选择【修减】功能，修剪后得到一个半圆线段，删除辅助线，如图3-1-2。

（3）【移动】扩展列，选择【镜像】功能，选择半圆线条后，镜像得到2个对称开放的半圆线条，如图3-1-3。

（4）右视图，工具栏选择【多重直线】功能⋏，选用直线从中点命令，开启【物件锁定】选取"端点"，沿Y轴画1条10mm直线，如图3-1-4。

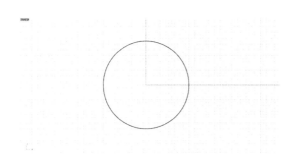

图3-1-1

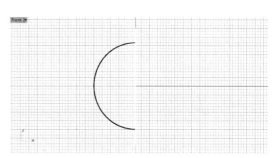

图3-1-2

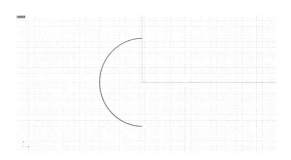

图3-1-3

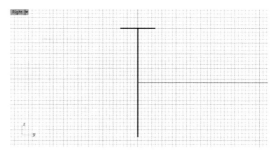

图3-1-4

Tips：根据耳垂厚度所以交错口设定为10mm，将直线垂直于两条半圆线的中间位置。

（5）立体视图，工具栏，选择半圆曲线，使用"打开点"功能，展示出半圆曲线的控制点，再使用【移动】功能 ⚏ 将2个半圆上端控制点分别移动至辅助线两端，如图3-1-5。

（6）立体视图，工具栏，选择【多重直线】功能 ⌇，如图3-1-6，绘制2个半圆端点至0点位置直线，如图3-1-7。

（7）立体视图，工具栏，选择【建立曲面】 ⬚ 扩展列中【从网线建立曲面】功能 ⬚，依次按A-C-D线条选取，如图3-1-8、图3-1-9。

图3-1-5

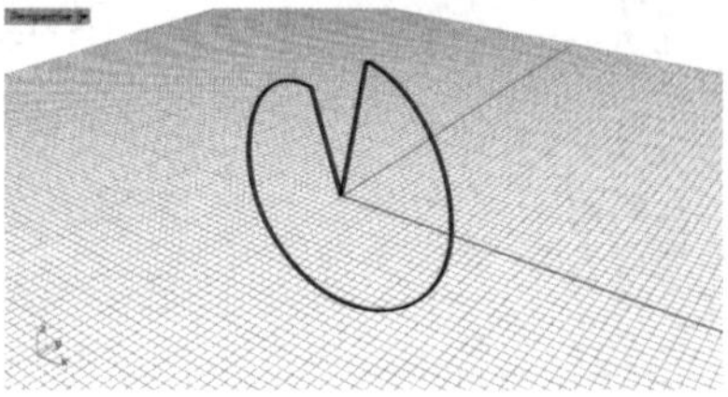

图3-1-6

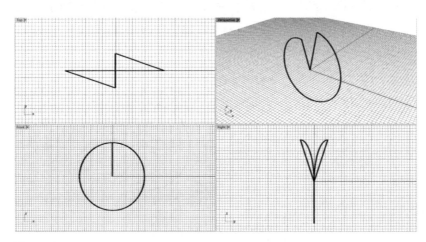

图3-1-7

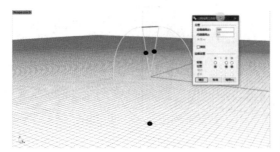

图3-1-8

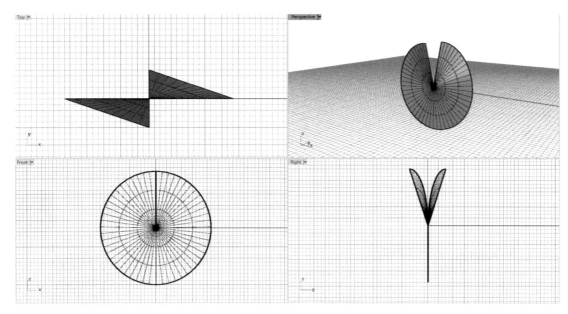

图3-1-9

Tips：在选择从网线建立曲面后，未按照A—C—D的顺序选取线条，成型曲面易出现破面。因为从网线建立曲面命令中，程序设定是一个方向上的所有曲线，必须与另一个方向上的所有曲线相交，且不能相互交叉原则。

（8）正视图，工具栏选择【圆：中心点、半径】｜⊘，命令栏中输入0后，输入直径：10mm，绘画出1个直径为10mm的圆曲线，如图3-1-10。

（9）正视图，工具栏选择【修剪】功能 ⬛，选择圆曲面及圆曲线，点选要减掉的小圆，如图3-1-11。

（10）立体视图，工具栏选择【曲面功能】扩展栏 ⬛ 中【偏移曲面】功能 ⬛，命令栏选择实体并输入1.2mm，控制耳环厚度，如图3-1-12。

Tips：生产当中，贵金属净重根据不同造型、工艺及订单要求而定。造型厚度方面，黄金一般在0.8mm左右，银或K金一般在1～1.2mm。

（11）选择【布尔运算并集】扩展列【不等距边缘圆角】，命令栏输入半径0.3mm，如图3-1-13。

Tips：生产制作中，因为后期会对饰品

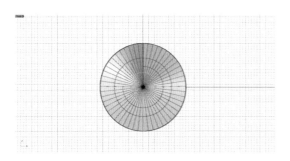

图3-1-10

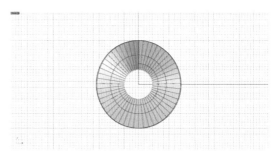

图3-1-11

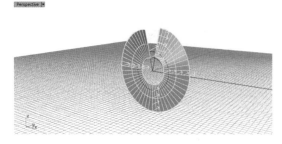

图3-1-12

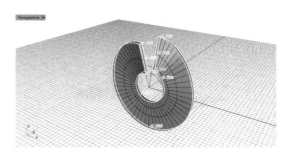

图3-1-13

图3-1-14

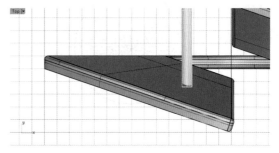

图3-1-15

粗坯有执模、抛光等工艺流程，因此造型边缘位置一般不会过于锐利（特殊款式需特别保持锐利造型除外）。因此建模时，一般无须专门就边缘位置进行倒圆角处理。此处圆倒角，是为后期渲染出贴近真实产品效果图需要。

（12）顶视图，工具栏选择【立方体】█【圆柱体】█建立1个圆柱直径1mm，长度为12mm的耳针；随后，耳针顶端选择【实体工具】█【不等距边缘圆角】█，命令栏输入半径0.3mm，如图3-1-14。

Tips：一般实物耳针长度在1.2mm左右，耳针直径为0.8～1.0mm。

（13）顶视图，工具栏选择【实体工具】扩展列█【布尔运算差集】█在选取第1组曲面或多重曲面时选择圆形开口曲面，在选取第2组曲面或多重曲面时选取耳针部分，如图3-1-15。

（14）完成布尔运算差集后，移动耳针可见剪出的小洞，如图3-1-16。

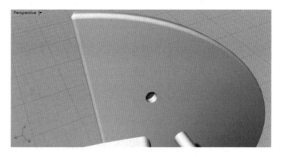

图3-1-16

（15）正视图工具栏，点选第10步骤中建立的多重曲面，接着点击【隐藏】功能█将其隐藏，继续使用左边工具栏中【圆：中心点，半径】功能█在参数指令兰输入半径0.8，回车确定，如图3-1-17（a）。点选【圆管】功能█，点击选取刚刚的圆，根据参数指令兰提示：封闭圆管的半径输入0.2，如图3-1-17（b）。到此步骤就创建一个比耳针直径稍小圆管。使用【移动】█工具将圆管放置在耳针顶端以下约3mm位置，如图3-1-17（c）。

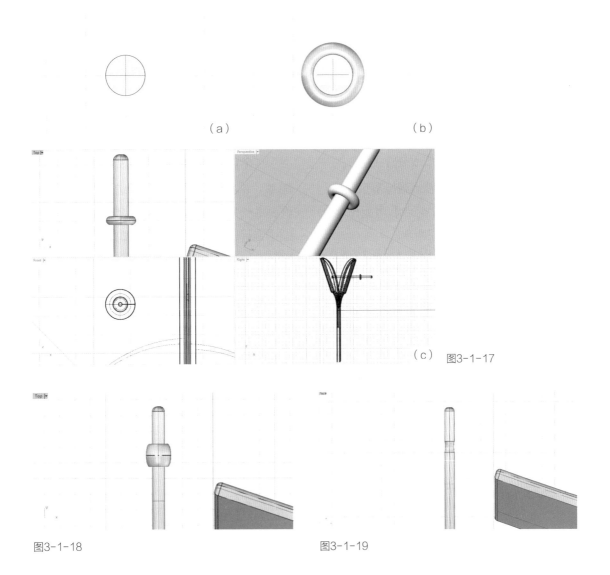

（a）　　　　　　　　　　　　（b）

（c）　图3-1-17

图3-1-18　　　　　　　　　　　　图3-1-19

（16）顶视图，工具栏【三维缩放】 🔷
【单轴缩放】，如图3-1-18，将小圆管
单轴放大长度为1.5mm。随后选择圆管和耳
针，使用【实体工具】 🔵【布尔运算差集】
🔵，制作出耳针的凹槽，如图3-1-18、图
3-1-19。

（17）制作子弹型耳塞。耳塞，一般在后
期选用配件，无须特别建模制作。本案例，为
完整教学继续讲解其建模方法。顶视图，绘制
6条辅助线帮助绘画标准图形，如图3-1-20。

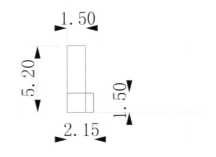

图3-1-20

Tips：一般子弹型耳塞高度为5.2mm左右，宽度为4.3mm左右，故图中辅助线均按半径设定。

（18）使用【曲线圆角】功能🪝，根据参数指令栏选取要建立圆角的第一曲线；半径输入1.4mm，选取要建立圆角的第二曲线，半径输入1.4mm，回车确定，如图3-1-21。

（19）使用【修剪】✂️修减掉多余曲线，随后点选所有曲线使用【组合】功能🧩将所有曲线组合，如图3-1-22所示。

（20）顶视图，选择【曲面】🗾【旋转成型】🎈功能，选取要旋转成型的上一个步骤中绘制的曲线，按参数指令栏提示点选旋转起点：曲线顶端，旋转终点：曲线底端，并点选

360°，如图3-1-23。

（21）使用【实体工具】🍡【不等距边缘圆角】🧊，命令栏输入半径0.2mm，如图3-1-24。

（22）调整三个部件位置，单只耳环建模完成，如图3-1-25。

（23）点选【变动】拓展列中【镜像】功能🔄，根据参数指令栏提示选取要镜像的物件：上一个步骤的单只耳环，右击确定，在视图中选择一个镜像的起点，如图3-1-26箭头提示点。

（24）随后选择镜像的终点，如图3-1-27箭头提示点。

（25）完成耳环模型，如图3-1-28。

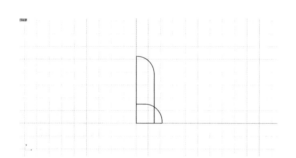

图3-1-21

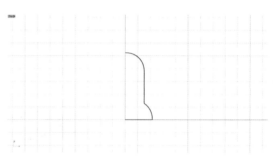

图3-1-22

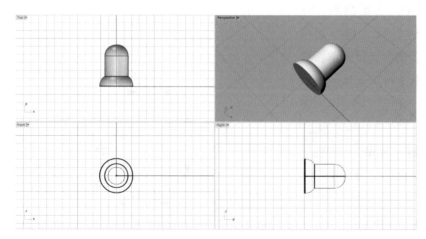

图3-1-23

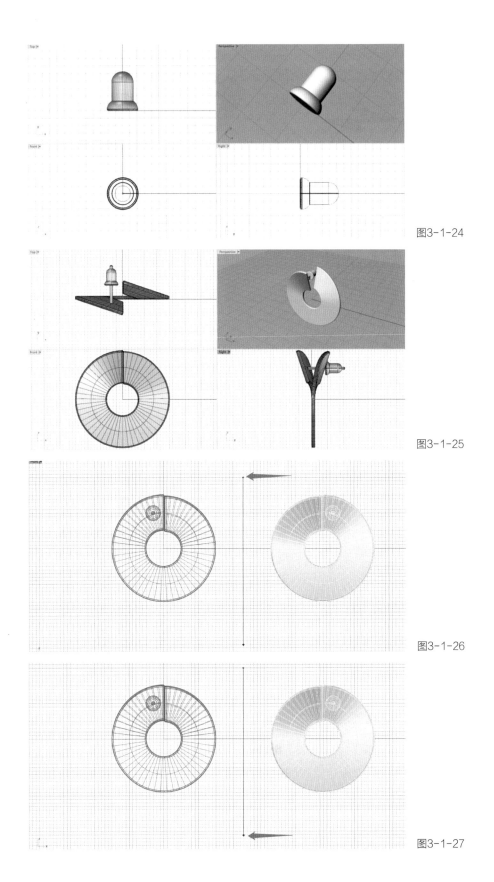

图3-1-24

图3-1-25

图3-1-26

图3-1-27

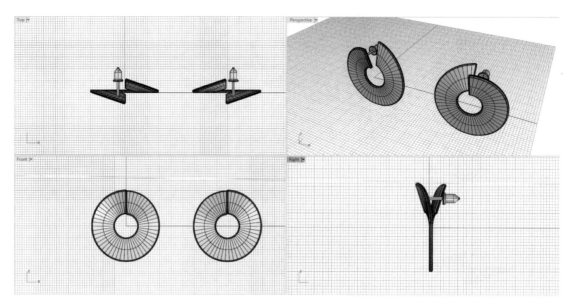

图3-1-28

第二节　几何男戒

项目背景： 客户发单制作一件材质为银镀铂金男戒。其设计图显示男戒上部由不规则三角几何面构成，手寸为港度17号。

工艺要求： 不规则三角几何构成的戒面，形式锐利，后期执模时对边角的平整度控制，保持戒面的硬朗形态要求较高。

建模思路： 将戒指整体的特征轮廓线，逐一通过连接特征点的方式进行绘制。其中，三角几何通过从网线建立曲面方式制作，戒圈通过放样、嵌面等方式制作，最后将所有曲面合并为戒指实体。

关键功能命令： 放样、从网线建立曲面、嵌面、组合。

视频3.2
几何男戒

（1）放大前视图工作视窗，选择左侧工具栏中【中心点半径画圆】功能⊘，观察界面上方参数指令栏，在定位圆心状态下输入数字"0"，按下回车键，使圆心定位于坐标轴原点位置。半径输入数值"9"，按下回车，画出1个直径为18mm的正圆，以此圆作为戒指内圈大小参照（查阅《戒指手寸表》，港度17号对应为戒指内直径18mm），如图3-2-1。

（2）选取正圆线段，按下快捷键Ctrl+C复制，再按下快捷键Ctrl+V粘贴，得到同样大小的新正圆线段。按下快捷键F9开启"锁定格点"模式，在新圆线段的操作轴上（若视图中无操作轴，可在界面下方状态栏上点击 **操作轴** ，字体变粗则操作轴功能已开启），按住Shift键点击操作轴上缩放按钮■，使选中物件进行三轴等比例缩放，拖动缩放按钮使新圆等比向外扩大2个格点（2mm），如图3-2-2。

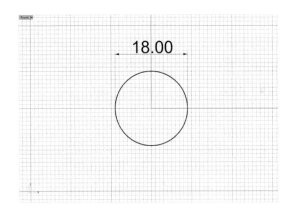

图3-2-1

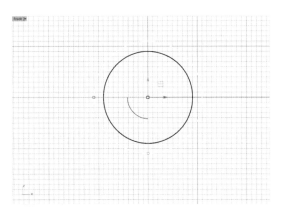

图3-2-2

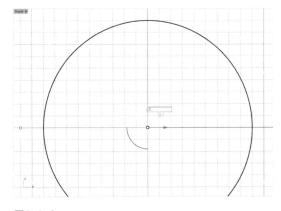

图3-2-3

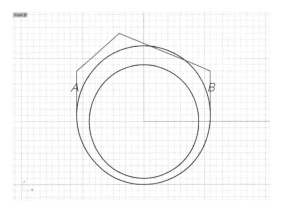

图3-2-4

（3）选取大圆，点击其操作轴中箭头向上的*Y*轴操作轴，出现数值输入对话框，输入数值"1"，使目标于前视图平面内，沿*Y*轴方向向上移1mm，如图3-2-3。

（4）在界面下方状态栏中，选择红色的"图层01" ■图层 01 作为当前绘制图层，再点击【控制点曲线】功能 ⛶，绘制出戒指上部的侧面轮廓线（注意上部轮廓线中，*A*、*B*两线段必须和外圆相切），如图3-2-4。

（5）按住"加选"快捷键Shift，选中*A*、*B*两条线段，左键点击左侧工具栏中【修剪】功能 ⛏，观察界面上方参数指令栏中提示"选择要修剪的物件" **选取要修剪的物件**，点击外圆线段相切的上半部分，完成修剪，如

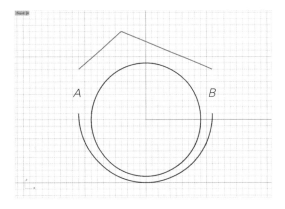

图3-2-5

图3-2-5。

（6）框选全部线段，点击左侧工具栏中【组合】功能 ⛭，观察界面上方的参数指令栏中出现有 5 **条曲线组合为 1 条封闭的曲线。** 的字样，

即表示外轮廓的5条线段重组为1条封闭曲线，如图3-2-6。

（7）全选2条曲线，工作视窗切换至右视图，点击操作轴中蓝色弧线使用其旋转功能，在弹出的数值输入对话框中，输入数值"5"并按下回车键，使目标逆时针倾斜5°，如图3-2-7。

（8）使用左侧工具栏中【移动】功能，移动的基点定位右视图中目标线段底点，在开启"锁定格点"的状态下，把移动的终点定位至左侧2个格点位置（坐标：-1，-10，0

x -1.00　　　y -10.00　　　z 0.00 ），按下回车键完成移动，如图3-2-8。

（9）使用工具栏中"变动"扩展列下的【镜像】功能，以该2条曲线作为要镜像的物件，在参数指令栏中选择Y轴镜像

镜像平面起点（三点(P) 复制(C)= X轴(X) Y轴(Y)）：，得到戒指的右侧轮廓线，如图3-2-9。

（10）选中左侧轮廓线，在参数栏下方的"标签栏"中找到"标准"标签，左键点击于该标签扩展列内的【隐藏物件】功能，使左侧轮廓线隐藏，如图3-2-10。

（11）工作视窗切换至前视图，选取外轮廓线，点击左侧工具栏中【炸开】功能，使外轮廓线重新变为5条线段

已将 1 条曲线炸开成 5 条线段。在这5条线段的选

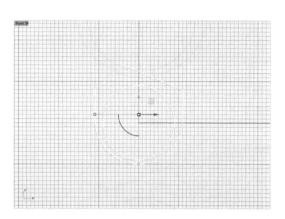

图3-2-6

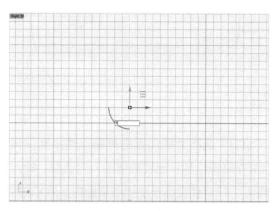

图3-2-7

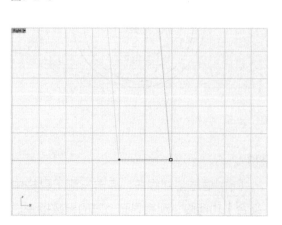

图3-2-8

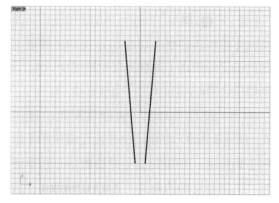

图3-2-9

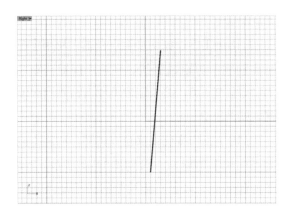

图3-2-10

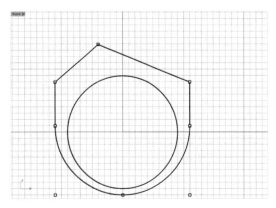

图3-2-11

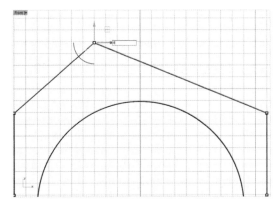

图3-2-12

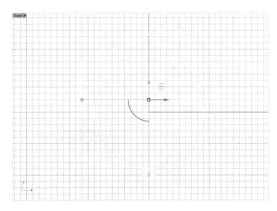

图3-2-13

取状态下按快捷键F10"开启控制点",如图3-2-11。

（12）鼠标框选顶端2个重合的控制点,点击其操作轴红色向右的X控制轴,在数值输入对话框内输入数值"8",使该2个重合的控制点在前视图上向右平移8mm的距离,如图3-2-12。

（13）按下快捷键F11"关闭控制点",并使用【组合】功能👶,对视图内所有线段进行重新组合有 5 条曲线组合为 1 条封闭的曲线。,得到修改后的戒指右侧轮廓线,如图3-2-13。

（14）工作视窗切换至立体图,右键点击"标准"标签下的【显示物件】功能💡,使戒指左右轮廓线于立体图中显示,如图3-2-14。

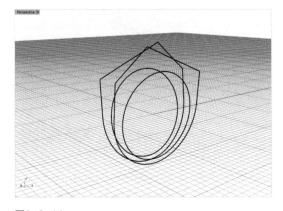

图3-2-14

（15）在界面下方状态栏中,选择红色的"图层01" ▇图层 01 作为当前绘制图层,再点击【控制点曲线】功能⚃。绘制前注意状态栏中"物件锁点"是不是开启状态 锁定格点 ,

确认后通过分别捕捉戒指A、B、C、D，4个端点，连接为AB、CD线段，如图3-2-15。

（16）工作视窗切换至右视图，使用【控制点曲线】功能 ，捕捉到A点作为起始点，终点为Y轴上（0，18，0坐标位置 x 0.00 y 18.00 z 0.00 ）。同样，捕捉到B点作为起始点，终点为Y轴上（0，18，0）点，如图3-2-16。

（17）工作视窗切换至立体图，选中刚才绘制的2条线段，按快捷键F10"开启控制点"，框选上面重合的2个点，利用操作轴中红色向右的X操作轴，点击该轴向左拖动，将控制点移到合适位置，并按F11"关闭控制点"，如图3-2-17。

（18）工作视窗切换至正视图，利用【控制点曲线】功能 画线，起始点捕捉至刚才2条线段的顶点，终点定位置戒指右侧相应位置，如图3-2-18。

（19）工作视窗切换至立体图，利用【控制点曲线】功能 ，分别捕捉到C、D，2点作为起始点，以上一步绘制的线段尾点为终点，绘制出2条线段，如图3-2-19。

（20）将戒指两端侧面轮廓线的顶点与步骤（19）绘制的顶端线段首尾端点分别进行连接，得到4条线段，最终使戒指上半部分的不规则几何线型轮廓绘制完成，如图3-2-20。

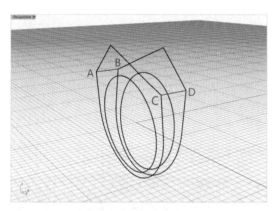

图3-2-15

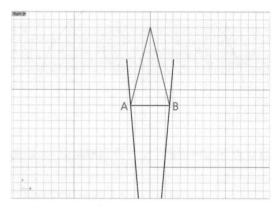

图3-2-16

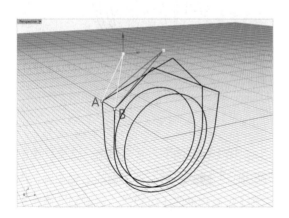

图3-2-17

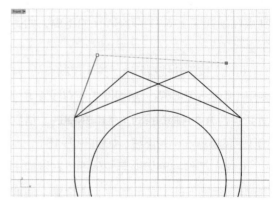

图3-2-18

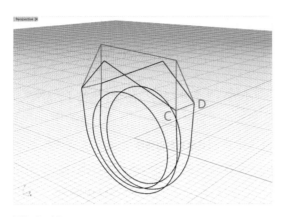

图3-2-19

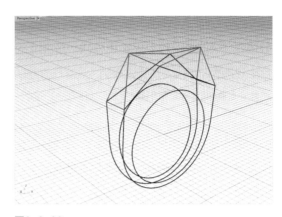

图3-2-20

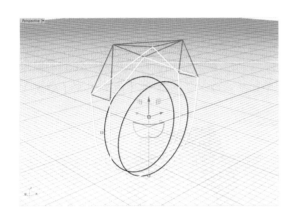

图3-2-21

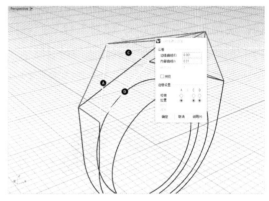

图3-2-22

（21）选取戒指两侧外轮廓线，用【炸开】功能，使这2条封闭曲线分别拆分为5条单独的线段已将 2 条曲线炸开成 10 条线段。，如图3-2-21。

（22）按住"加选"快捷键Shift，选取戒指上半部分区域内任一闭合三角形的3条边，使用左侧工具栏中"建面工具"扩展列内【网线建立曲面】功能，以3条连续闭合的三角形边缘曲线生成三角面，弹出的对话框中边缘曲线公差"0.001"、内部曲线公差"0.01"，边缘成面以"位置"为参照，确认设置无误后点击确认生成曲面，如图3-2-22。

（23）以戒指上部其他闭合的三角线段作

为网线建立曲面的对象，重复步骤（23），直至戒指上半部分三角面全部建成，如图3-2-23。

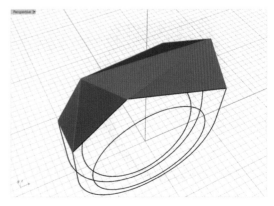

图3-2-23

（24）通过"加选"快捷键Shift，如图选取戒指下半部分6条边缘轮廓线段，使用【组合】功能🔧，将这6条线段重组为2条开放的曲线有 6 条曲线组合为 2 条开放的曲线。，如图3-2-24。

（25）使用左侧工具栏中"建面工具"扩展列内【放样】功能🔧，对戒指下半部分2条外轮廓线进行放样建面。放样选项对话框中，选择以"标准"造型、断面曲线"不要简化"为基础选项，点击确定进行放样建面，如图3-2-25。

（26）如图选取戒指一面侧壁的外轮廓线，使用左侧工具栏中"建面工具"扩展列内【嵌面】功能🔧，弹出嵌面选项对话框中，设定取样点间距为"0.1"、UV方向跨距数各

为"10"、硬度为"1""调整切线""自动修剪"，完成设置后点击确定生成相应曲面，如图3-2-26。

（27）嵌面生成后，使用【修剪】功能🔧，观察界面上方参数指令栏出现"选取切割用物件"字样时**选取切割用物件**，点击选择戒指该侧的内圆线段并按下回车键。参数指令栏内出现"选取要修建物件"字样时**选取要修剪的物件**，点击该侧内圆线段内部的曲面任意一处（注意，不能点击内圆外侧的曲面区域，否则被修剪掉的是外侧区域），完成内圆曲面的修剪后按下回车键，如图3-2-27。

（28）翻转视角，对戒指另一侧的侧壁采用步骤（27）、（28）的【嵌面】及【修剪】

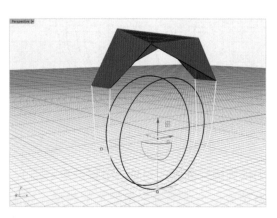

图3-2-24

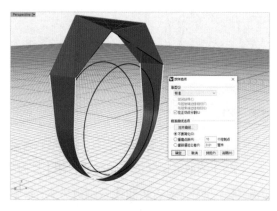

图3-2-25

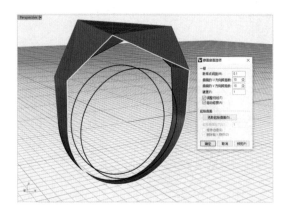

图3-2-26

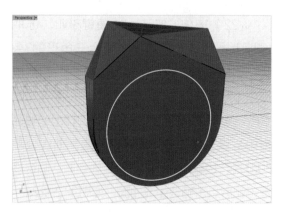

图3-2-27

完成建面操作，如图3-2-28。

（29）选取2条内圆线段，使用左侧工具栏中"建面工具" 🔌 扩展列内的【放样】功能 🔌，对戒指内壁进行放样建面，放样过程中，放样选项设置参照步骤（26）中的设置，注意2条

放样线上的白色箭头是否同向，若是反向则会出现破面或建面失败等情况，如图3-2-29。

（30）完成戒指整体曲面建立后，检查模型。在界面右侧属性栏中"显示"标签 🖥️显示下找到"物件设定"，并勾选"背面着色"选项。开启背面着色后，可观察模型中曲面是否需要翻转，以使得曲面朝向统一，如图3-2-30。

（31）鼠标右键点击左侧工具栏中【反转方向】功能 ⚙️，对模型中呈灰色的曲面一一进行方向纠正，使模型面向统一，如图3-2-31。

（32）全选所有曲面，使用【组合】功能 🔧，对所有曲面进行1次组合以确保戒指中所有曲面都是相接且闭合的状态 有 12 个曲面或多重曲面组合为 1 个封闭的多重曲面。 ，如图3-2-32。

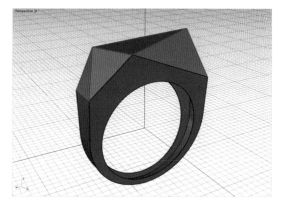

图3-2-28

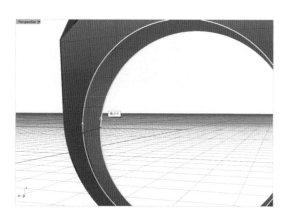

图3-2-29

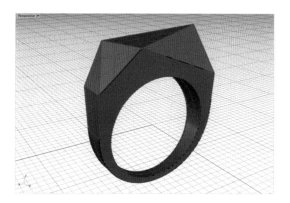

图3-2-31

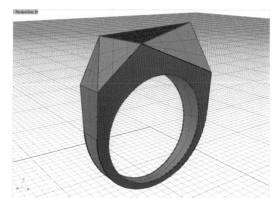

图3-2-30

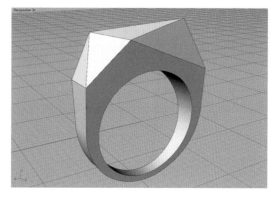

图3-2-32

（33）切换至正视图工作视窗，选取组合后的多重曲面模型，复制粘贴出新的戒指模型，作为掏底物，如图3-2-33。

（34）选取新复制出的戒指模型，按住shift键使用操作轴的三轴缩放功能，输入缩放比例数值为"0.85"，完成缩放，如图3-2-34。

（35）切换至右视图工作视窗，将上一步三轴缩放后的模型，再次使用操作轴绿色横轴

缩放功能，输入缩放数值为"0.7"，完成缩放，如图3-2-35。

（36）使用左侧工具栏【实体工具】 扩展列中的【布尔运算差集】功能 ，观察参数指令栏中提示，选取未缩放的原戒指模型作为被减去的多重曲面，回车确认，选取上一步缩放得到的模型作为要减去的多重曲面，回车完成差集运算，如图3-2-36。

（37）完成差集运算后，得到掏底减重处理的戒指模型，保存模型文件，如图3-2-37。

（38）掏底，一般情况需要掏底面平整，干净利落，如图3-2-38，展示的是初学者常易出现的问题：制作者对图片红圈范围内的每个物件单独进行掏底，而不是整体一并掏底处理，造成底部掏底面各自为政，出现层叠起伏的效果。也请读者在建模时注意该问题。

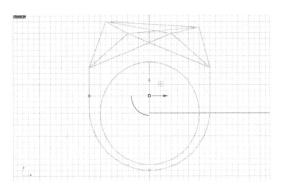

图3-2-33

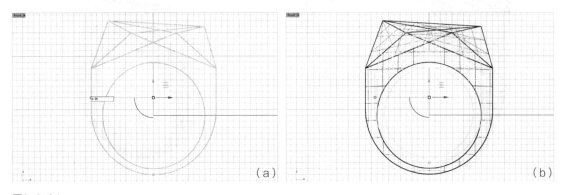

（a）　（b）

图3-2-34

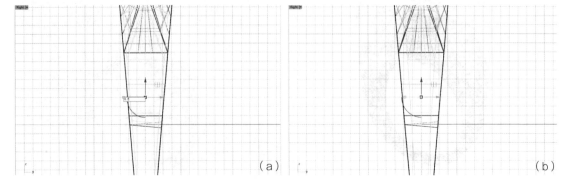

（a）　（b）

图3-2-35

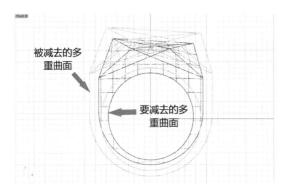

图3-2-36

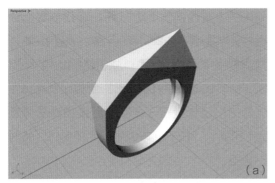

（a）

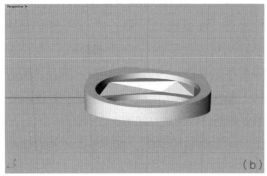

（b）

图3-2-37

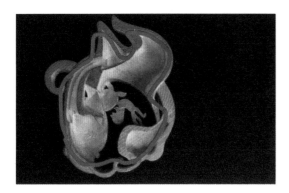

图3-2-38

第三节　篆文吊牌

项目背景： 客户定制一枚材质为铜镀24K金的虎头刻字吊牌，并提供虎头模型源文件（OBJ格式）。根据客户要求为该模型制作文字部分。

工艺要求： 定制数量为1件，模型无须考虑缩水放量。字样纹理需高于底平面至少0.5mm，字样笔画最细处大于0.2mm，笔画之间最小间距不低于0.6mm。

建模思路： 虎头OBJ模型导入后，绘制吊牌轮廓线并通过直线挤出命令形成实体；绘制装饰纹样轮廓线并通过圆管成型实体；导入字样图片作为背景图，依据文字图形进行描线，并通过直线挤出命令形成实体。过程中，控制实体模型厚度、文字高度、字间距等参数，注意不同纹样物件之间的位置对齐。

关键功能命令： 直线挤出、圆管（圆头盖）、对齐物件。

视频3.3
篆文吊牌

（1）导入其他格式模型文件。Rhino界面上方菜单栏第一项"文件"菜单中单击"导入"，出现文件窗口，选择要导入的模型文件并点击确定。导入模型后点击标签栏下【渲染模式工作视窗】功能 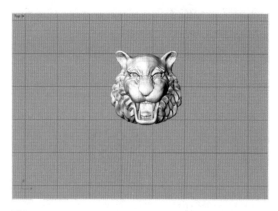，切换至立体视图观察所导入的模型是否有变形、破面、残缺等情况。若有则重新处理模型，若无则通过操作轴把模型移动到合适位置。选中导入的模型，于软件界面下方状态栏中，找到图层状态，点击切换至"图层06" 图层 06 ，将导入模型放置该图层中，如图3-3-1。

（2）工作视窗切换至顶视图，点击"显示" 显示 标签下的【线框模式工作视窗】 功能。图层切换至红色图层01 图层 01 ，

图3-3-1

使用【控制点曲线】功能 ，绘制出如图长52.59mm，宽34.30mm的封闭轮廓线条。绘制过程中，线条经过导入模型文件时要按住Alt键暂时关闭"物件锁点"功能，否则线条控制点会捕捉至模型上某一位置，使线条高度不一致，如图3-3-2。

（3）工作视窗切换至立体视图，显示模式切换至"着色模式工作视窗" ，框选上一步绘制的轮廓线条，使用"建立曲面" 扩展列内的【直线挤出】功能 。观察参数指令栏内文字提示，选择"两侧=是" 两侧(B)=是 、"实体=是" 实体(S)=是 ，挤出长度输入为"0.75"（因选择两侧挤出，所以0.75mm为一侧的挤出长度，形成实体后该物件总厚度为1.5mm），按下回车键生成底板实体，如图3-3-3。

（4）工作视窗切换至顶视图，视图模式切换回"线框模式" ，并点击图层06的小灯泡对该图层进行隐藏 图层 06 。在界面下方状态栏内把图层切换至紫色"图层02" 图层 02 ，使用【控制点曲线】功能 ，绘制如图的纹理线，如图3-3-4。

（5）隐藏图层01，如图3-3-5选取这两

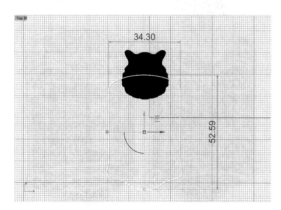

图3-3-2

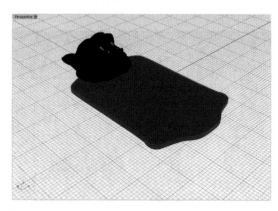

图3-3-3

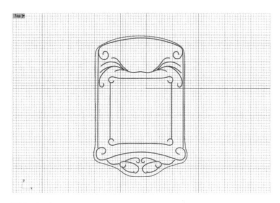

图3-3-4

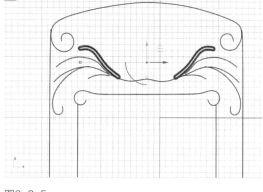

图3-3-5

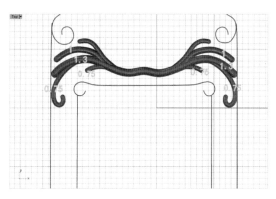

图3-3-6

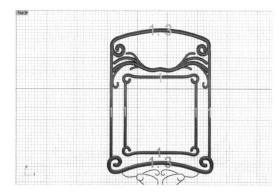

图3-3-7

条纹理线段，使用左侧工具栏中"建立实体"
扩展列下的【圆管（圆头盖）】功能。
在参数指令栏中设置为圆管直径控制成型，圆
管直径输入为"0.75"**圆管直径 <0.75>**，按下
回车键生成圆管。

（6）该区域其他纹理生成同样使用【圆
管（圆头盖）】功能，直径分别设置为
"0.75/1/1.3"三种尺寸，对应尺寸如图3-3-6
所示。

（7）对内外边框纹理，圆管直径尺寸分
别为"1/1.3"，对应尺寸如图3-3-7所示，
使用【圆管（圆头盖）】功能，分别生成边
框纹理物件。

（8）如图3-3-8，选中的6条纹理线，使
用【圆管（圆头盖）】，生成直径尺寸为
0.75mm的圆管实体。

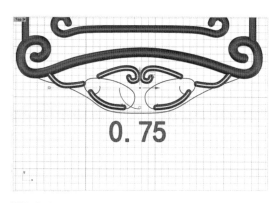

图3-3-8

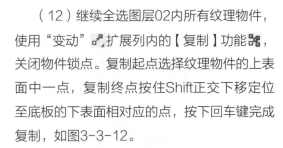

（9）如图3-3-9，中选中的6条纹理线，使用【圆管（圆头盖）】，生成直径尺寸为1mm的圆管实体。

（10）选取图层02内所有纹理物件，切换视图至右视图，使用左侧工具栏中"对齐物件"扩展列内的【向下对齐】功能，对齐点定位至底板上表面的端点，按下回车键完成对齐，如图3-3-10。

（11）将向下对齐后的图层02内所有纹理物件选取，在右视图中点击操作轴上绿色箭头，输入数值"-0.3"，向下平移0.3mm（通过下移0.3mm距离，增大纹理物件与底板的接触面积，保证实际生产中两者连接牢固），如图3-3-11。

（12）继续全选图层02内所有纹理物件，使用"变动"扩展列内的【复制】功能，关闭物件锁点。复制起点选择纹理物件的上表面中一点，复制终点按住Shift正交下移定位至底板的下表面相对应的点，按下回车键完成复制，如图3-3-12。

（13）框选图层02中位于底板下表面的纹理物件，使用"物件对齐"扩展列内的【向上对齐】功能。对齐点定位至底板下表面上的任意一点，按下回车键完成对齐，如图3-3-13。

（14）同样，利用操作轴数值移动功能，点击绿色箭头输入数值"0.3"，将底板下表面的纹理物件向上平移0.3mm，如图3-3-14。

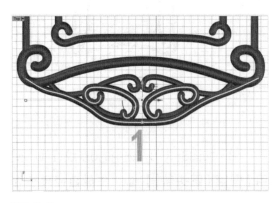

图3-3-9

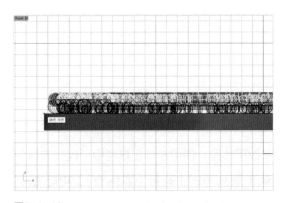

图3-3-10

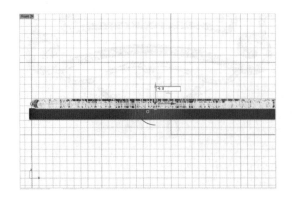

图3-3-11

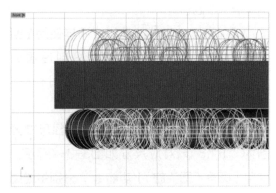

图3-3-12

（15）回到顶视图，上部小字为小篆字体，若Rhino字体库内未有预设，可采取使用其他软件（如PS），将小篆字样保存成图片格式，再以背景图方式导入Rhino中。

切换回顶视图，使用"工作视窗配置"标签 工作视窗配置 下的【放置背景图】功能，选择小篆字样图片导入，如图3-3-15。

（16）切换至蓝色"图层03" 图层 03，使用【控制点曲线】功能，按照背景图的文字轮廓进行描线，并分别完成闭合曲线，如图3-3-16。

（17）框选字样轮廓曲线，使用左侧工具栏"建立曲面"扩展列内的【直线挤出】功能，观察参数指令栏内文字提示，选择"两侧=是" 两侧(B)=是、"实体=是" 实体(S)=是，挤出长度输入为"0.75"，按下回车键生成字样实体，如图3-3-17。

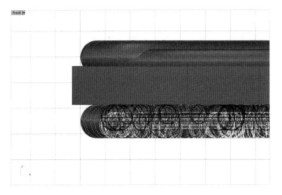

图3-3-13

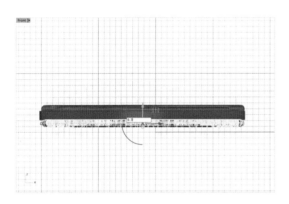

图3-3-14

图3-3-15

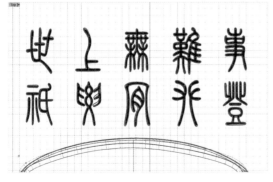

图3-3-16

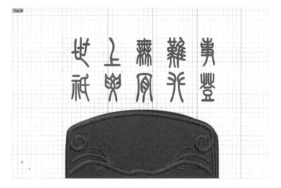

图3-3-17

（18）将挤出的字体物件，使用操作轴三轴缩放功能和移动功能，将其排布于纹样上部空白处，保证字体物件笔画最细处大于0.2mm，如图3-3-18。

（19）切换至立体图工作视窗，选取该所有字体物件，利用操作轴旋转功能，点击操作轴绿轴，单击弧线并在对话框内输入数值"180"，实现字体物件翻转，如图3-3-19。

（20）切换至右视图，选取2组文字物件，拖动操作轴使其向下平移至相应位置，如图3-3-20。

（21）切换回顶视图，使用"工作视窗配置"标签 工作视窗配置 下的【放置背景图】功能 ，选择相应字样图片导入，如图3-3-21。

（22）切换至蓝色"图层03" 图层 03 ，使用【控制点曲线】功能 ，按照背景图的文字轮廓进行描线，描线过程中，确保字体笔画宽度和笔画之间的间隔大于0.6mm，便于后期生产加工，如图3-3-22。

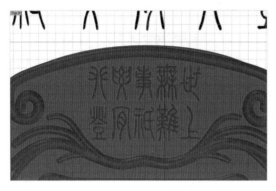

图3-3-18

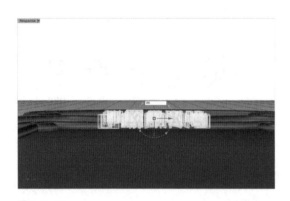

图3-3-19

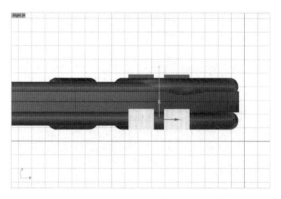

图3-3-20

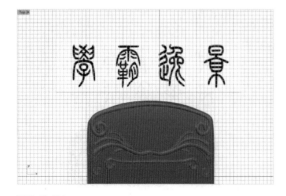

图3-3-21

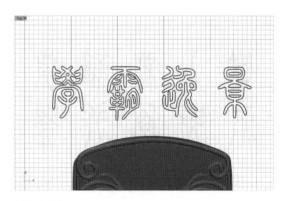

图3-3-22

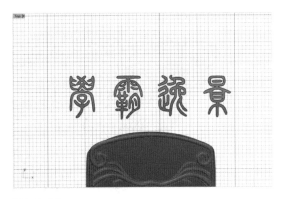

图3-3-23

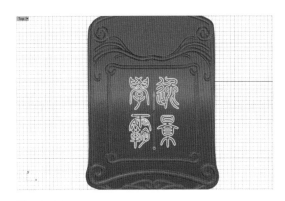

图3-3-24

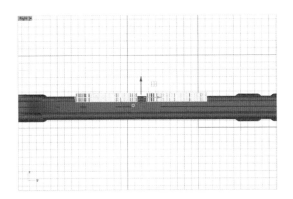

图3-3-25

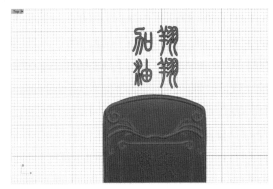

图3-3-26

（23）框选字样轮廓曲线，使用左侧工具栏"建立曲面" 扩展列内的【直线挤出】功能 ，观察参数指令栏内文字提示，选择"两侧=是" 两侧(B)=是、"实体=是" 实体(S)=是，挤出长度输入为"0.75"，按下回车键生成字样实体，如图3-3-23。

（24）利用操作轴功能，对字样实体移动和缩放，使其字体排列于如图3-3-24位置。

（25）切换至右视图，把字体物件调整到如图3-3-25高度。

（26）重复步骤（19）、（20）、（21），继续生成字样实体，如图3-3-26。

（27）选取背面字样实体，单击操作轴中绿色弧线的旋转功能，输入数值"180"，使

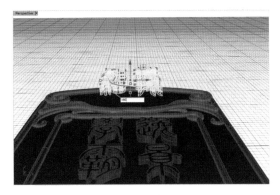

图3-3-27

该字样实体反转180°，如图3-3-27。

（28）切换至右视图，将背面字样实体移动到如图3-3-28位置上。

（29）工作视窗切换至立体视图，使用"实

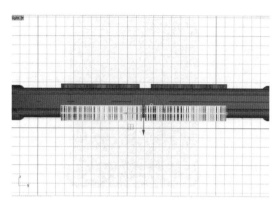

图3-3-28

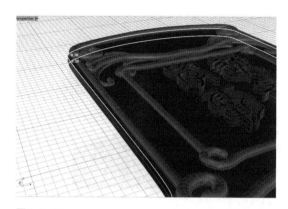

图3-3-29

体编辑工具"扩展列内的【等距边缘圆角】
功能，于参数指令栏中将圆角半径设置为
"0.3" 下一个半径(N)=0.3，点选底板的所有边缘
线，按下回车键进行边缘圆角，如图3-3-29。

（30）关闭图层06的隐藏功能，使虎头
显示，最终完成整体模型。由于虎头和文字
牌部分格式不一，故需全选所有物件，一并
导出为STL格式后，即可输出打印，如图
3-3-30。

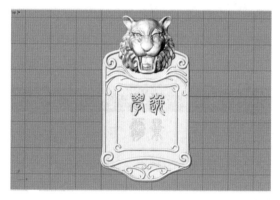

图3-3-30

第四节　爪镶镶口

项目背景： 本项目属于爪镶练习案例。拟有3
款直径约为10mm的圆形、枕型、三角形的刻
面宝石作为镶嵌用主石。

工艺要求： 大颗粒宝石尺寸的爪镶，其爪直径
需加大，以确保镶嵌时能够牢固抓稳宝石。

建模思路： 3颗不同形状的宝石爪镶部件相
同，分别按石头大小对应选择相应参数数据制
作镶口和镶爪部件，且均可通过旋转成型功能
制作，成型后通过控制点缩放调整镶口、镶爪
形态。

关键功能命令： 两点定位、旋转成型、布尔运
算差集。

视频3.4
爪镶镶口

（1）打开RHINO"大场景-毫米"场景
文件，点击"文件"菜单下的"导入"功能，
分别导入圆钻型宝石模型、枕型宝石模型、三
角形宝石模型3种宝石模型，如图3-4-1。

（2）于顶视图工作视窗内，利用【中心
点画圆】功能，绘制出3个直径为10mm
圆，供下一步为宝石尺寸大小调整提供参照，
如图3-4-2。

（3）用"变动"扩展列内的【两点定位】
功能，选择圆钻型宝石为要定位的物件，将

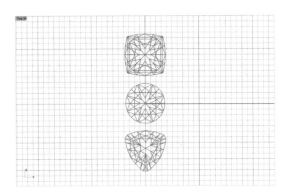

图3-4-1

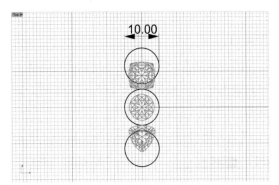

图3-4-2

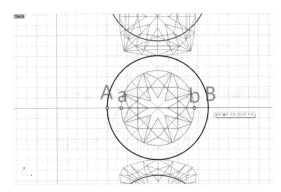

图3-4-3

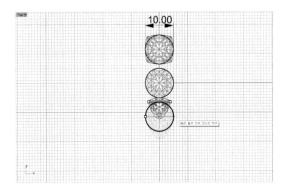

图3-4-4

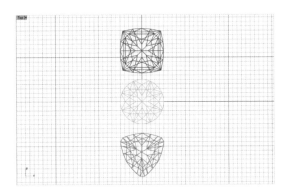

图3-4-5

参数指令栏中"缩放=无"调换成"缩放=三轴"模式**参考点 1（复制(C)=否　缩放(S)=三轴）:**，两个参考点分别定位在宝石的左端点a和右端点b，目标点分别定位在直径10mm的正圆参

照线左端点A和右端点B，完成宝石的尺寸缩放，如图3-4-3。

（4）其余2个宝石以同样的方式，通过两点定位功能调整宝石尺寸至10mm，如图3-4-4。

（5）将3个宝石分别设置3个对应的图层内：💡🔓■　枕型　，💡🔓□　圆形　，💡🔓■　三角形　，如图3-4-5。

（6）使用图层隐藏功能💡，分别隐藏"枕型"、"三角形"两个图层，留下"圆形"宝石图层可见。切换至前视图，利用【对角画矩形】功能▭，绘制出1个宽度1mm长方形（各宝石尺寸对应镶口边宽度可参照《石位数据表》）。再用【控制点曲线】功能🔲，绘制1条符合宝石底面斜率的直线斜切于长方形，如图3-4-6。

（7）利用左侧工具栏的【修剪】功能，将斜线与长方形相交多余的部分修剪删除，得到镶口切面参考线，如图3-4-7。

（8）把当前绘制图层切换至红色"图层01" **图层 01** ，开启物件锁点的"端点"

和"最近点"功能，用"控制点曲线"命令沿步骤（7）的镶口切面参考线开始描线，注意每个折角位需放置3个控制点以供后续调点，如图3-4-8。

（9）F10打开步骤（8）绘制的曲线控制点，通过操作轴和物件锁点的特殊点捕捉功能，把每个折角位的3个控制点重叠归位至折角点位上，如图3-4-9。

（10）对各个折角位3个控制点重合，得到如图宝石镶口切面线，如图3-4-10。

（11）F11关闭其控制点，使用"建立曲面" 扩展列内的【旋转成型】功能 。旋转轴起点在参数指令栏中输入数值"0" **旋转轴起点: 0** ，旋转轴终点 **旋转轴终点** 定位至该视图中Y轴方向上任意一处，起始角度在参数指令栏中输入数值"0" **起始角度 〈0〉** ，

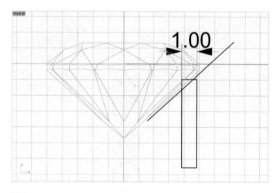

图3-4-6

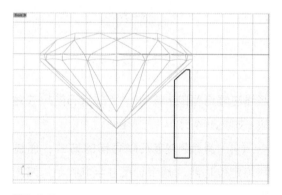

图3-4-7

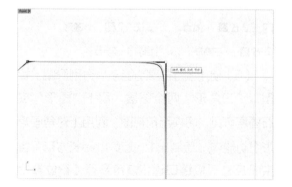

图3-4-9

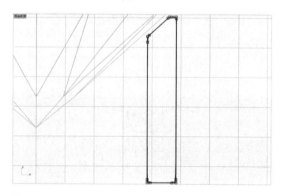

图3-4-8

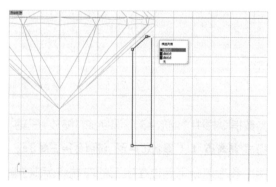

图3-4-10

旋转角度在参数指令栏中输入数值"360"**旋转角度〈360〉**，按下回车键生成镶口物件，如图3-4-11。

（12）F10打开镶口控制点，框选底下一行控制点，使用操作轴上的缩放功能，按住Shift键实现三轴缩放，将镶口底部收窄，如图3-4-12。

（13）使用操作轴的平移功能，把镶口物件最下一行控制点同步向上平移至稍微低于宝石尖底的位置，如图3-4-13。

（14）在宝石上方，用左侧工具栏中的【控制点曲线】功能，如图3-4-14绘制出镶爪轮廓线，保证轮廓线边缘位置到坐标轴竖轴之间距离为0.7（参照《石位数据表》直径10mm宝石，镶爪直径为1.2～1.4mm）。注意控制点分布，上部控制点与下部控制点之间尽量不要放置过渡的控制点，以确保上下控制点分区明显。

（15）再绘制1条重叠于Y轴的直线，通过该直线与步骤（14）绘制的镶爪轮廓线相交，用【修剪】功能把镶爪轮廓线超出部分线段修剪删除，如图3-4-15。

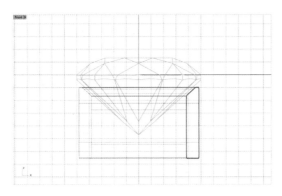

图3-4-11

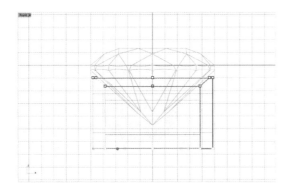

图3-4-12

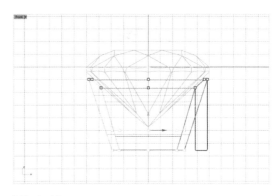

图3-4-13

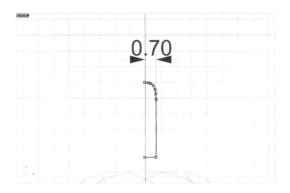

图3-4-14

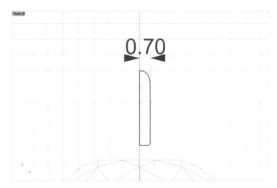

图3-4-15

（16）选中镶爪轮廓线，使用左侧工具栏中的【旋转成型】功能 ▼。旋转轴起点在参数指令栏中输入数值"0" **旋转轴起点: 0**，旋转轴终点 **旋转轴终点** 定位至该视图中Y轴方向上任意一处，起始角度在参数指令栏中输入数值"0" **起始角度 <0>**，旋转角度在参数指令栏中输入数值"360" **旋转角度 <360>**，按下回车键生成镶爪物件，如图3-4-16。

（17）工作视窗切换至顶视图，显示模式切换至着色模式 ●，把步骤（16）镶爪设置到紫色"图层02"内 **图层 02**。通过操作轴，将镶爪物件移动到圆钻右上角位置，确保镶爪吃入宝石边缘约0.1mm，如图3-4-17。

（18）利用操作轴平移功能，把镶爪物件向下平移到其顶部高出宝石台面2mm左右的位置，如图3-4-18。

（19）工作视窗切换至立体图，渲染模式切换至"着色模式" ●，利用"投影曲线" 扩展列内的【抽离结构线】功能 ，抽离出镶口最底部圈口的外圈正圆轮廓线，并将该曲线设置到黑色"预设值"图层内 **预设值**，如图3-4-19。

（20）F10打开镶爪物件的控制点，选取其底部的控制点群，如图3-4-20。

（21）工作视窗切换至顶视图，通过操作轴移动镶爪物件底部控制点，使镶爪底部贴合到黑色镶口外圈轮廓线上，如图3-4-21。

（22）工作视窗切换至前视图，通过操作轴平移功能，向下平移该控制点群，使镶爪底部到镶口底部位置，如图3-4-22。

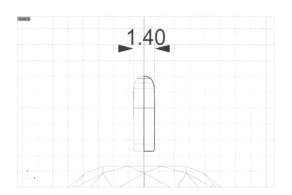

图3-4-16

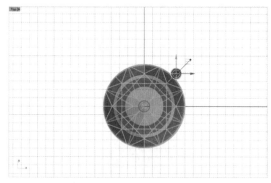

图3-4-17

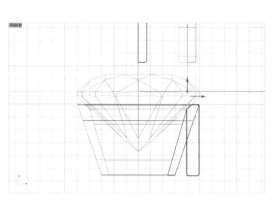

图3-4-18

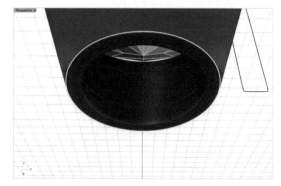

图3-4-19

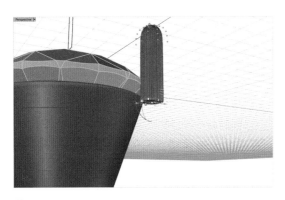

图3-4-20

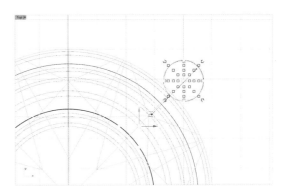

图3-4-21

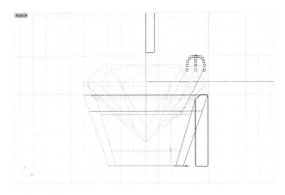

图3-4-22

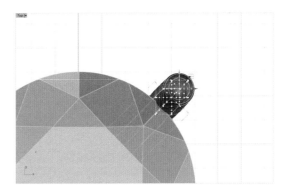

图3-4-23

图3-4-24

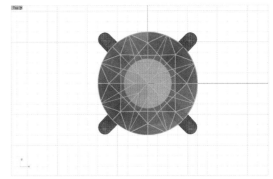

图3-4-25

（23）选取镶爪物件上部控制点群，工作视窗切换至顶视图，显示模式切换至"着色模式"，通过操作轴拖动镶爪上部控制点，使镶爪重新卡住宝石腰部0.1mm左右，如图3-4-23。

（24）工作视窗切换至立体图，右键实时转动查看模型镶爪和镶口边缘是否有相接，相

接位置是否合理，若不合理则开启镶爪物件控制点进行调整，如图3-4-24。

（25）选取调整好位置的镶爪物件，通过"变动"扩展列内的【镜像】功能中的X轴、Y轴镜像**镜像平面起点（三点(P)　复制(C)=　X轴(X)　Y轴(Y)**，镜像出其余3个镶爪，如图3-4-25。

（26）工作视窗切换至前视图，用【控制点曲线】功能 🔧 绘制1条与镶口上表面同高的直线。选取该直线，用"曲线编辑" 扩展列内的【偏移曲线】功能 🔧，在参数指令栏内输入偏移距离"1.3"，向下偏移出1条新的直线，如图3-4-26。

（27）以步骤（26）的操作方式，绘制1条平行镶口底的直线，并向上偏移1.3mm，如图3-4-27。

（28）使用左侧工具栏中【立方体：角对角、高度】功能 🔧，绘制出1个高度为步骤（26、27）中偏移出来的新直线A、B间距的长方体，如图3-4-28。

（29）利用操作轴平移功能，将长方体物件平移至如图3-4-29位置。

（30）使用【实体工具】 🔧 扩展列内的【布尔运算差集】功能 🔧，被相减物件选取镶口物件，相减物件选取为长方体，两者进行相减运算得到开夹层的镶口物件，如图3-4-30。

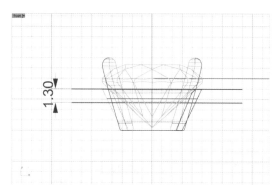

图3-4-26

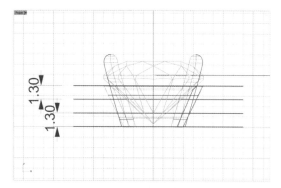

图3-4-27

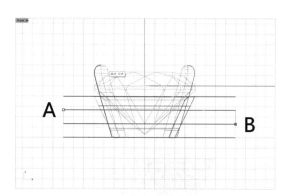

图3-4-28

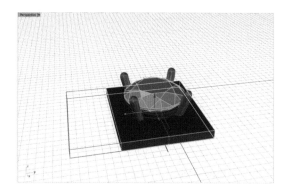

图3-4-29

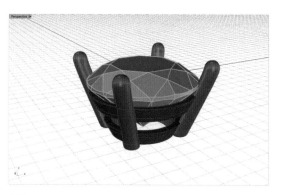

图3-4-30

（31）将"枕型"图层调为可见。框选圆形宝石及其相关爪镶物件，利用操作轴平移功能，使其向右平移20mm，如图3-4-31。

（32）工作视窗切换至顶视图，当前图层调整为红色"图层01" **图层 01**，用【控制点曲线】功能，绘制1条枕型宝石上边缘的轮廓延长线，如图3-4-32。

（33）通过【镜像】功能和【复制旋转】功能，得到枕型宝石的4条边缘轮廓延长线，如图3-4-33。

（34）选取4条边缘轮廓延长线，使用【修剪】功能将延长线超出部分修剪删除，并用【组合】功能将修剪好的4条枕型边缘轮廓线组合为1条封闭的曲线，如图3-4-34。

（35）切换至前视图，利用【对角画矩形】功能，绘制出1个宽度为1.2mm的长方形。再用【控制点曲线】功能，绘制1条符合宝石底面斜率的直线斜切于长方形，如图3-4-35。

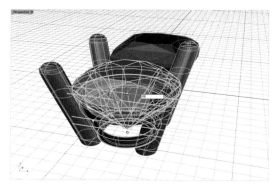

图3-4-31

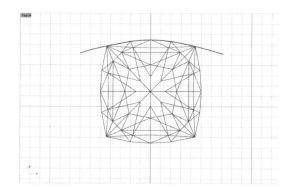

图3-4-32

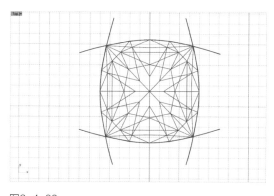

图3-4-33

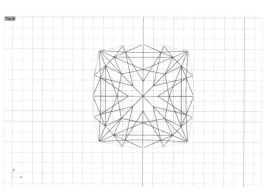

图3-4-34

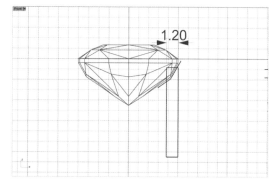

图3-4-35

（36）使用【修剪】功能🔧将切面参考线修剪为如图3-4-36形状。

（37）开启物件锁点的"端点"和"最近点"功能，用"控制点曲线"命令沿步骤（36）得到的参考轮廓线进行描线，注意每

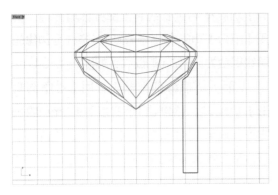

图3-4-36

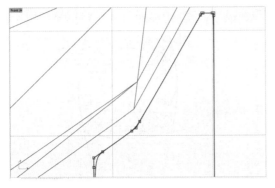

图3-4-37

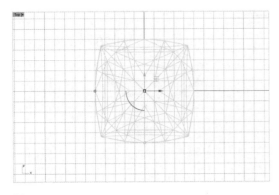

图3-4-39

个折角位需放置3个控制点以供后续调点，如图3-4-37。

（38）F10打开步骤（37）绘制的曲线控制点，通过操作轴和物件锁点的特殊点捕捉功能，把每个折角位的3个控制点重叠归位至折角点位上。对各个折角位3个控制点重合，得到宝石镶口切面轮廓线，如图3-4-38。

（39）工作视窗切换至顶视图，选取枕型宝石物件和其红色图层的边缘轮廓线，利用操作轴平移功能将其平移至世界坐标原点位置，如图3-4-39。

（40）右键点击使用【沿路径旋转】功能🎈，以前视图绘制的封闭曲线为"轮廓曲线"，以枕型宝石边缘轮廓线为"旋转路径"，如图3-4-40。

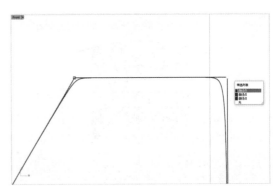

图3-4-38

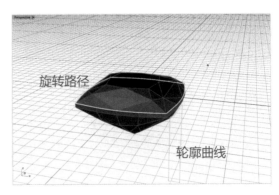

图3-4-40

（41）工作视窗切换至前视图，路径旋转轴起点**路径旋转轴起点** 0 在参数指令栏中输入数值"0"，路径旋转轴终点**路径旋转轴终点** 定位至该视图中Y轴方向上任意一处，生成镶口物件，如图3-4-41。

（42）选取镶口物件，使用【炸开】功能 ↳ ，将该物件炸开为4个曲面。（若不炸开，则镶口物件为多重曲面，多重曲面无法开启其控制点，无法进行后续调点操作），如图3-4-42。

（43）F10打开镶口物件控制点，选取其底部控制点群，按住Shift键使用操作轴缩放功能实现三轴缩放，整体缩小镶口底部后上移缩短镶口高度到如图3-4-43位置。

（44）F11关闭控制点，并重复步骤（13）~（40），建立镶爪并为镶口开夹层，如图3-4-44。

（45）三角形宝石爪镶和圆形宝石爪镶绘制方法参照枕型宝石爪镶绘制方法，主要以【沿路径旋转】功能 ♀ 实现三角形、圆形镶口部件的建立。注意绘制前先将三角形宝石和圆形宝石模型移动至坐标轴原点位置，并旋转宝石至如图3-4-45角度，以方便后续在前视图绘制其镶口的轮廓曲线。

（46）制作完三角形宝石爪镶物件和圆形爪镶物件后，添加链扣部件和环扣物件（链扣和环扣均在后期金属加工环节制作）等辅助物件，得到最终模型，如图3-4-46。

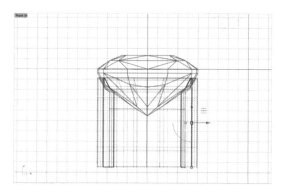

图3-4-41

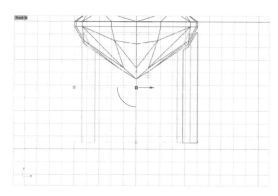

图3-4-42

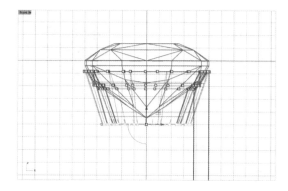

图3-4-43

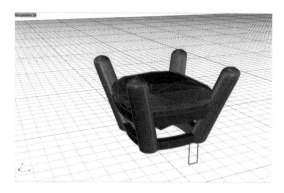

图3-4-44

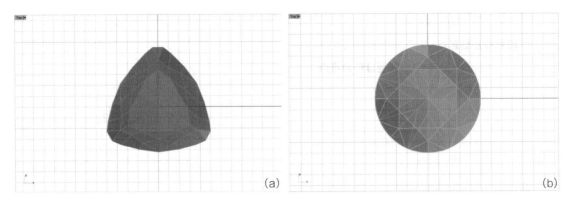

图3-4-45

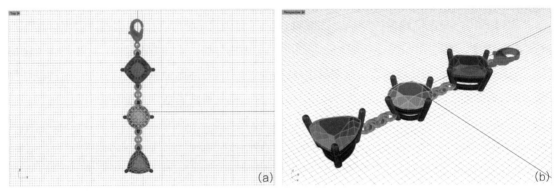

图3-4-46

第五节　风车胸针

项目背景： 现需制作一批材质为925银的风车胸针，根据客户提供的仅有的产品正视图，完成胸针主体模型制作。

工艺要求： 因批量生产，故模型需较客户要求的成品大小，整体放大3%处理；模型底部要求各部件互有连接。别针等配件，后期另行配备并焊接。

建模思路： 根据设计图，沿边进行轮廓描线；统一调整轮廓线，完成风车真反造型轮廓线的高低位置，确保线条过渡顺畅；通过放样检查造型无误后，定位断面曲线至轮廓线上，用双轨扫掠成型实体。

关键功能命令： 两点定位、双轨扫掠。

视频3.5
风车胸针

（1）打开RHINO "大场景-毫米" 场景文件，使用 工作视窗配置 标签下 "背景图" 扩展列 中的【放置背景图】功能 ，把图片置入顶视图工作视窗内，如图3-5-1。

（2）使用左侧工具栏中"矩形绘制" ⊡ 扩展列下的【矩形：中心点、角】功能 ⊡ ，于上面的参数指令栏内输入矩形中心点数值"0" **矩形中心点（圆角(R)：0|** ，确定中心点为坐标系原点位置，输入长度数值"40" **另一角或长度（三点(P) 圆角(R)）：20|** 按下回车，再输入宽度"40" **宽度，按 Enter 套用长度（三点(P) 圆角(R)）：20|** 按下回车生成40×40的等边矩形线段（此数值按客户提供胸针造型数据放大3%），如图3-5-2。

（3）使用"背景图"功能 🖼 扩展列下的【对齐背景图】功能 🖼 ，先通过两点确定位图上的参考点 **位图上的参考点** ，参考点选择图内作品上下2个边界点，选取第2个点的时候要按住shift键打开正交功能 **正交** ，确保2个参考点之间的直线经过作品视觉中心，如图3-5-3。

（4）**工作平面上的基准点：|** 工作平面上的基准点选择40×40矩形线框的上下2条边上的中点，使背景图上作品尺寸缩放为40×40的长宽尺寸，且视觉中心位于顶视图坐标原点位置，如图3-5-4。

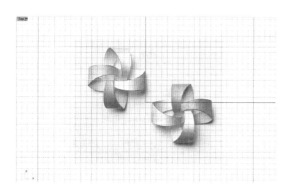

图3-5-1

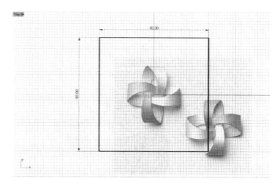

图3-5-2

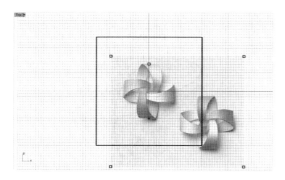

图3-5-3

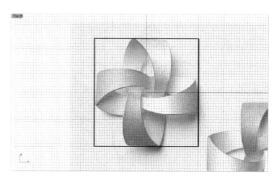

图3-5-4

（5）删除40×40矩形参考线框。使用【控制点曲线】功能，于上部参数指令栏中设置阶数为5阶 **曲线起点（阶数(D)=5 持续封闭(P)=否）**，沿背景图中作品一条边缘如图绘制出连续的轮廓线段，如图3-5-5。

（6）当前绘制图层切换至红色"图层01" ████图层 01 ，使用【控制点曲

线】功能，沿背景图作品另外一条边沿如图绘制出连续的轮廓线段，如图3-5-6。

（7）全选2条边缘轮廓线段，使用"曲线编辑"扩展列内的【重建曲线】功能，对2条轮廓曲线进行重建，重建点数设置为"80"，勾选删除输入物件并进行重建，如图3-5-7。

（8）重建2条轮廓曲线的控制点后，使2条曲线的控制点均匀分布并呈对应状态。快捷键F10打开控制点，对2条轮廓曲线进行细微调整，使曲线造型整体更加流畅顺滑，如图3-5-8。

（9）观察背景图作品空间结构的形态，确定模型最终效果的4处绿色区域为最大高度位置，如图3-5-9。

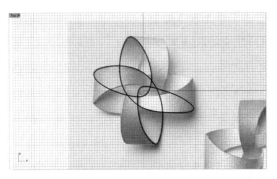

图3-5-5

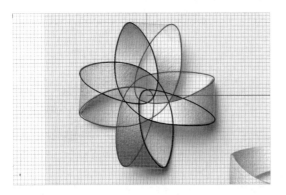

图3-5-6

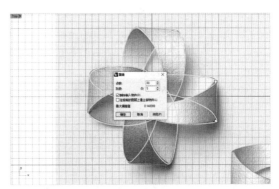

图3-5-7

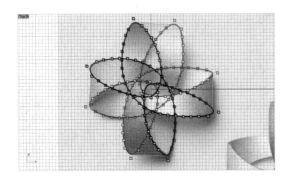

图3-5-8

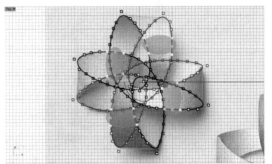

图3-5-9

（10）全选2条轮廓曲线，快捷键F10打开其控制点，选取步骤（9）中绿色标识位置的控制点，注意观察所选取的控制点是否处于两两对称状态，具体控制点选取如图3-5-10。

（11）切换至立体图工作视窗，拖动操作轴中上方向的蓝轴向，使步骤（10）中选

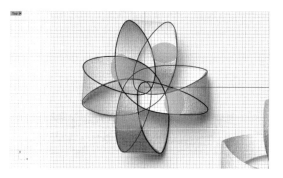

图3-5-10

中的控制点向上抬高2mm左右的距离，如图3-5-11。

（12）切换至顶视图工作视窗内，在原选取的控制点基础上，按住shift键单击左键加选各轮廓线前一个控制点和后一个控制点，选取后注意观察是否选取的点属于近似对称状态，具体控制点选取如图3-5-12。

（13）切换至立体图工作视窗内，同样拖动操作轴向上方向蓝轴，使选取的控制点继续向上抬高2mm距离，如图3-5-13。

（14）切换至顶视图工作视窗内，在步骤（12）选取的控制点基础上，按住shift键单击左键加选各轮廓线前一个控制点和后一个控制点，选取后注意观察是否选取的点属于近似对称状态，具体控制点选取如图3-5-14。

图3-5-11

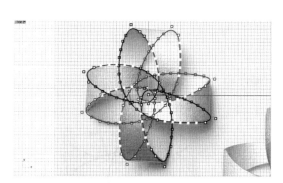

图3-5-12

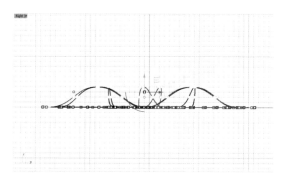

图3-5-13

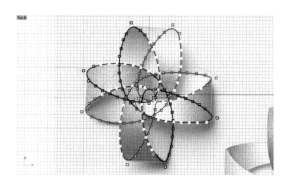

图3-5-14

（15）切换至立体图工作视窗内，同样拖动操作轴向上方向蓝轴，使选取的控制点继续向上抬高2mm距离，如图3-5-15。

（16）重复之前步骤，将造型凸起部分的轮廓线控制点分步分区地逐渐抬高，最后使造型凸起部分轮廓线造型基本对称且变化弧度较为顺畅，如图3-5-16。

（17）观察轮廓线8个顶点位置，如图顶

视图中绿色范围。该8个位置立体图内显示弯曲弧度较为尖锐，若不调整圆顺，使之具有足够的反转空间，会使后期该8处位置成型后产生褶皱，影响模型美观程度，如图3-5-17。

（18）快捷键F10打开2条轮廓曲线的控制点，对整体上部造型进行流畅程度微调整，尤其需要注意步骤（17）中8个绿色区域中的顶角转折位置，保证这些位置的转折弧度不要

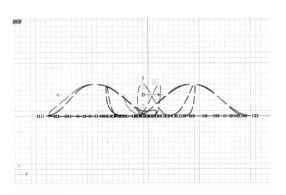

图3-5-15

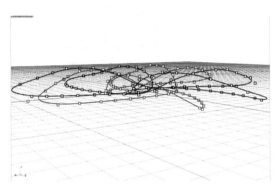

图3-5-16

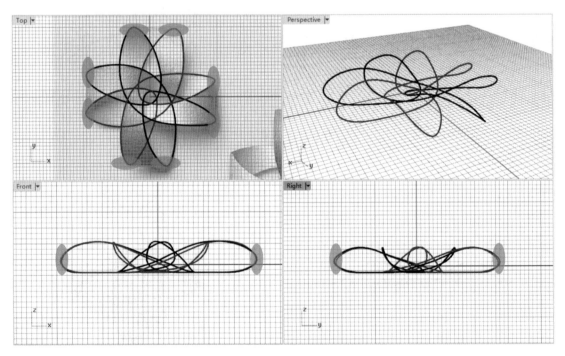

图3-5-17

过于激烈，在保持造型的基础上尽量以圆顺过渡，确保合理充足的转折空间来调整这些位置的线条，如图3-5-18。

（19）切换至立体工作视窗，全选2条轮廓曲线，使用左侧工具栏中"建立曲面"扩展列下的【放样】功能，造型选择"标准"或"平直区段"，放样出曲面，如图3-5-19。

（20）观察放样后的曲面各处空间关系，尤其是中间部位出现的上下叠加重合，需要对这个区域轮廓曲线的上下关系进行调整，如图3-5-20。

（21）删除步骤（19）放样出来的曲面模型，打开下方"记录构建历史"功能 记录建构历史，对2条轮廓曲线重新进行放样，放样后F10打开轮廓曲线的控制点，一边观察放样模型变化一边对中间区域的曲线进行实时调整，最后得到如图中间区域上下结构分明的

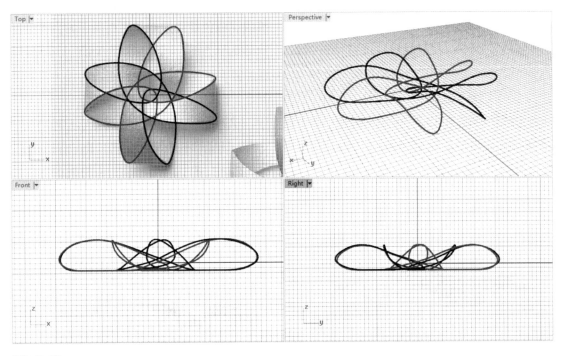

图3-5-18

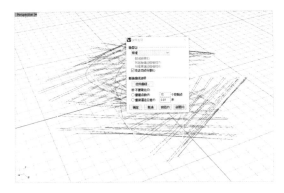

图3-5-19

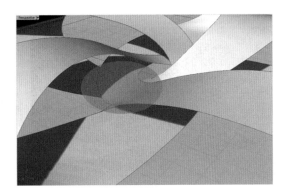

图3-5-20

层次关系，如图3-5-21。

（22）调整完毕后删除放样出来的曲面模型，视图切换至右视图工作视窗，使用左侧工具栏中"矩形绘制" 扩展列下的【圆角矩形】功能 ，绘制1个长7mm，宽1.5mm的圆角矩形，如图3-5-22。

（23）切换至立体图工作视窗，选取该圆角矩形，使用左侧工具栏中"变动"功能 扩展列下的【两点定位】功能（左键） ，于上部参考指令栏中将设置为"复制=是，缩放=三轴" 参考点 1（复制(C)=是 缩放(S)=三轴）:，选择圆角矩形其中一条边中点为参考点1，另外一条边中点为参考点2，如图3-5-23。

（24）切换至顶视图工作视窗，如图将目标点定位于2条轮廓曲线凸起区域的特征点上（以节点和垂点为主），并于另外3个凸起区域也分别定位出3个断面曲线，如图3-5-24。

（25）切换至立体图工作视窗，观察定位

上去的圆角矩形是否与轮廓曲线相接的位置曲率相垂直并进行微调，如图3-5-25。

（26）使用左侧工具栏中"曲面建立" 扩展列下的【双轨扫掠】功能 ，选择2条轮廓曲线作为路径 选取路径，如图3-5-26。

（27）选取4个定位好的圆角矩形作为断面曲线 选取断面曲线，按 Enter 完成（点(P)）:，如图3-5-27。

（28）按下回车键，上部参数指令栏出现移动曲线接缝点指令 移动曲线接缝点，观察4个接缝点白色箭头方向是否朝同一方向（顺时针/逆时针方向），若没有同一朝向，则调整接缝点方向使所有曲面接缝点方向统一，如图3-5-28。

（29）按下回车键，出现双轨扫掠选项对话框，选择"不要简化"，并勾选"保持高度"和"封闭扫掠"两个选项，点击确定生成模型，如图3-5-29。

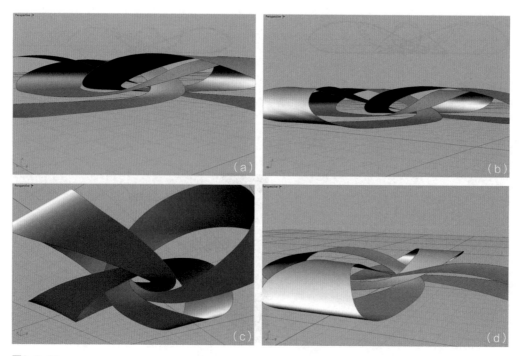

图3-5-21

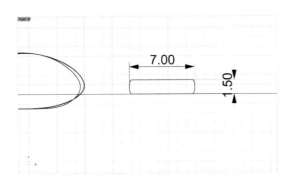

图3-5-22

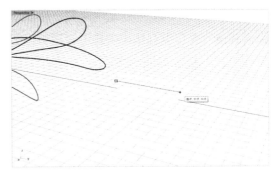

图3-5-23

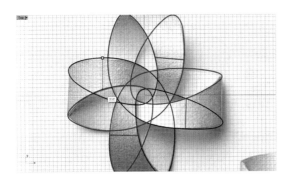

图3-5-24

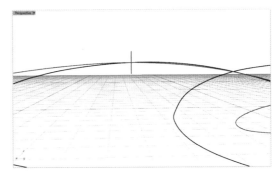

图3-5-25

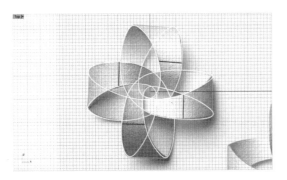

图3-5-26

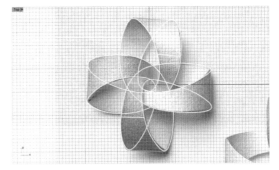

图3-5-27

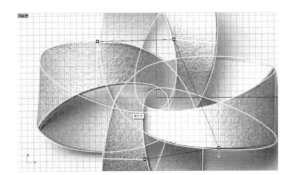

图3-5-28

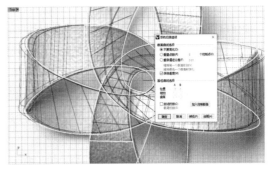

图3-5-29

（30）切换至立体图工作视窗，打开渲染模式 ，多角度观察模型是否有褶皱、重叠等问题，特别需要检查模型4个折叠位，如图3-5-30。

（31）确认模型无误后，完成该款真反闭环模型，如图3-5-31。

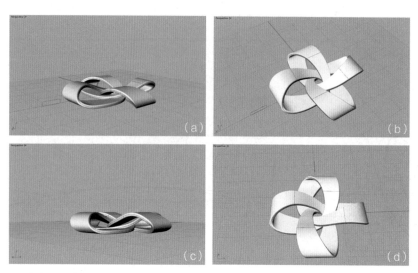

图3-5-30

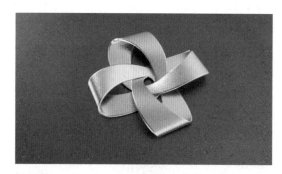

图3-5-31

第六节　叶形胸针

项目背景： 客户提供1款卷草纹钉镶胸针设计图，进行来样加工制作。

工艺要求： 直径小于1mm宝石在镶嵌时，一般可在金属面直接起钉镶嵌。本案例模型中为达到渲染效果，宝石均加钉制作。

建模思路： 根据设计图边沿描出轮廓线，调整轮廓线高低位置，制作断面曲线，双轨扫掠成型，沿曲面流动将排列好的宝石、钉和开孔器物件流动至相应位置，布尔运算（差集）开出石位。

关键功能命令： 两点定位、双轨扫掠、摊平曲面、沿曲面流动。

视频3.6
叶形胸针

（1）打开RHINO"大场景-毫米"场景文件，使用标签下"背景图"功能 中的【放置背景图】，把图片置入顶视图工作视窗内，如图3-6-1。

（2）当前图层切换至蓝色"图层03"图层 03，使用左侧工具栏中【圆：中心点、半径】功能，在上方参数指令栏中输入圆

心数值"0"，直径数值"2.4"，于坐标原点位置生成直径2.4mm的正圆，如图3-6-2。

（3）使用【对齐背景图】功能，如图3-6-3将背景图中宝石尺寸对齐至直径为2.4的正圆边框，使背景图整体尺寸缩放至合适大小。

（4）当前图层切换至红色"图层01"图层 01，使用【控制点曲线】功能，将胸针轨道钉镶部件的左右2条边缘轮廓线绘制出来，具体如图3-6-4所示。

（5）当前图层切换至蓝色"图层03"图层 03，使用【控制点曲线】功能，将胸针剩下的部件边缘轮廓线绘制出来，具体如图3-6-5所示。

（6）选择【背景图】功能扩展列内的【隐藏背景图】功能，使背景图暂时隐藏。观察各轮廓曲线的流畅性，快捷键F10打开曲

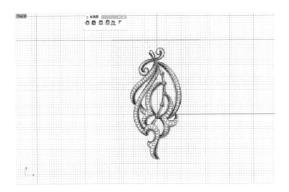

图3-6-1

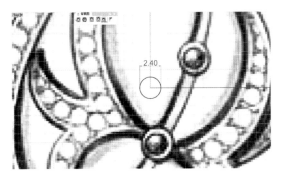

图3-6-2

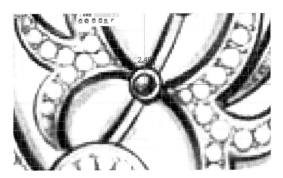

图3-6-3

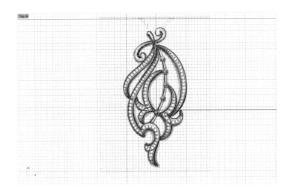

图3-6-4

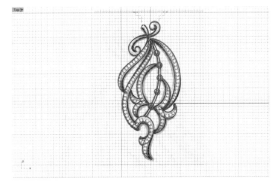

图3-6-5

线控制点对边缘轮廓曲线进行微调，使其线造型更加顺畅，如图3-6-6。

（7）如图3-6-7所示，绿色区域为胸针的高位，需要对这几处的线段优先拉高，以此拉出高低落差，使得胸针整个轮廓出现高低布局关系。

（8）因篇幅所限，胸针基本由各曲面实体组成，故本案例仅以此段曲面实体为建模案例，其余各段，请读者参照本案例建模步骤完成。切换至立体图工作视窗，选取2条边沿轮廓曲线，快捷键F10打开其控制点，对称选取步骤（7）中绿色区域中的控制点，如图3-6-8拖动操作轴向上抬高控制点。以该区域的控制点为最高点，依次抬高区域外轮廓线的其他控制点，形成高低过渡的曲线走势。

（9）观察黄色区域，如图3-6-9，该区域轮廓线呈反转状态，需要认真考虑其2条轮廓曲线在该位置的上下关系再行调点。

（10）切换至立体图工作视窗，再次打开该曲线控制点，通过操作轴进行上、下位置移动（注意不能通过操作轴上、下轴以外的2条控制轴），如图3-6-10调整2条曲线走势，使得线条顺畅，起伏合理。

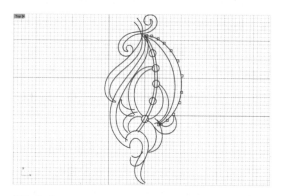

图3-6-6

图3-6-7

图3-6-9

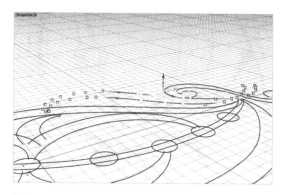

图3-6-8

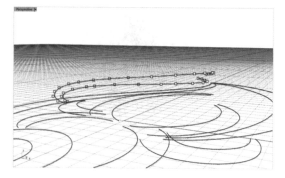

图3-6-10

（11）全选所有曲线，使用【隐藏】功能💡将其隐藏。视图切换至前视图工作视窗，开始制作镶槽的断面曲线。使用左侧工具栏中【绘制矩形】🔲扩展列内的【矩形：中心点、角】功能⬚绘制步骤（10）部件的断面曲线。于上部参数指令栏中输入"圆心"**圆心**数值为"0"，"长度"数值为"2.6"**另一角或长度（三点(P)　圆角(R)）: 2.6**，"宽度"数值为"1.4"**宽度，按 Enter 套用长度（三点(P)　圆角(R)）: 1.4**，回车如图3-6-11生成矩形线段。

（12）使用左侧工具栏中【多重直线】功能⋀扩展列内的【直线：从中点】功能✐，于上部参数指令栏内输入"直线中点"**直线中点**数值为"0"，使中点定位于坐标系原点位置，输入"直线终点"为数值"0.8"**直线终点: 0.8**，按住shift键开启正交功能，使线段沿横轴方向绘制，按下回车键生成线段，如图3-6-12。

（13）使用【控制点曲线】功能⛭绘制1条确定断面曲线槽深的辅助线，起点定位于矩形曲线的上边线中点位置，于参数指令栏中输入"下一点"**下一点**距离数值为"0.6"，按住shift键开启正交功能，沿竖轴方向绘制出该辅助线。完成辅助线绘制后，将步骤（12）中得到的横向曲线拖动至辅助线下端点处，如图3-6-13。

（14）使用左侧工具栏中【多重直线】功能⋀扩展列内的【直线：从中点】功能✐，直线中点定位于步骤（13）辅助线的上端点位置，输入"直线终点"为数值"0.9"**直线终点: 0.9**，按住shift键开启正交功能，使线段沿横轴方向绘制，下回车键生成线段，如图3-6-14。

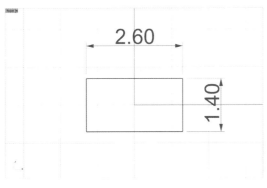

图3-6-11

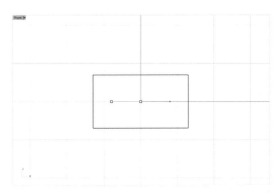

图3-6-12

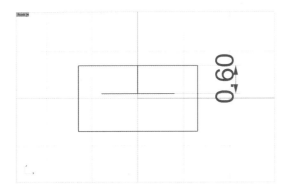

图3-6-13

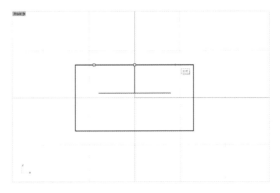

图3-6-14

（15）再次使用【控制点曲线】功能，绘制2条曲线。2条曲线起点分别各捕捉至步骤（14）生成的曲线两头端点，终点分别为步骤（12）绘制的横向曲线两端点，进行连接，如图3-6-15。

（16）全选当前所有线段，使用左侧工具栏中【修剪】功能，点选要修剪的线段部分进行删除，留下如图所示的断面曲线形态。将修剪好的断面曲线选上，使用左侧工具栏中"组合"功能，使其组合为1条封闭曲线 有 4 条曲线组合为 1 条封闭的曲线。，如图3-6-16。

（17）当前图层切换至紫色"图层02" 图层 02 ，使用【控制点曲线】功能，起点定位于断面曲线上槽底中点位置，终点定

位于下槽底中点位置，每个拐角生成3个控制点方便后期进行微调，如图3-6-17。

（18）选中步骤（17）生成的曲线，快捷键F10打开其控制点，打开物件锁点功能 物件锁点 下点捕捉功能 ☑点，将每个拐角的3个控制点都捕捉重叠至拐角顶点位置，如图3-6-18。

（19）快捷键F11关闭控制点，将调整好的半截断面曲线选取，使用【变动】扩展列下的【镜像】功能，于参数指令栏中设置为"Y轴"镜像 镜像平面起点（三点(P) 复制(C)= X轴(X) Y轴(Y) ）。选取2段半截断面曲线，使用【组合】功能将其组合为1条封闭的曲线 有 2 条曲线组合为 1 条封闭的曲线。，如图3-6-19。

（20）当前图层切换至绿色"图层04"

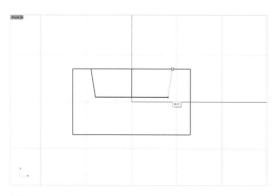

图3-6-15

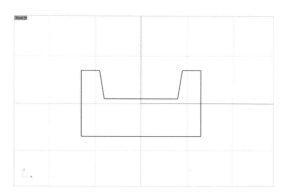

图3-6-16

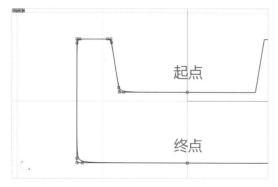

图3-6-17

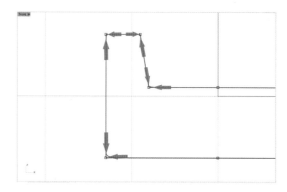

图3-6-18

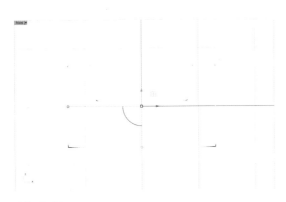

图3-6-19

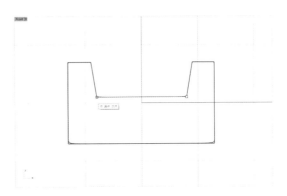

图3-6-20

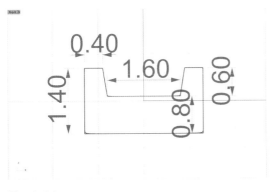

图3-6-21

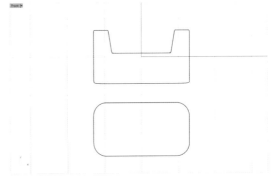

图3-6-22

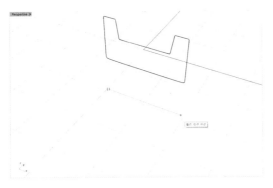

图3-6-23

槽底断面曲线，完成轨道钉镶槽位切面形态绘制，具体各部位数值如图3-6-21所示。最后将紫色和绿色图层2条断面曲线选中，使用左侧工具栏中【群组】功能🔗，将其绑定。

（22）图层切换至紫色"图层02" **图层 02**，使用【矩形】扩展列🔲内的【圆角矩形】功能🔲，如图3-6-22，绘制出1个长2.6、宽1.4的圆角矩形。

（23）切换至立体图工作视窗，选取圆角矩形断面曲线，使用【变动】🔧扩展列下的【两点定位】功能🔧，于参数指令栏设置为复制和三轴缩放（复制(C)=是 缩放(S)=三轴），如图3-6-23，选取参考点为圆角矩形2条短边的中点位置。

（24）右键点击【显示物件】功能💡，使

图层 04，使用【控制点曲线】功能🔧如图3-6-20沿上槽底绘制1条直线（该直线留作后期宝石镶嵌位基准曲面的断面曲线，便于将宝石、钉、开孔件等物件流动定位到槽内）。

（21）将红色图层01的断面曲线删除，留下紫色图层02的断面曲线和绿色图层04的上

轨道钉镶部件的边缘轮廓线显示。切换至立体
图工作视窗，目标点定位至步骤（10）的2条
边缘轮廓线的上端点位置，目标点先后顺序如
图3-6-24所示。

（25）继续进行下一个断面曲线的定位，
将该断面曲线定位于曲线转折变化起始位置，
具体目标点先后顺序如图3-6-25所示。

（26）进行该部件尾端断面曲线的定位，
具体目标点定位的先后顺序如图3-6-26所示。

（27）切换至前视图工作视窗，选取槽轨

的断面曲线，使用"两点定位"功能，参考点
1和参考点2如图3-6-27分别定位在断面曲线
左右两边中点位置。

（28）如图3-6-28，目标点定位至该部
件真反出镶嵌槽位开始出现的位置。如该图所
示，通过调整立体图工作视窗的角度，定位断
面曲线，目标点1以最近点或节点定位，目标
点2以垂点定位（注意要保证断面曲线定位点
的先后与2条边缘轮廓线的关系与步骤（28）
圆角矩形断面曲线相同）。

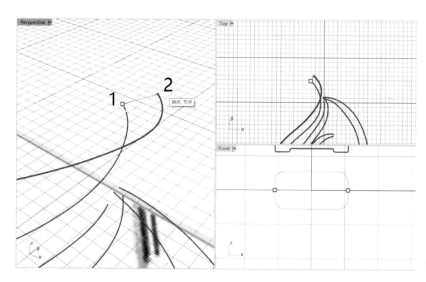

图3-6-24

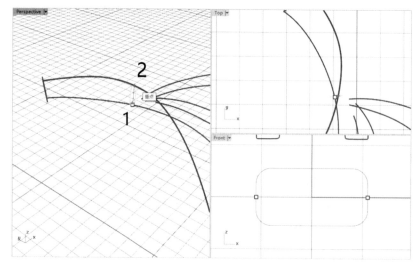

图3-6-25

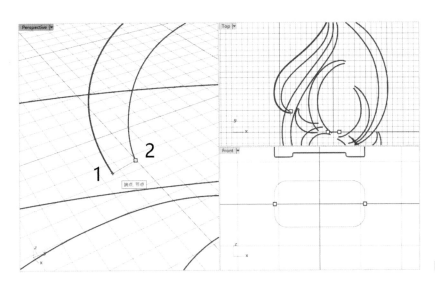

图3-6-26

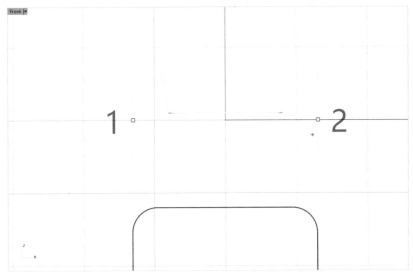

图3-6-27

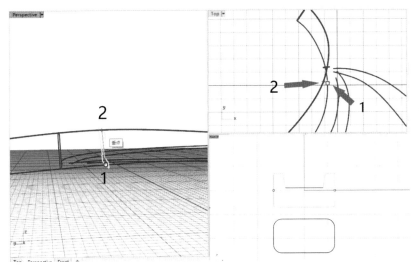

图3-6-28

（29）继续定位后面2个槽面断面曲线的位置，具体位置如图3-6-29所示，参照步骤（28），目标点1捕捉至恰当位置的最近点，目标点2捕捉至对面边缘轮廓线的垂点上，完成2处断面曲线的定位后，按下回车键完成两点定位。

（30）观察各断面曲线，因为两点定位后断面曲线方向可能与实际不符，需要进行二次定位，如图3-6-30所选位置的槽位断面曲线方向与实际相反，选中该断面曲线群，通过操作轴蓝色弧线旋转功能转动180度，调整其方向。

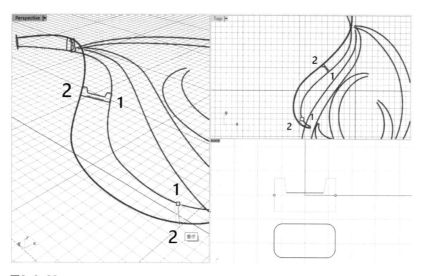

图3-6-29

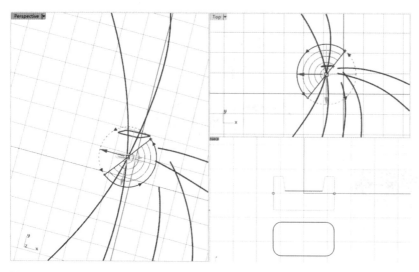

图3-6-30

（31）如图3-6-31，该位置的槽位断面曲线方向也需要进行调整，先在立体图工作视窗内将视角旋转至该位置两条红色边缘轮廓线（轨道线）相重叠的角度，选中该断面曲线，利用操作轴方向轴将其调整为该位置轨道线相切的角度。

（32）通过操作轴调整完角度后，若发现该断面曲线仍然与实际不符，则需要进行二次定位，如图3-6-32。

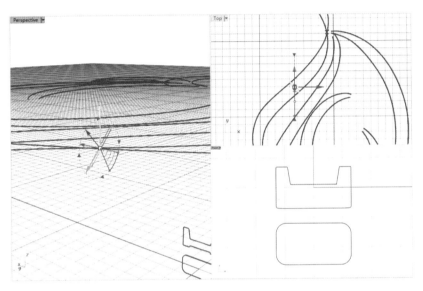

图3-6-31

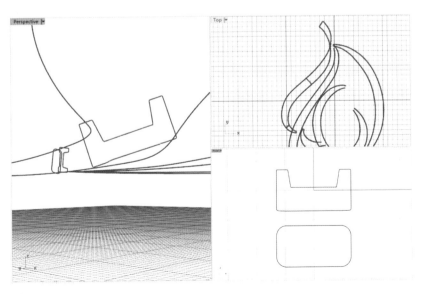

图3-6-32

（33）使用【两点定位】功能 ，于参数指令栏中将"复制=是"切换为"复制=否"，其他不变，参考点1、2定位于该断面曲线的左右两边中点，打开"物件锁点" **物件锁点** 中捕捉"交点"功能 ☑ 交点，目标点1、2定位于原断面曲线与红色轨道线相交的两个交点，完成二次定位，如图3-6-33。

（34）检查剩下的槽位断面曲线方向是否正确，若调整视角发现该断面曲线未与红色轨道线相切，则使用二次定位进行校正，如图3-6-34。

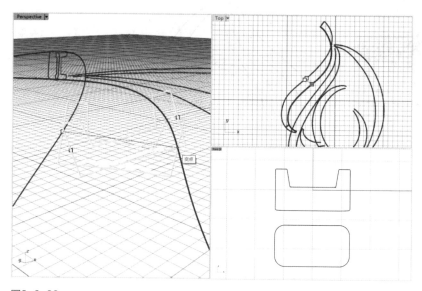

图3-6-33

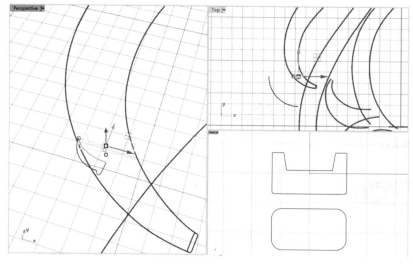

图3-6-34

（35）完成断面曲线的调整，因每个断面曲线群中包含有1条为制作流动目标曲面的绿色上槽底断面曲线，成型前需要将其单独出来，如图3-6-35选取以上3个断面曲线群，使用左侧工具栏中【解散群组】功能 ❖ 。

（36）在立体图工作视窗内，选中该部件2条红色轨道线，作为双轨扫掠的两条路径，

使用【建立曲面】 ✈ 扩展列下的【双轨扫掠】功能 ♠ ，如图3-6-36。

（37）显示模式切换为"渲染模式工作视窗" ● ，确定双轨扫掠的2条路径后，需要点选断面曲线**选取断面曲线（点(P)）**，注意断面曲线最好按照成型顺序，从扫掠起点依次点选到终点的断面曲线，选完后按下回车，确认断面曲线上的白色箭头是否朝模型走势的同一方向（顺时针或逆时针方向），确保所有断面曲线白色箭头同一朝向，如图3-6-37。

（38）确定断面曲线方向无误后，再次按下回车，于双轨扫掠选项框内勾选"保持高度"，点击确认生成物件，如图3-6-38。

（39）观察生成的物件是否有破面，真反转折位是否平顺，如图3-6-39。

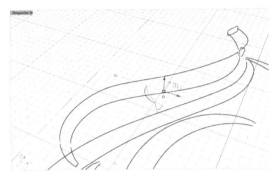

图3-6-35

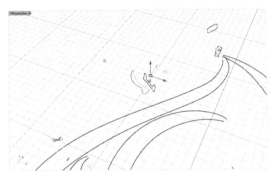

图3-6-36

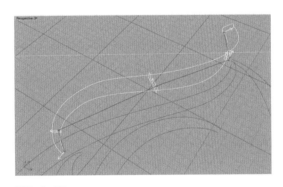

图3-6-37

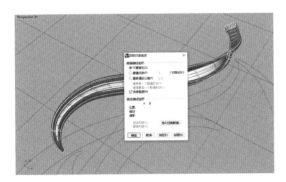

图3-6-38

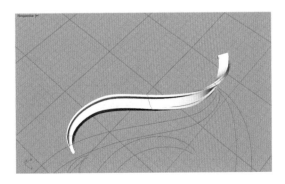

图3-6-39

（40）隐藏紫色图层02，将当前图层切换至绿色"图层04" 　图层 04 ，通过该部件原有2条红色轨道线段和跟随紫色槽位断面曲线一起定位上去的绿色上槽底断面曲线，双轨扫掠生成排石开孔的目标上槽底曲面，如图3-6-40。

（41）使用【双轨扫掠】功能 ，以该部件2条红色轨道线为路径，以3条绿色上槽底线为断面曲线，如图3-6-41生成上槽底的目标曲面。

（42）选取步骤（41）生成的槽底曲面，使用左侧工具栏中【曲面工具】 扩展列内的【摊平曲面】功能 ，使该三维槽底曲面摊平为二维平面，方便后期在此二维平面上排宝石、钉和开孔件，如图3-6-42。

（43）切换至顶视图工作视窗，新建1个宝石图层"gem 1.4mm" gem 1.4mm ，导入1个圆钻宝石模型，圆心定位于坐标轴原点"0"，并利用【两点定位】功能 ，将其缩放至直径1.4mm大小，如图3-6-43。

（44）切换至前视图工作视窗，新建1个钉爪图层"hand" hand　　　✓　　　　，切换至该图层，如图3-6-44绘制1个半边钉的边缘轮廓线，使用【旋转成型】功能 做出钉物件。

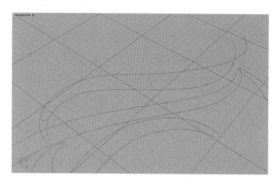

图3-6-40

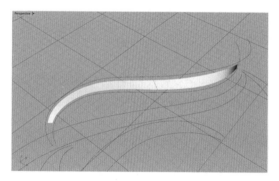

图3-6-41

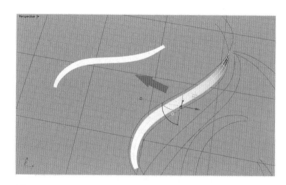

图3-6-42

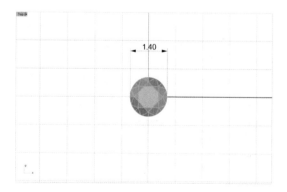

图3-6-43

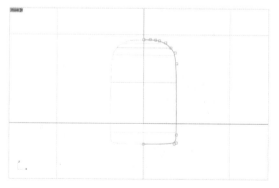

图3-6-44

（45）切换至顶视图工作视窗，使用【画圆工具】⊙扩展列内的【圆：直径】功能○，关闭锁定格点功能，沿钉物件边缘绘制出1个正圆。再使用【圆：中心点、半径】功能⊘，中心点设置于坐标原点"0"位置，直径数值为"0.525"，如图3-6-45。

（46）切换至立体图工作视窗，选取钉物件，使用【两点定位】功能✎，于参数指令栏

中设置（复制(C)=否　缩放(S)=三轴），参考点1与参考点2如图定位于步骤（45）绘制的大圆1、2两个点，目标点1与目标点2如图分别定位于步骤（45）绘制的小圆3、4两个点，完成钉物件缩放，使钉直径为0.525mm，如图3-6-46。

（47）切换至顶视图工作视窗，将做好的钉物件复制移动到如图3-6-47位置。

（48）切换至前视图工作视窗，新建一个开孔器图层 **开孔器**　✔　■，并在当前图层下，如图3-6-48绘制开孔件的半边轮廓曲线，通过【旋转成形】功能♟，成形后选中开孔件，使用【实体工具】◉扩展列内的【将平面洞加盖】功能◐对齐加盖，使开孔件成为实体物件。

（49）选中宝石、钉、开孔件，使用【群组】功能♣，将其编组，如图3-6-49。

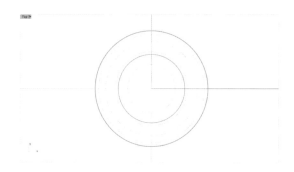

图3-6-45

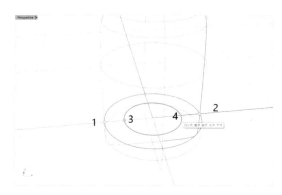

图3-6-46

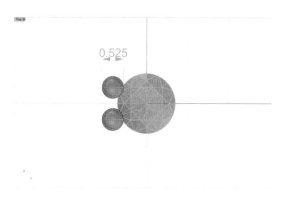

图3-6-47

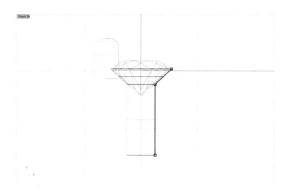

图3-6-48

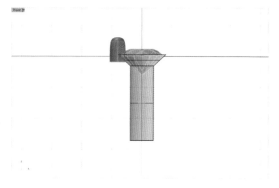

图3-6-49

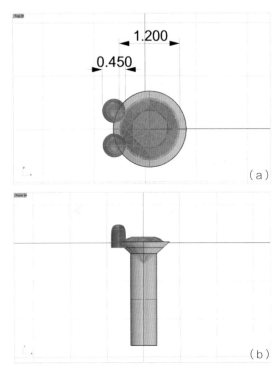

图3-6-50

（50）切换至顶视图工作视窗，新建1个宝石图层"gem 1.2mm" gem 1.2mm 💡 🔓 ■ ，导入1个圆钻宝石模型，并参照步骤（43-49），制作出1.2mm圆形钻石的钉（直径0.45mm）、开孔器物件，并将其群组，如图3-6-50。

（51）新建一个宝石图层"gem 1.0mm" gem 1.0mm 💡 🔓 ■ ，导入1个圆钻宝石模型，并参照步骤（43-49），制作出1.0mm圆形钻石的钉（直径0.4mm）、开孔器物件，并将其群组，如图3-6-51。

（52）新建1个宝石图层"gem 0.8mm" gem 0.8mm 💡 🔓 ■ ，导入1个圆钻宝石模型，并参照步骤（43）~（49），制作出0.8mm圆形钻石的钉（直径0.4mm）、开孔器物件，并将其群组，如图3-6-52。

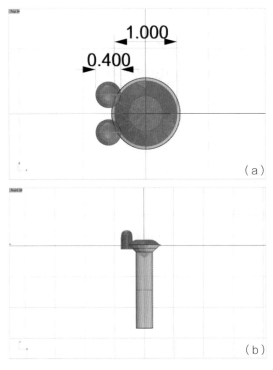

图3-6-51

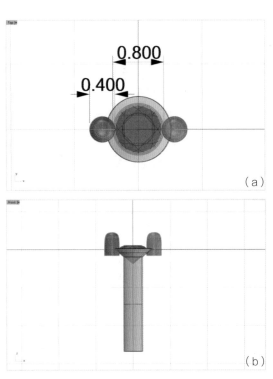

图3-6-52

（53）切换至立体图工作视窗，选中步骤（45）生成的摊平曲面，当前图层切换至黑色"预设值"图层，使用左侧工具栏中【从物件建立曲线】扩展列内的【抽离结构线】功能，抽离出该平面U方向的中线，如图3-6-53。

（54）选取步骤（53）抽离出来的中线，使用上部菜单栏"分析栏"下的"长度"测量功能，测出该中线的长度为**长度 = 39.73 毫米**。切换至顶视图工作视窗，使用【控制点曲线】功能，于参数指令栏中输入"曲线起点"数值为"0" **曲线起点（阶数(D)=5 持续封闭(P)=否）:0**，输入"下一点"数值为"39.73" **下一点（阶数(D)=5 持续封闭(P)=否 复原(U)）: 39.73**，绘制出1条39.73mm长度的直线，如图3-6-54。

（55）选中0.8mm宝石及其钉、开孔件群组，使用左侧工具栏中【移动】功能如图3-6-55拖动至步骤（54）中直线左端点处。

（56）继续选取步骤（55）中0.8mm宝石群组物件，使用【变动】扩展列内的【镜像】功能，镜像轴如图3-6-56定位于右边钉物件的中线上，完成复制镜像。

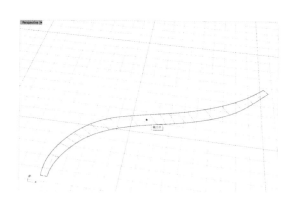

图3-6-53

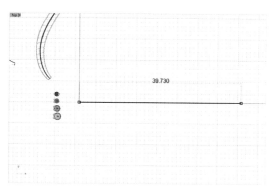

图3-6-54

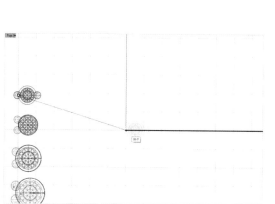

图3-6-55

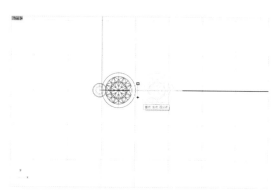

图3-6-56

（57）选取1.0mm宝石群组物件，使用左侧工具栏中【移动】功能，移动至线上位置，使其与0.8mm宝石之间形成共钉，钉吃入石0.05mm，如图3-6-57。

（58）选取1.2mm宝石群组物件，使用左侧工具栏中【移动】功能，如图3-6-58移动至线上位置，使其与1.0mm宝石之间形成共钉，钉吃入石0.05mm。

（59）选取1.4mm宝石群组物件，使用左侧工具栏中【移动】功能，如图3-6-59移动至线上位置，使其与1.2mm宝石之间形成共钉，钉吃入石0.05mm。

（60）继续选取步骤（59）中1.4mm宝石群组物件，使用【阵列】扩展列内的【直线阵列】功能，于参数指令栏中输入阵列数为"17"，选取第一参考点为直线上1.4mm宝石的中心点位置，第二参考点捕捉直线使阵列出来的钉物件与前1个宝石形成共钉，如图3-6-60。

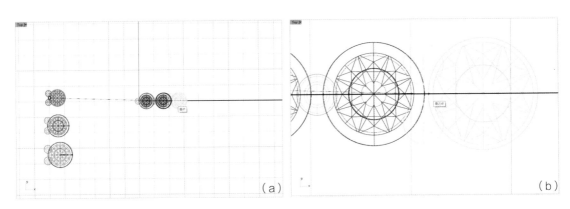

（a）

（b）

图3-6-57

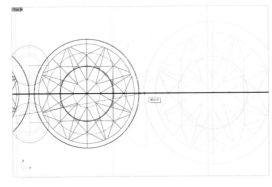

图3-6-58

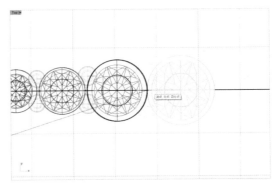

图3-6-59

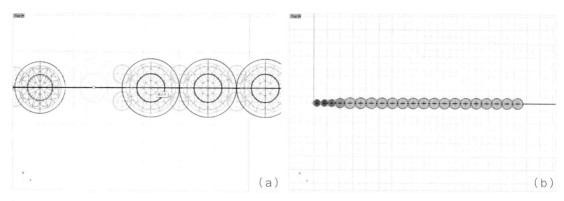

（a）

（b）

图3-6-60

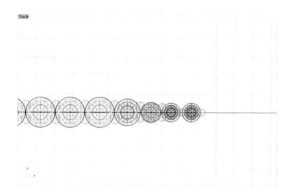

图3-6-61

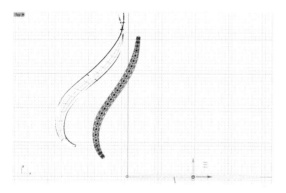

图3-6-63

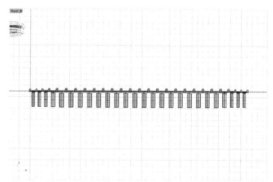

图3-6-62

一水平线上，若不是则需进行微调，如图
3-6-62。

（63）框选在直线上排列的所有群组物
件，使用左侧工具栏中【变形工具】🗺扩展
列内的【沿曲线流动】功能🖊，以步骤（54）
中39.73mm的直线为"基准曲线"，"目标曲
线"为步骤（53）抽离出来的中线，完成物
件在中线上流动，如图3-6-63。

（64）切换至立体图工作视窗，选取步
骤（56）调整好平面位置的宝石、钉、开
孔物件群，使用左侧工具栏中【沿曲面流
动】功能🖊，于参数指令栏中设置"硬性=
是" 复制(C)=否 硬性(R)=否 平面(P)，选择摊平后
的二维曲面为基准曲面，摊平前的三维曲面
为目标曲面，如图3-6-64。

（61）使用【变动】扩展列内的【复制】
功能，将1.2mm、1.0mm、0.8mm宝石群组
物件如图3-6-61复制排列至直线右侧一端。

（62）切换至前视图工作视窗，观察宝
石群组物件中的所有宝石腰部是否处于同

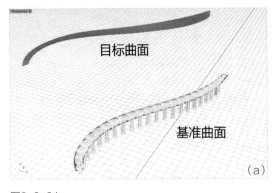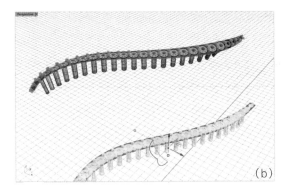

图3-6-64

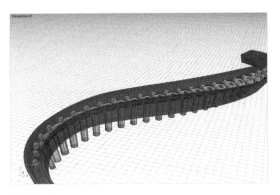

图3-6-65

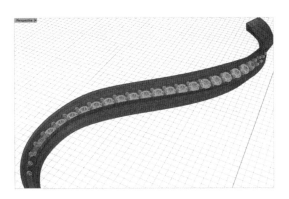

图3-6-66

（65）隐藏绿色图层04，打开紫色图层02，观察该部件宝石和钉是否处于槽轨中适合的位置，如图3-6-65。

（66）选取紫色槽轨物件，使用【实体工具】 扩展列内的【将平面洞加盖】功能 ，对缺口进行封盖使其成为实体 **已经将 2 个缺口加盖，得到 1 个封闭的多重曲面。**。使用【实体工具】 扩展列内的【布尔运算差集】功能 ，"被减去的多重曲面"选取紫色槽轨物件，"要减去其他物件的多重曲面"选取所有开孔件，回车完成槽底开孔，如图3-6-66。

（67）切换至顶视图工作视窗，右键【显示背景图】功能 ，确认该部件与背景图结构相同，如图3-6-67。

（68）胸针其他部件参照以上步骤，按照描线、建槽、排列宝石、流动等步骤逐一制作，最终完成整体模型，如图3-6-68。模型渲染时，可选择保留宝石；若模型需要打印制作实物，则需要将宝石隐藏或删除，如图3-6-69、图3-6-70。

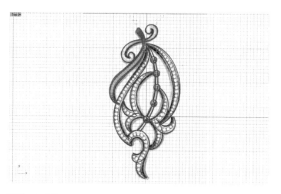

图3-6-67

图3-6-68

图3-6-69

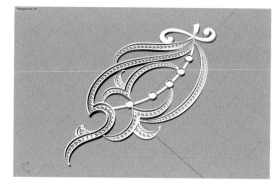

图3-6-70

第七节　镂空耳环

项目背景： 客订一对镂空造型18K耳环。

工艺要求： 镂空造型，其镂空处间隙应大于1mm，便于后期铸造时石膏从间隙中清出。

建模思路： 使用实体功能中球体绘制基本造型，随后使用曲线功能绘制要修剪的图形，再运用投影能将需要修剪部分投影到球体上，使用偏移曲面实体建立成型，运用圆管将不同的区块部件相连接，最后综合运用实体编辑功能对耳环扣部件进行建模。

关键功能命令： 球体、曲线、投影、偏移曲面、圆管。

视频3.7
镂空耳环

（1）新建文件，顶视图，左侧工具栏【建立实体】💿扩展列中【球体】功能💿，按参数指令栏输入半径9mm，如图3-7-1。

（2）正视图，状态栏勾选锁定格点、正交，使用左侧工具栏中【指定三或四个角建立曲面】🔲，绘制1个曲面，如图3-7-2。

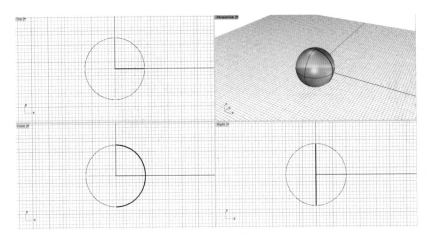

图3-7-1

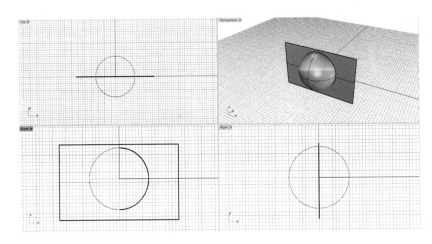

图3-7-2

（3）顶视图，选择左侧工具栏中【2D旋转】旋转 功能，中心点定位在0点位置，向左边旋转90°，此时在参数指令栏的提示下选择点击复制，如图3-7-3。

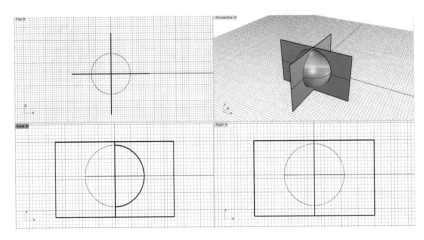

图3-7-3

（4）右视图，状态栏勾选物件锁点列中的中点、端点。选择左侧工具栏中【2D旋转】旋转 ↳ 功能，中心点定位在0点位置，向左边旋转90°，此时在参数指令栏的提示下选择点击复制，如图3-7-4。

（5）在左侧工具栏选择【分割】功能 ⌖，按参数指令栏提示选取要分割的物件：球体，随后选取分割用物件：3个曲面，如图3-7-5。

（6）复制由球体分割出来的1/8球曲面，并使用标签栏中【隐藏物件】功能 💡，如图3-7-6。

（7）立体视图，状态栏选择：物件锁点列端点、最近点，使用左侧工具栏【多重直线】功能 ⌁，连接1/8球曲面的3个端点，形成一个等腰三角形，如图3-7-7。

（8）顶视图，使用左侧工具栏选择【2D旋转】↳，选取步骤（7）中绘制的等腰三角形与1/8球曲面，根据参数指令栏提示旋转中心点：点选在0点位置；角度或第一参考点：左键点击Y轴上一点；第二参考点：输入225°，回车确定，如图3-7-8。

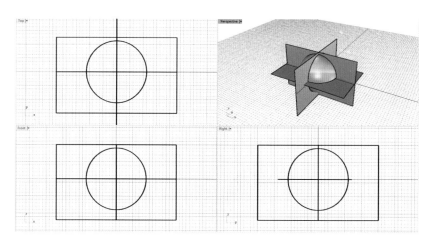

图3-7-4

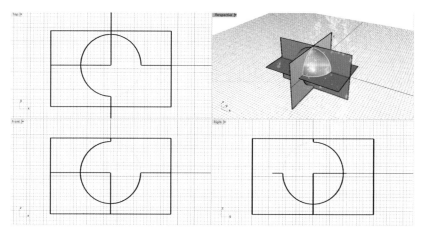

图3-7-5

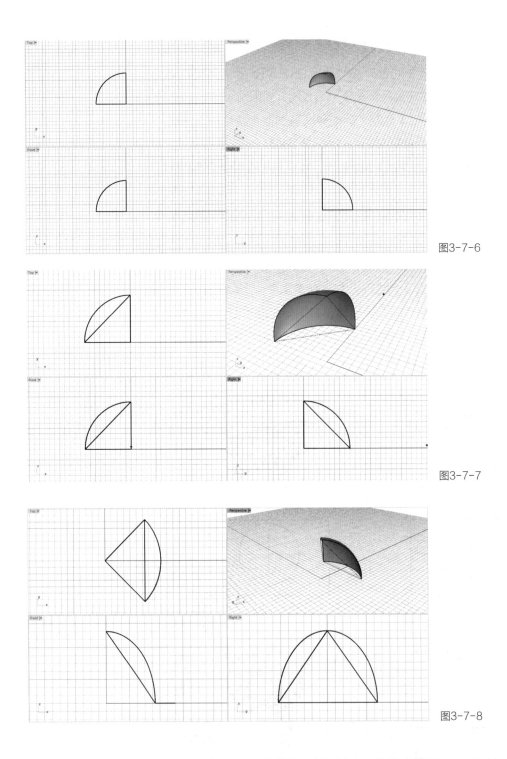

图3-7-6

图3-7-7

图3-7-8

（9）正视图，旋转时在状态栏物件锁定列勾选上端点，旋转起点
选等腰三角形底边。使用左侧工具栏选择【2D旋转】功能 ↻，旋转等
腰三角形至垂直于X轴。并使用【隐藏】功能 💡 将1/8球曲面隐藏，如
图3-7-9。

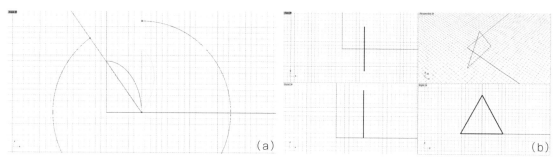

图3-7-9

（10）右视图，使用【圆：中心点，半径】功能⊘以等腰三角形顶点为中心，绘制1个直径为3.5mm的圆形，随后使用【偏移曲线】功能↷在参数指令栏偏移侧距离输入1.25mm，偏移出圆曲线，并依次重复使用【偏移曲线】功能↷3次，共绘制出5个间距为1.25mm的圆，如图3-7-10。

（11）以三角形2个端点为中心，使用【复制】功能✂分别复制步骤（10）的圆曲线组，如图3-7-11。

（12）使用左侧工具栏【修剪】功能◄，全选，回车确定，如图3-7-12。

（13）根据参数指令栏提示选取要修剪的物件：①等边三角形以外的曲线；②等边三角形以内相交曲线；点选完成后得到如图3-7-13的图形。

（14）使用左侧工具栏中【群组】功能♨，将需要投影的图形群组，并右击【显示物件】功能💡将1/8球曲面显示出来，如图3-7-14。

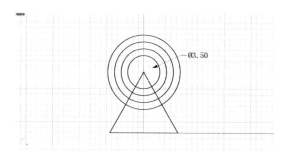

图3-7-10

图3-7-11

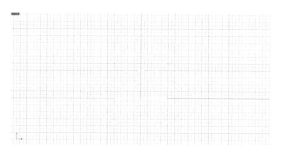

图3-7-12

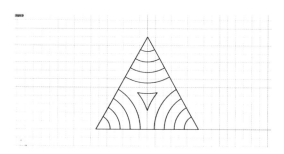

图3-7-13

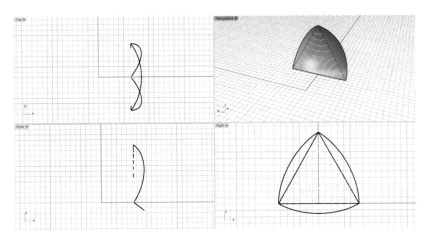

图3-7-14

（15）使用左侧工具栏选择【2D旋转】功能 ↷，旋转回正如步骤（8）的位置，使用左侧工具栏【投影曲线】 🗄 列中【拉回曲线】功能 🗄，根据参数指令栏提示选取要拉回的曲线：选择步骤（14）中群组纹样，选取要拉至其上的曲面：1/8球曲面，回车确定，如图3-7-15。

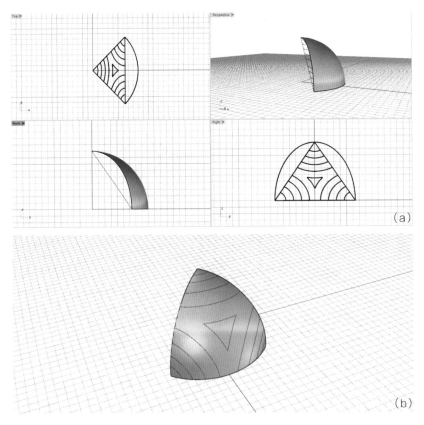

图3-7-15

（16）将参考的三角形与内部线条删除，左键标签栏【锁定物件】功能 🔒，点选1/8球曲面，回车确定。使用左侧工具栏中【群组】功能 🔗，将已投影完成的图形群组，回车确定，如图3-7-16。

（17）右键点选标签栏【锁定物件】功能 🔒，1/8球曲面恢复可编辑状态，工具栏选择【修剪】功能 ✂，全选：1/8球曲面与步骤（16）中群组的曲线图形，回车确定，接着点选修剪掉不需要的部分，得到如图3-7-17的曲面。

（18）顶视图，使用工具栏【变动】 🔧 扩展列中选择【镜像】功能 🪞，沿X轴对称复制曲面，如图3-7-18。

（19）参考步骤（18）的方法，将曲面对称复制组成球形，如图3-7-19。

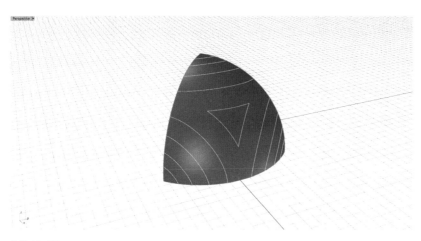

图3-7-16

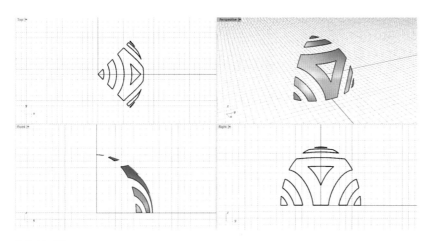

图3-7-17

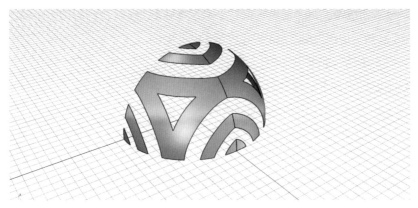

图3-7-18

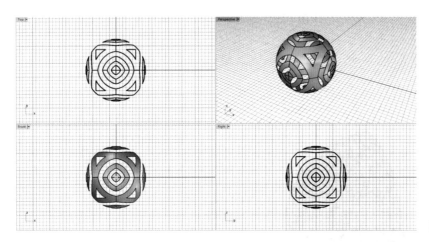

图3-7-19

（20）框选球体曲面，在左侧工具栏选择【组合】🗔，将其组合成1个多重曲面。选择【偏移曲面】🐌在参数指令栏中提示选择实体，方向向外；参数指令栏：距离输入0.7mm，回车确定如图3-7-20。

（21）状态栏中，物件锁点列点选中心、中心点。在正视图绘制直线：使用左侧工具栏【多重直线】功能 ⋀，如图3-7-21，绘制相邻曲面的连接物件。

（22）左侧工具栏选取【建立实体】🧊列中【圆管（圆头盖）】功能 🍢，根据参数指令栏提示：选取要建立圆管的曲线：点选步骤（21）中的直线，回车确定，起点半径0.35mm，终点半径0.35mm，回车确定，如图3-7-22。

（23）正视图，参考步骤（21、22），继续建立连接物件，如图3-7-23。

（24）使用左侧工具栏【变动】♉扩展列中选择【镜像】功能 ⚖，镜像绘制完成的2个圆管，如图3-7-24。

（25）立体图，在镂空球体的顶部，使用左侧工具栏【多重直线】⋀绘制连接物件，如图3-7-25。

（26）左侧工具栏选取【建立实体】🧊列中【圆管圆头】功能 🍢，根据参数指令栏提示选取要建立圆管的曲线：步骤（25）中的直线，回车确定，起点半径0.35mm，终点半径0.35mm，回车确定，如图3-7-26。

（27）将绘制完成的连接物件使用左侧工

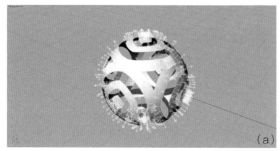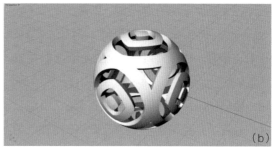

图3-7-20

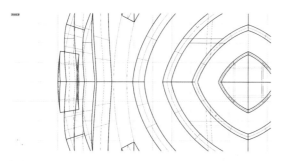

图3-7-21

图3-7-22

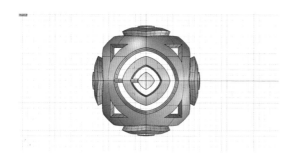

图3-7-23

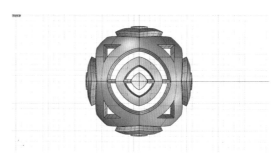

图3-7-24

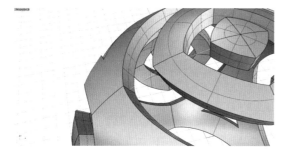

图3-7-25

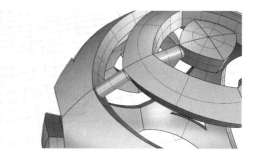

图3-7-26

具栏中【群组】功能◢群组，如图3-7-27。

（28）顶视图，使用左侧工具栏【2D旋转】功能▯，根据参数指令栏提示选取要旋转的物件：步骤（27）中群组物件，回车确定；旋转中心点：左键点选镂空球体中心点，点选复制；角度或第一参考左键点击Y轴；第二参考点：左键点击X轴，如图3-7-28。

（29）参照步骤（28），同样【2D旋转】功能▯，旋转复制2次完成镂空球体的全部连接物件制作，如图3-7-29。

（30）立体视图，使用左侧工具栏【实体工具】▣列【不等距边缘圆角】功能▣，根据参数指令栏提示点选取要建立圆角的边缘，并输入半径0.1mm，确定，依次选取边缘线，如图3-7-30。

（31）正视图，在镂空球体顶部，使用左侧工具栏【圆：中心点】功能⊙，绘制1个直径为3mm的圆，如图3-7-31。

（32）在左侧工具栏选取【建立实体】列▣【圆管（圆头盖）】功能✎，根据参数指令栏提示选取要建立圆管：选取步骤（31）绘制的圆形，在参数指令栏输入：起点半径0.4mm，终点半径0.4mm，回车确定，如图3-7-32。

（33）选择圆环，移动至其与球体略相交位置，使用【布尔运算联集】功能✎，将圆环与球体顶部并集为1个整体，如图3-7-33。

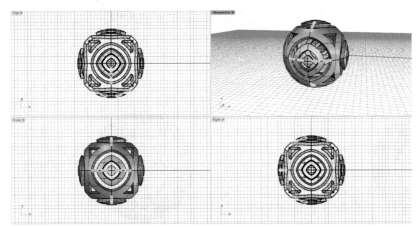

图3-7-27

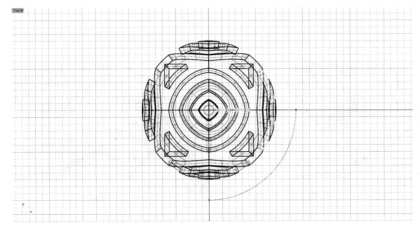

图3-7-28

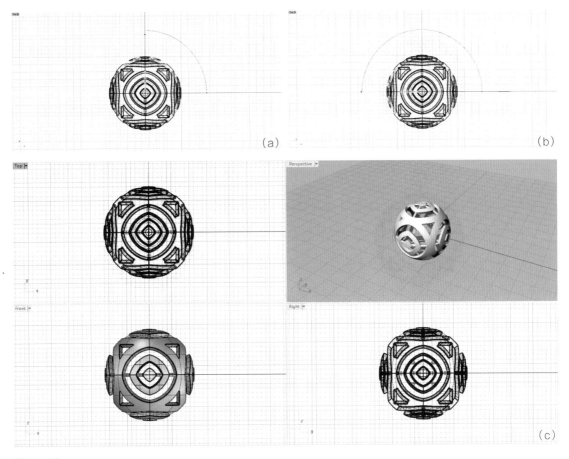

图3-7-29

图3-7-30

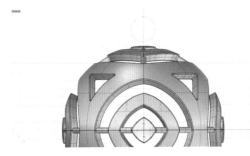

图3-7-31

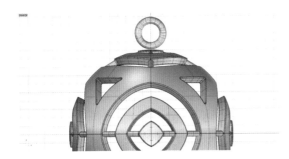

图3-7-32

图3-7-33

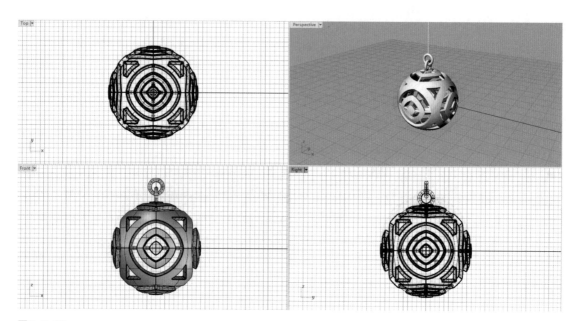

图3-7-34

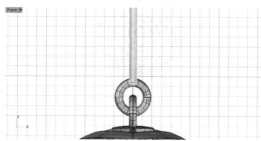

图3-7-35

图3-7-36

（34）顶视图，选择左侧工具栏【2D旋转】旋转，中心点在小圆管的中心，向左边旋转90度，此时在参数指令栏的提示下选择点击复制，如图3-7-34。

（35）正视图，使用左侧工具栏中【多重直线】功能，在小圆管上方Y轴线上绘制1条20mm的直线，随后在工具栏选取【建立实体】列【圆管（圆头盖）】功能，绘制半径0.4mm圆管，如图3-7-35。

（36）使用左侧工具栏【变动】扩展列中选择【镜像】功能，沿20mm圆管中心点镜像2个圆环，如图3-7-36。

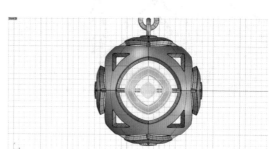

图3-7-37

（37）正视图，选取镂空球中心图形部分并【群组】，如图3-7-37。

（38）正视图，使用左侧工具栏【复制】功能，复制到上方耳针位置，如图3-7-38。

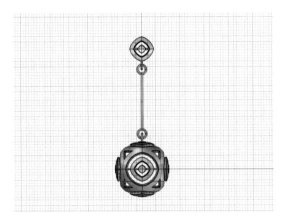

图3-7-38

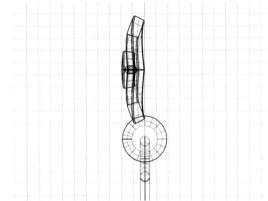

图3-7-39

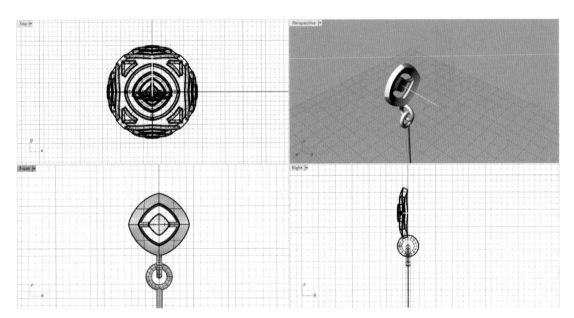

图3-7-40

（39）右视图，将耳针部分使用【变动】功能 ❖️，移动至Z轴左边，如图3-7-39。

（40）在耳针中心点位置，使用左侧工具栏中【多重曲线】功能 ⋀ 绘制1条直线，用作参考线，如图3-7-40。

（41）在菱形耳针上方边框中心点位置，使用【控制点曲线】功能 ⋵ 绘制1条曲线，如图3-7-41。

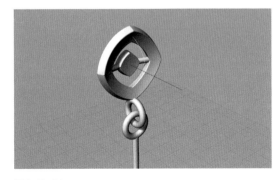

图3-7-41

（42）使用左侧工具栏【变动】扩展列中选择【倍镜】功能，点选需要镜像的线条：步骤（41）中的曲线，如图3-7-42。

（43）左侧工具栏选取【建立实体】列【圆管（圆头盖）】功能，根据参数指令栏提示选取要建立圆管：步骤（41）、（42）绘制的曲线，在参数指令栏输入：起点半径0.4mm，终点半径0.4mm，回车确定。点选绘制出的圆管，使用工具栏【2D旋转】功能向左边旋转90度，此时在参数指令栏的提示下选择点击复制，如图3-7-43。

（44）右视图，使用左侧工具栏【多重直线】功能，绘制1条10mm直线，在工具栏选取【建立实体】列【圆管（圆头盖）】功能，根据参数指令栏提示选取要建立圆管：10mm直线，回车确定，起点半径0.4mm，终点半径0.4mm，回车确定，如图3-7-44。

（45）镂空耳环完成，如图3-7-45。

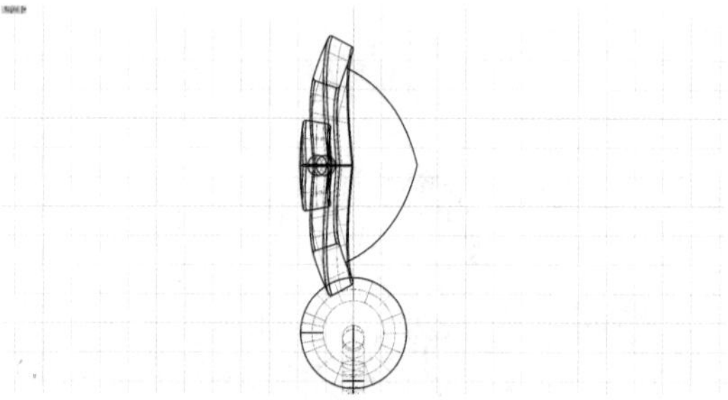

图3-7-42

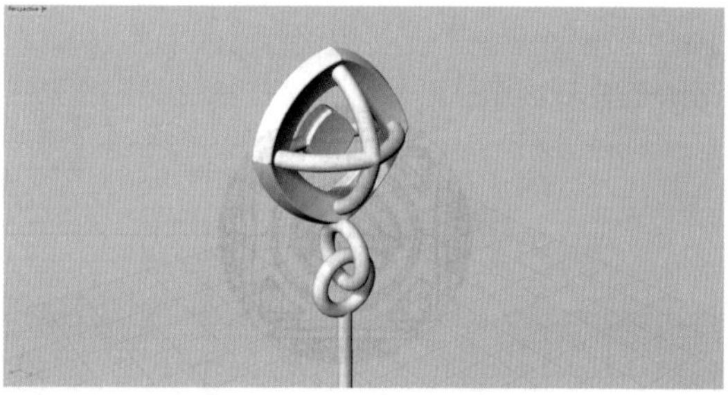

图3-7-43

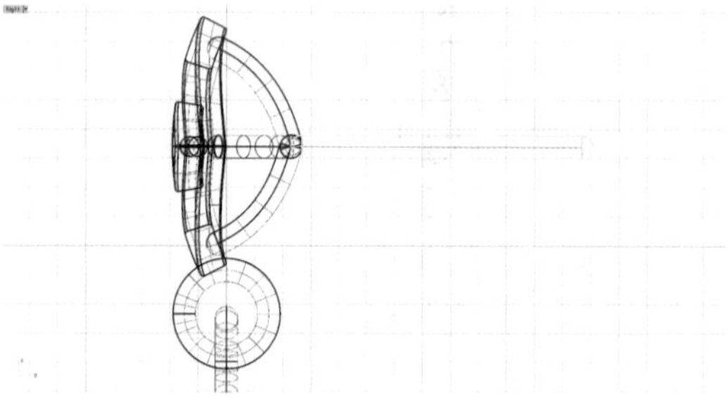

图3-7-44

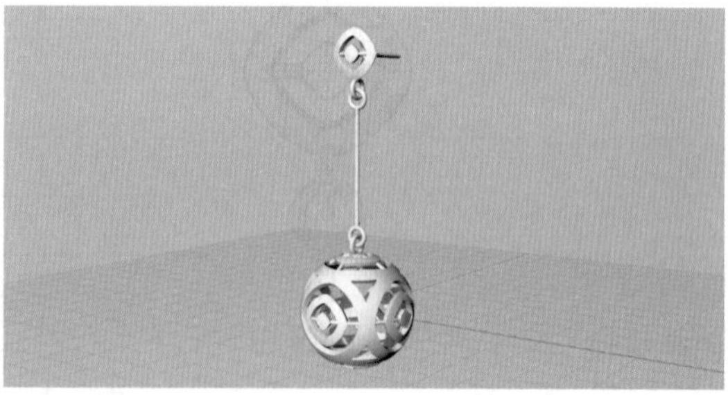

图3-7-45

第四章 Chapter

4 实体成型

第一节　方圆戒指

项目背景：已有一颗10mm淡水珍珠，依据"天圆地方"理念及客户港度17号手寸，完成一枚珍珠戒指制作。

工艺要求：珍珠镶嵌主要是制作珠托及立针，涂胶后，对准珍珠预先开好孔置入。

建模思路：制作立方体、圆柱体并使两者布尔运算差集相减，形成戒指主体，进而同样制作出珍珠托位，最后制作珍珠立针。

关键功能命令：圆、圆柱体、立方体、布尔运算。

视频4.1
方圆戒指

（1）新建文件，正视图，在状态栏当中选择正交、锁定格点、物件锁定，工具栏选择使用左边工具栏【圆柱体】🛢工具，根据参

数指令栏提示：圆柱体底面，此时鼠标中心点定在0点位，在参数指令栏提示直径：输入18mm，确定，如图4-1-1。

（2）接着在参数指令栏中，输入圆柱体端点数值为10mm，两侧点选是，如图4-1-2。

（3）正视图，使用左边工具栏【立方体：角对角、高度】功能🟦，根据参数指令栏提示，点选中心点，底面的另一角或长度：24mm，宽度24mm，如图4-1-3。

（4）根据参数指令栏提示，输入高度数值为5mm，如图4-1-4。

（5）立体图，使用左侧工具栏【实体工具】

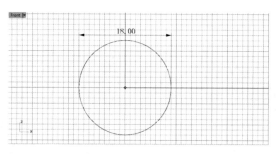

图4-1-1

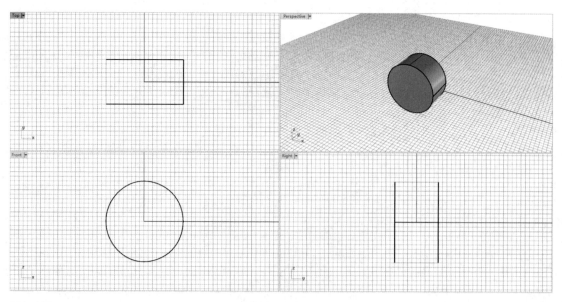

图4-1-2

扩展列中【布尔运算差集】功能，根据参数指令栏提示，选取要被减去的曲面或多重曲面：步骤（3）的立方体；选取要减去其他物件的曲面或多重曲面：步骤（2）得到的圆柱体，回车确定，如图4-1-5。

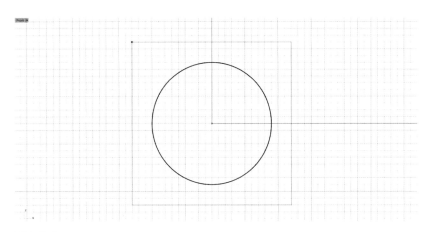

图4-1-3

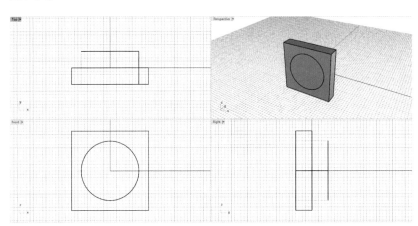

图4-1-4

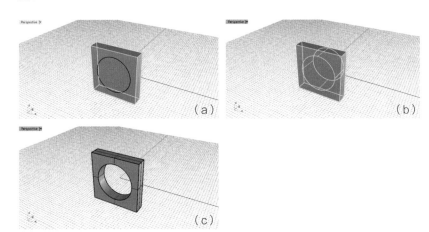

图4-1-5

（6）正视图，使用【圆柱体】功能 ▣，根据参数指令栏提示，输入直径数值：10mm，输入的长度数值大于立方体厚度即可，如图4-1-6。

（7）使用左侧工具栏【移动】功能 ⭧，把步骤（6）绘制好的圆柱体移动到与立方体上方，如图4-1-7。

（8）立体图，使用左侧工具栏【实体工具】⭕扩展列中【布尔运算差集】功能 ⭕，根据参数指令栏提示，选取要被减去的曲面或多重曲面：立方体戒指主体；选取要减去其他物件的曲面或多重曲面：圆柱体，回车确定，如图4-1-8。

（9）立体图，使用左侧工具栏【实体工具】⭕扩展列中【不等距边缘圆角】功能 ▣，

根据参数指令栏提示选取要建立圆角的边缘：全选整个立方体的边缘，如图4-1-9（在"犀牛"中，全选功能：左键落在需要全选物体的左上方，拖动鼠标出现方块边线，直至方框边线可囊括需要选取的物件）。

（10）正视图，在左边工具栏【立方体：角对角、高度】▣扩展列中选取【球体：中心点、半径】功能 ⭕，按参数指令栏输入圆心数值为：0，定位圆心于0点位置，再输入半径数值：5mm，生成球体，如图4-1-10。

（11）使用【隐藏物件】功能 💡把球体进行隐藏，随后使用左边工具栏中【建立实体】扩展列 ▣【圆柱体】功能 ▣绘制一个圆柱体底面直径为0.8mm，圆柱体端点为6mm的圆柱体模拟珍珠的固定针，并使用状态栏操作

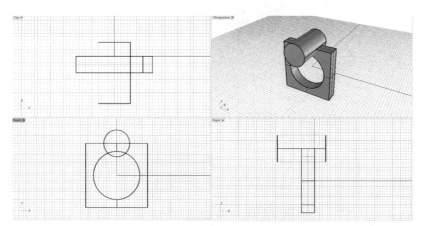

图4-1-6

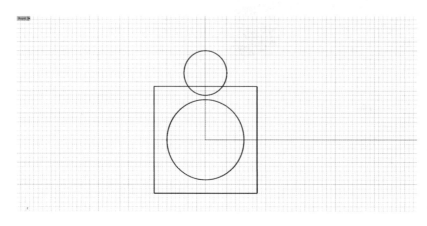

图4-1-7

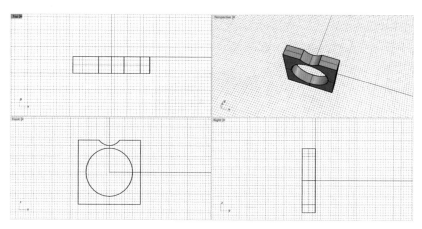

图4-1-8

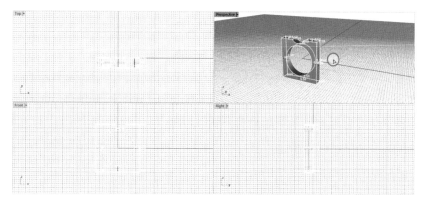

图4-1-9

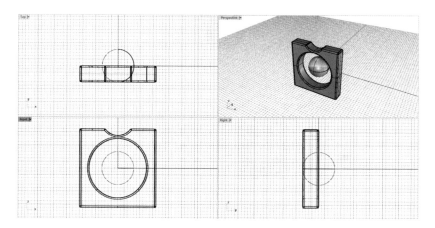

图4-1-10

轴移动到戒指顶视图中心位置，圆柱深入戒圈体约0.5mm，最后使用【复制】功能 ⚙ ，原地复制备用，并使用【隐藏物件】功能 💡 隐藏，如图4-1-11。

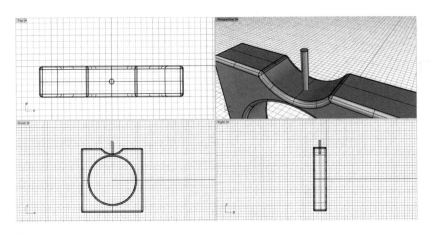

图4-1-11

（12）顶视图，选择【实体工具】扩展列 🌑【布尔运算差集】功能
🌑在选取第1组曲面或多重曲面：戒圈主体，再选取第2组曲面或多重
曲面：步骤（11）中圆柱体，完成布尔运算差集，生成凹洞，用于后
期金属加工时，焊接金属针的定点位，如图4-1-12。

（13）使用右键点击标签栏中【显示物件】功能 💡打开状态栏操作
轴移动，如图4-1-13，完成立方体珍珠戒指建模。

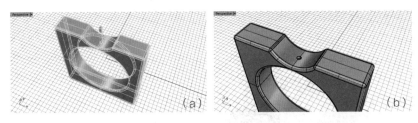

图4-1-12

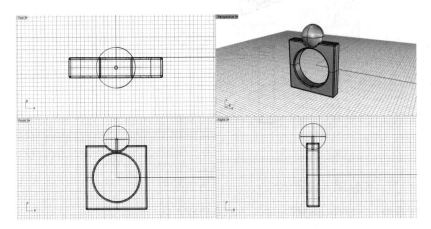

图4-1-13

第二节 螺纹戒指

项目背景：客户来样订制一批心形螺旋纹戒指。手寸港度17号，圆形宝石直径3.5mm，戒圈为螺旋纹造型。

工艺要求：螺旋纹戒圈两条螺旋管中间不能存在缝隙，否则3D打印和浇铸过程中会存在塌粉现象，导致戒圈变形。

建模思路：绘制戒指内圈曲线；制作缠绕螺旋曲线，使用管状体工具成型；将心形图形投影至戒指内圈曲面，修剪后挤出实体，进行开槽、开石位、加钉，完成心形镶石部件。

关键功能命令：弹簧线、圆管（圆头盖）、投影曲线、挤出曲面。

视频4.2
螺纹戒指

（1）打开"大场景模型文件–毫米"，切换至前视图工作视窗，使用左侧工具栏【圆：中心点、半径】功能⊘，于参数指令栏中输入圆心数值为"0"，输入直径数值为"18"，回车生成1个圆心位于坐标原点，直径18mm

的圆，如图4-2-1。

（2）使用左侧工具栏中【曲线】⚞扩展列内的【弹簧线】功能⚲，于参数指令栏中选择"环绕曲线"**轴的起点**（ **垂直(V)** [**环绕曲线(A)**] ），所环绕的曲线选取圆曲线，设置半径数值为"0.5" **半径和起点 ⟨0.50⟩**，设置圈数数值为"20" **圈数(T)=20**，如图4-2-2。

（3）设置完具体数值后，切换至顶视图工作视窗，按住shift键打开正交功能，使起点定位于圈内最右端位置，回车键完成环绕曲线，如图4-2-3。

（4）切换回前视图工作视窗。再次使用【弹簧线】功能⚲，选择圆曲线，具体参数指令栏设置同步骤（2），切换至顶视图工作视窗，按住shift键将起点正交定位至圈内最

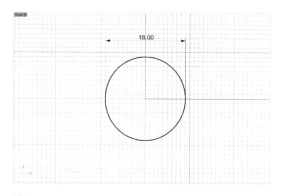

图4-2-1

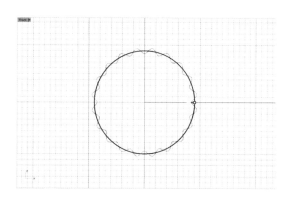

图4-2-2

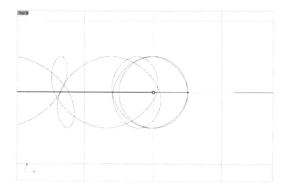

图4-2-3

左端位置，回车生成另1条环绕曲线，如图 4-2-4。

（5）切换至前视图工作视窗，选取两条环绕曲线，使用左侧工具栏中【建立实体】⬣扩展列内的【圆管（平头盖）】功能🐚，于参数指令栏中输入圆管半径数值为"0.5" **圆管半径 <0.50>**，回车如图生成圆管物件，如图 4-2-5。

（6）选取生成出来的2条圆管物件，使用操作轴的缩放功能，按住 shift 键点击缩放按钮实现三轴缩放，如图 4-2-6 将圆管物件放大，放大至其内圈的直径等同于正圆曲线的直径。

（7）切换至顶视图，使用【隐藏】功能💡隐藏之前步骤所有物件。当前图层切换至红色"图层 01" **图层 01**，使用左侧工具栏中【控制点曲线】功能▫，如图 4-2-7 绘制半个心形。

（8）选取步骤（7）绘制的半个心形曲线，使用左侧工具栏中【变动】⤢扩展列内的【镜像】功能▥，于参数指令栏中设置 Y 轴为镜像对称轴 **镜像平面起点（三点(P) 复制(C)=否 X轴(X) Y轴(Y)）**，生成对称心形曲线，如图 4-2-8。

（9）框选2条曲线，使用左侧工具栏中【修剪】功能✂，如图 4-2-9 对心形多余线段区域点选修剪删除。完成修剪后，使用左侧工具栏中【组合】功能🔩，使**有 2 条曲线组合为 1 条封闭的曲线**。

（10）使用【圆：中心点、半径】画圆功能⊙，绘制出1个中心点位于原点位置，直径 7mm 的圆曲线。选取心形曲线，使用操作轴

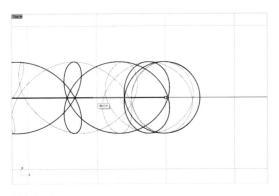

图4-2-4

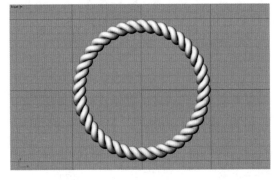

图4-2-5

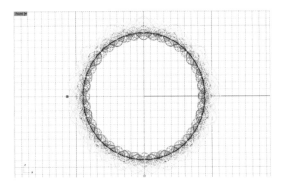

图4-2-6

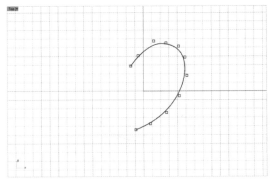

图4-2-7

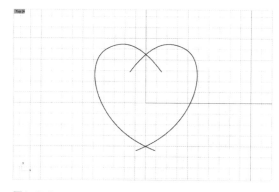

图4-2-8

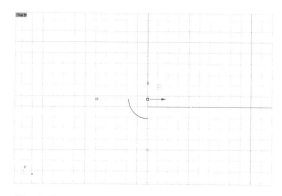

图4-2-9

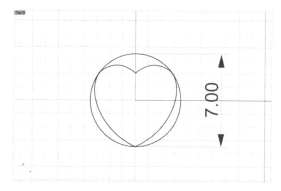

图4-2-10

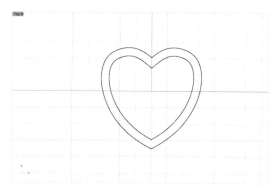

图4-2-11

的缩放功能，按住shift键点击缩放按钮进行三轴缩放，如图4-2-10将心形曲线缩放至与正圆曲线相切状态，完成缩放后删除圆曲线。

（11）选取心形曲线，使用左侧工具栏中【曲线工具】 ⌐ 扩展列内的【偏移曲线】功能 ⌐ ，于参数指令栏中设置偏移距离数值为"0.5" 距离(D)=0.5 ，偏移侧方向为心形内部偏移，如图4-2-11向内偏移出1个新的心形曲线。

（12）切换至立体图工作视窗，显示出之前隐藏的18mm圆曲线。选取该圆曲线，使用左侧工具栏中【实体工具】 ◼ 扩展列内的【挤出封闭的平面曲线】功能 ◼ ，于参数指令栏中设置向两侧偏移且不是实体 两侧(B)=是 实体(S)=否 ，挤出曲面，其宽度要大于心形曲线，如图4-2-12。

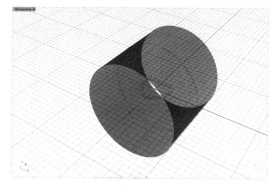

图4-2-12

（13）切换至顶视图工作视窗，选取2个心形曲线，使用左侧工具栏中【投影曲线】功能 ◉ ，要投影上的曲面选取步骤（12）挤出的圆柱曲面 选取要投影至其上的曲面、多重曲面和网格 ，回车生成投影曲线，如图4-2-13。

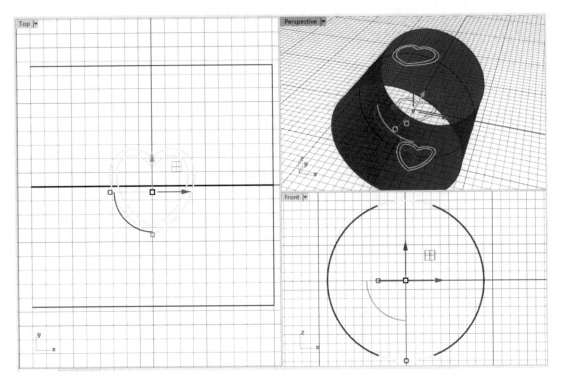

图4-2-13

（14）删除位于底部及中间的2个心形投影，如图4-2-14只留下上部心形投影曲线和步骤（12）挤出的圆柱曲面，如图4-2-14。

（15）切换至顶视图工作视窗，选取外心形曲线，使用左侧工具栏中【修剪】功能 🔪，点击心形外部圆柱曲面区域进行修剪删除，只留下心形曲线内的曲面，回车完成修剪，如图

4-2-15。

（16）选取步骤（15）修剪得到的心形曲面，切换至前视图工作视窗，使用左侧工具栏中【建立实体】 📦 扩展列内的【挤出曲面】功能 🗔，于参数指令栏中设置 **两侧(B)=否 实体(S)=是**，挤出长度数值为"3.5" **挤出长度 < 3.5 >**，向正上方挤出实体，如图4-2-16。

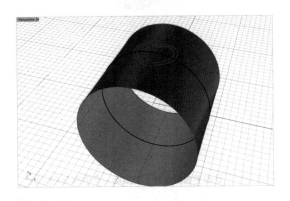

图4-2-14

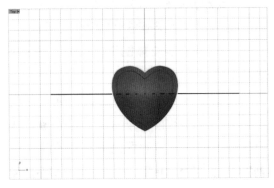

图4-2-15

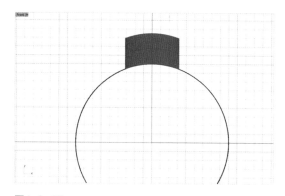

图4-2-16

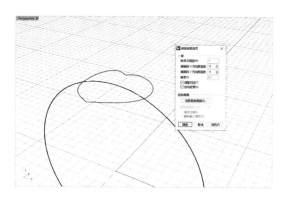

图4-2-17

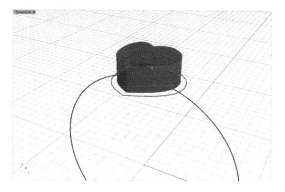

图4-2-18

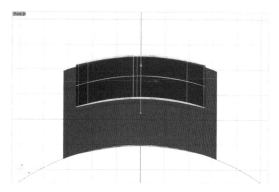

图4-2-19

（17）将步骤（16）挤出的心形实体隐藏，切换至立体图工作视窗，选取内心形曲线，使用左侧工具栏中【建立曲面】扩展列内的【嵌面】功能，具体嵌面曲面选项对话框内数值设置如图，完成设置后点击确定生成曲面，如图4-2-17。

（18）选取步骤（18）生成的曲面，使用【挤出曲面】功能，向正上方挤出长度为"1.7"的实体，如图4-2-18。

（19）切换至前视图工作视窗，将大心形实体物件显示，利用操作轴移动小心形实体物件，使其向上移动至稍微高出大心形实体，如图4-2-19。

（20）切换至立体图工作视窗，选取大心形实体，使用左侧工具栏中【实体工具】扩展列内的【布尔运算差集】功能，大

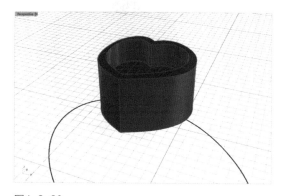

图4-2-20

心形实体作为"要被减去的多重曲面"，选取小心形实体作为"要减去的多重曲面"，回车完成差集运算，完成镶嵌部位开槽，如图4-2-20。

（21）使用左侧工具栏中【从物件建立曲线】扩展列内的【复制边框】功能，点

选心形部件槽底边缘曲线进行复制，复制后使用【组合】功能，对复制出来的边框曲线进行组合，如图4-2-21。

（22）切换至前视图工作视窗，选取组合后的边框，使用左侧工具栏中【变动】扩展列内的【设置XYZ坐标】功能，如图只勾选"设置Z"，点击确认，将设置好Z坐标的边框线放置于坐标横轴上，如图4-2-22。

（23）将步骤（22）得到的镶嵌物件隐藏，切换至顶视图工作视窗，导入1个圆钻宝石模型，圆心定位于坐标轴原点"0"，并利用【两点定位】功能，将其缩放至直径3.5mm大小。新建1个宝石图层"gem" **gem**

✔　■，将圆钻模型放入该图层，并移动至如图4-2-23位置。

（24）切换至前视图工作视窗，新建1个

钉爪图层"hand" **hand**　　✔　　■，切换至该图层，如图绘制半边钉的边缘轮廓线，使用【旋转成型】功能做出钉物件，如图4-2-24。

（25）切换至顶视图工作视窗，使用【圆：中心点、半径】功能，中心点设置于坐标原点"0"位置，直径数值为"0.9"，绘制1个正圆。将钉物件选上，按住shift键使用操作轴的三轴缩放功能，将钉物件大小缩放至0.9mm直径的正圆大小，如图4-2-25。

（26）将缩放至适合大小的钉物件，复制出3个并如图4-2-26排列于宝石3个角点位置。

（27）切换至前视图工作视窗，新建1个开孔件图层 **开孔器**　　✔　　■，并在当前图层下，如图绘制开孔件的半边轮廓曲线，通过【旋转成形】功能，成型后选中

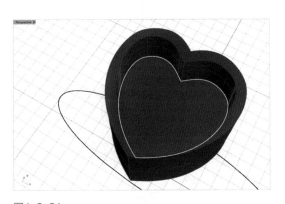

图4-2-21

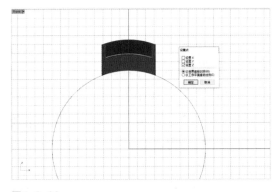

图4-2-22

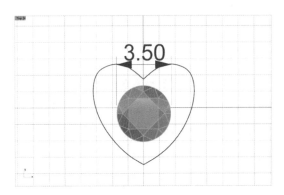

图4-2-23

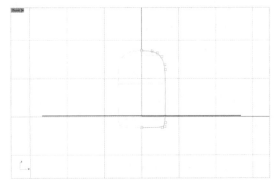

图4-2-24

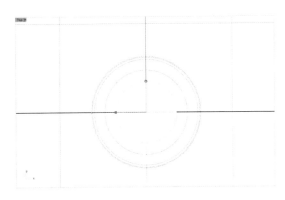

图4-2-25

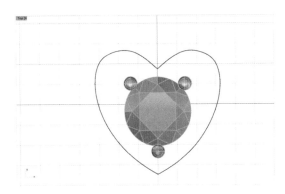

图4-2-26

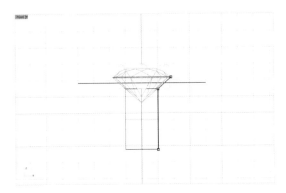

图4-2-27

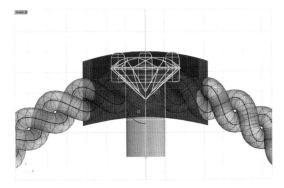

图4-2-28

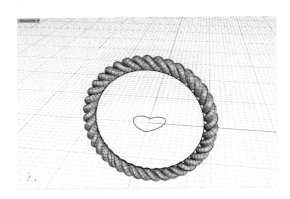

图4-2-29

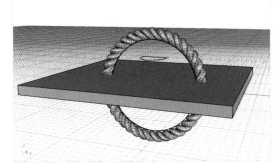

图4-2-30

开孔件，如图4-2-27。

（28）右键【显示物件】功能💡，将宝石、钉、开孔件物件全选，通过操作轴上移至如图位置，如图4-2-28。

（29）切换至立体图工作视窗，使用【隐藏物件】功能💡，除如图显示物件以外，其他物件均使用隐藏功能暂时隐藏，如图4-2-29。

（30）使用左侧工具栏中【立方体：角对角、高度】功能🗔，如图建立1个长方体作为遮蔽物件，同时将心形曲线上移至如图4-2-30位置。

（31）切换至顶视图工作视窗，使用左侧工具栏中【修剪】功能✂，选取心形曲线作为"切割用物件"，要切割的位置如图点击管状物件心形范围内区域进行修剪删除，如图4-2-31。

（32）切换至立体图工作视窗，使用【布尔运算差集】功能 ⚫，将红色槽体物件作为被相减物件，开孔件作为要减去的物件进行相减，如图4-2-32。

（33）切换至前视图工作视窗，使用左侧工具栏中【圆弧】⌒扩展列内【圆弧：起点、终点、起点方向】功能 ⌒如图绘制1段弧线，起点和终点可以打开F9锁定格点功能锁定于

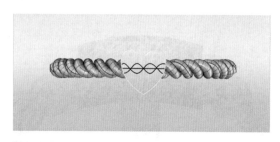

图4-2-31

如图4-2-33中的2个格点，弧线略高于宝石亭部即可。

（34）使用"控制点曲线"功能，在原有弧线基础上绘制1个闭合的四边形，使用左侧工具栏中【建立曲面】⚿扩展列内【以平面曲线建立曲面】功能 ⚪，如图4-2-34建立曲面。

（35）切换至立体图工作视窗，选取步骤（34）建立的曲面，使用【挤出曲面】功能 ▦，将其挤出为宽度超过心形槽体的实体物件，如图4-2-35。

（36）使用【布尔运算差集】功能⚫，被减去的多重曲面选取为心形槽体物件，要减去的多重曲面选取为步骤（35）挤出的实体，完成差集运算得到如图4-2-36修整后的心型物件。

（37）使用左侧工具栏中【实体工具】⚫扩展列内的【不等距边缘圆角】功能 ⬢，

图4-2-32

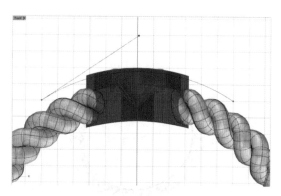

图4-2-33

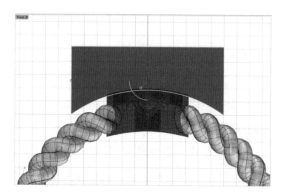

图4-2-34

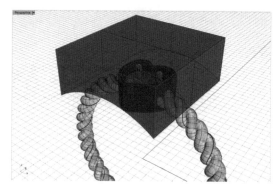

图4-2-35

于参数指令栏中输入圆角半径数值为"0.2"
下一个半径(N)=0.2，如图4-2-37选取需要进行
圆角的边缘，进行倒圆角处理。

（38）切换至前视图工作视窗，选取红色
心形槽体物件，使用【炸开】功能 ，炸开
后按下F10打开心形槽体物件的控制点（若不
使用"炸开"将无法打开显示该物件控制点），
如图4-2-38框选物件底部控制点群。

（39）选取底部控制点群后，按住shift键
使用操作轴的缩放功能，实现三轴缩放，如图
4-2-39将心型收底。

（40）完成收底后，按下F11关闭控制
点，将炸开的心型物件所有面选取上，使用
【组合】功能 ，将其组合为1个封闭的多重
曲面，最终完成戒指模型，如图4-2-40、图
4-2-41。

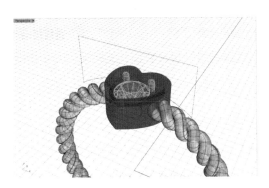

图4-2-36

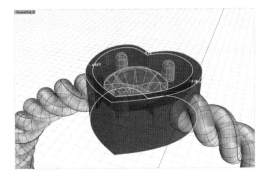

图4-2-37

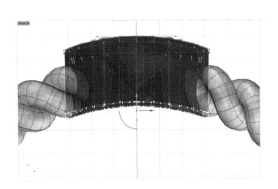

图4-2-38

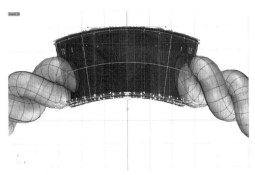

图4-2-39

图4-2-40

图4-2-41

第三节　皇冠戒指

项目背景：客户订制一批复古风格女戒，以传统金珠粒技法为主，手寸港度17号，材质14K金，宝石直径2.5mm。

工艺要求：造型由不同组件通过圆管连接构成，圆管既是设计造型又起到支撑作用，其厚度不低于0.5mm，同时金珠间务必相互接触，以确保3D打印时不易坍塌，保障浇铸通畅。

建模思路：六等分圆，择其一进行纹样制作；纹样中金珠使用沿曲线流动命令使之均匀分布形成造型，制作圆管连接各组件，最后通过环形阵列、镜像对称模块得到完整戒指造型。

关键功能命令：投影曲线、沿曲线流动、圆管（圆头盖）、环形阵列。

视频4.3
皇冠戒指

（1）开Rhino"大模型-毫米"场景文件，切换至顶视图工作视窗，使用左侧工具栏中【圆：中心点、半径】功能 ⊘，圆心定位于坐标系原点"0"位置，直径输入数值

"18" **直径 ⟨18.00⟩**，绘制18mm圆曲线，为手寸内径参考线，如图4-3-1。

（2）使用【圆：中心点、半径】功能 ⊘，圆心同样定位于坐标系原点位置，直径数值输入为"19" **直径 ⟨19.00⟩**，绘制19mm圆曲线，为金珠投影目标线，如图4-3-2。

（3）使用左侧工具栏中【直线】 ⋀ 扩展列内的【直线：从中点】功能 ↗，于参数指令栏中输入"直线中点" **直线中点** 数值为"0"，把中点定位于坐标系原点，"直线终点" **直线终点**：按住shift键打开正交功能，使直线横向重叠于横轴，如图4-3-3回车完成绘制。

（4）选中步骤（3）中直线，使用左侧工具栏【变动】 ⊿ 扩展列内的【环形阵列】功能 ⊛，于参数指令栏中输入"环形阵列中心点"为"0" **环形阵列中心点**：에，"阵列数"数值为"3" **阵列数 ⟨3⟩**，"旋转角度总合" **旋转角度总合或第一参考点 ⟨360⟩** 以回车键默认360度，再次按下回车键如图4-3-4生成阵列直线。

（5）使用左侧工具栏中【多重直线】功能 ⋀，直线起点如图4-3-5捕捉至19mm圆曲线与直线相交的交点。

（6）确定直线终点前，将工作视窗切换至

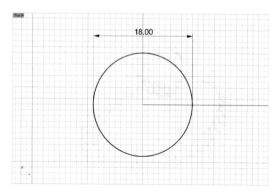

图4-3-1

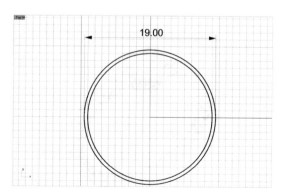

图4-3-2

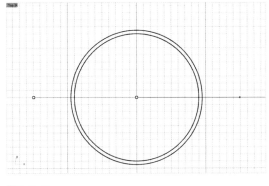

图4-3-3

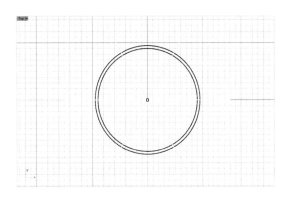

图4-3-4

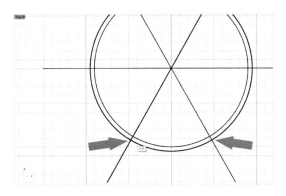

图4-3-5

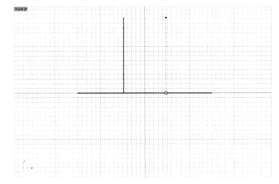

图4-3-6

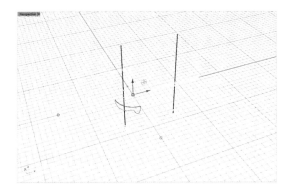

图4-3-7

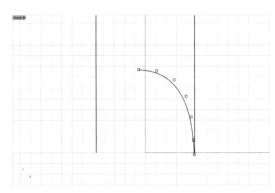

图4-3-8

前视图，按住shift键打开正交功能，如图4-3-6纵向确定直线终点，并绘制出1条平行于竖轴的直线。步骤（5）中另外一边的交点作为起点，以同样方法绘制出另1条平行于竖轴的直线。

（7）切换至立体图工作视窗，如图4-3-7选取处步骤（6）绘制的2条直线外的其他曲线，使用【隐藏物件】功能🔍进行隐藏，并将当前图层切换至红色"图层01" 图层 01 。

（8）切换至前视图工作视窗，2条直线内的区域为物件投影区域，所以要在该区域内绘制我们需要的造型纹样。使用【控制点曲线】功能⌗，如图4-3-8绘制半条弧线。

（9）选取步骤（8）弧线，使用左侧工具栏中【变动】扩展列内的【镜像】功能，于参数指令栏中设置"Y轴镜像"。镜像出的2条曲线，再使用左侧工具栏【修剪】功能，如图4-3-9将多余曲线修剪删除。

（10）选取2条曲线，使用左侧工具栏中【组合】功能，使2条曲线组合为1条，完成组合后快捷键F10打开其控制点，两两对称选点进行对称调整，使得曲线顺畅，如图4-3-10。

（11）选取步骤（10）调整后的曲线，使用左侧工具栏中【曲线工具】扩展列内的【偏移曲线】功能。于参数指令栏中输入"偏移距离"为数值"0.8" **偏移距离 ⟨0.80⟩**，

选择曲线内侧偏移，如图4-3-11回车完成偏移出1条新曲线。

（12）依然选取步骤（10）调整好的曲线，使用左侧工具栏中【曲线工具】扩展列内的【偏移曲线】功能。于参数指令栏中输入"偏移距离"为数值"2.3" **偏移距离 ⟨2.30⟩**，选择曲线内侧偏移，如图4-3-12回车完成偏移出另1条新曲线。

（13）使用【控制点曲线】功能，通过捕捉偏移出的弧线中点、节点等特征点，如图4-3-13绘制出3条参考线。

（14）如图4-3-14选取2条曲线，使用【镜像】功能，于参数指令栏中设置"Y轴镜像" **Y轴(Y)**，生成对称曲线。

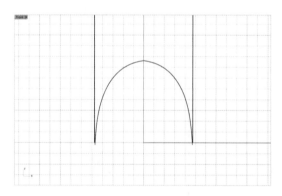

图4-3-9

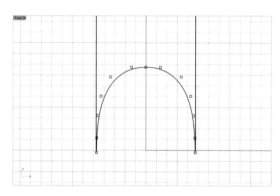

图4-3-10

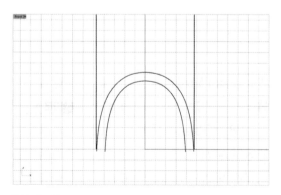

图4-3-11

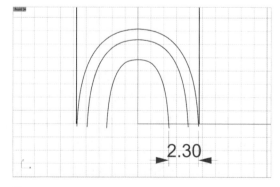

图4-3-12

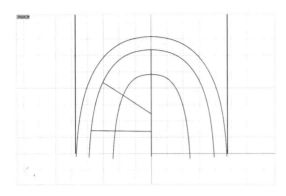

图4-3-13

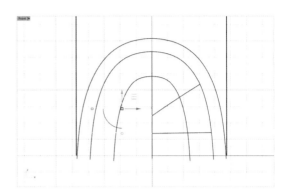

图4-3-14

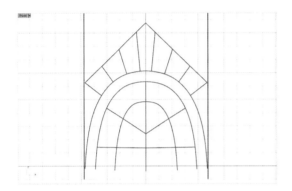

图4-3-15

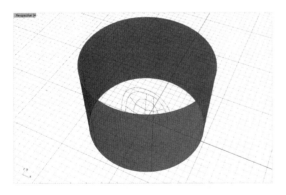

图4-3-16

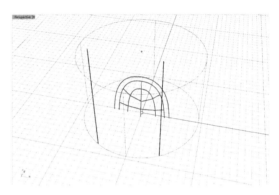

图4-3-17

（15）利用【控制点曲线】功能 ，综合运用【镜像】 、【修剪】 、【组合】 等功能，如图4-3-15绘制出上部折角线段。

（16）切换至立体图工作视窗，使用左侧工具栏中【建立实体】 扩展列内的【圆柱体】功能 ，于参数指令栏中设置"圆柱体底面"为"0"原点位置，"直径"为"19"，圆柱体高要比红色参考线要高，如图4-3-16。

（17）选取圆柱体，使用左侧工具栏中【炸开】功能 ，将圆柱体炸开为3个曲面，再删除上、下面，如图4-3-17。

（18）切换至前视图工作视窗，使用左侧工具栏中【投影曲线】功能 ，"要投影的曲线" **选取要投影的曲线或点物件** 框选红色参考线段，"要投影至其上的曲面" **选取要投影至其上的曲面、多重曲面和网格** 选取步骤（17）圆柱体侧面，回车完成投影，如图4-3-18。

（19）切换至立体图工作视窗，如图4-3-19删除除投影曲线外的其他曲线和物件。

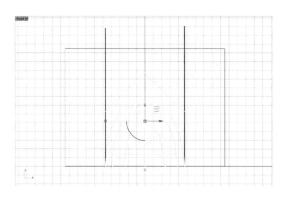

图4-3-18

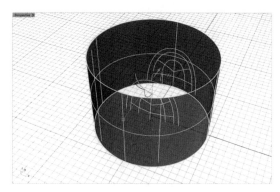

图4-3-19

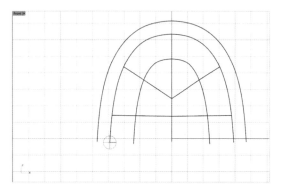

图4-3-20

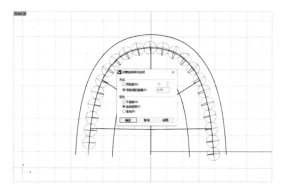

图4-3-21

（20）切换至前视图工作视窗，使用【建立实体】 ▣ 扩展列内的【球体：中心点、半径】功能 ●，"球体中心点" **球体中心点** 定位于如图4-3-20曲线的左端点位置，"直径" **直径 ⟨0.80⟩** 输入数值为"0.8"，回车生成球体实体。

（21）选取步骤（20）建立的球体，使用左侧工具栏中【阵列】 ▦ 扩展列内的【沿曲线阵列】功能 ➘，"路径曲线" **选取路径曲线** 以球上曲线为路径，回车后弹出选项对话框，阵列方式选择"项目间的距离"，并设置其数值为"0.78"，点击确认生成阵列物件，如图4-3-21。

（22）如图4-3-22选取外弧线，使用左侧工具栏中【建立实体】 ▣ 扩展列内的【圆管（圆头盖）】功能 ●，设置圆管头尾直径数值均为"0.85"，回车生成圆管。

（23）切换至立体图工作视窗，使用左侧工具栏中【建立实体】 ▣ 扩展列内的【金字塔】功能 ▲，如图4-3-23建立1个椎体。

（24）选取锥体，使用左侧工具栏中【炸开】功能 ⚡，使锥形炸开为5个曲面 **已将 1 个多重曲面炸开成 5 个曲面**，并删除锥体底面，如图4-3-24。

（25）选取锥体剩下的4个曲面，切换至前视图工作视窗，使用【镜像】功能 ⚑，镜像起点和终点分别如图4-3-25定位于A角点和B角点。

（26）选取上、下锥形曲面，使用左侧工具栏中【组合】功能 ➘ 将8个曲面组合为

图4-3-22

图4-3-23

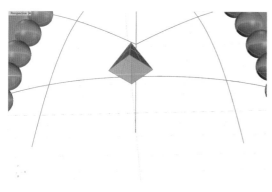

图4-3-24

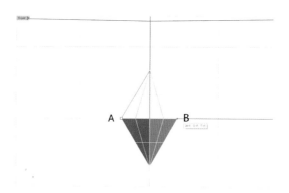

图4-3-25

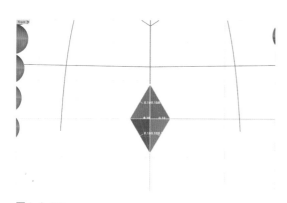

图4-3-26

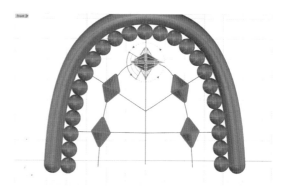

图4-3-27

一个封闭物件，再使用【实体工具】🔵扩展列内的【不等距边缘圆角】功能🔵，于参数指令栏中设置"下一个半径"数值为"0.1" 下一个半径(N)=0.1，框选物件所有边沿进行圆角，如图4-3-26。

（27）将步骤（26）边缘圆角后的棱锥体物件，复制粘贴出5个棱锥体（"Ctrl+C""Ctrl+V"），并拖动其操作轴中心点定位至如图4-3-27位置的曲线交点上，再通过操作轴旋转功能转动其角度与曲线曲率相近。

（28）选取1个圆角棱锥体，复制粘贴1个后，移至中间位置；按住shift使用操作轴三轴缩放功能，输入缩放数值为"1.5"，并通过操作轴将该物件旋转、摆放至如图4-3-28的状态。

（29）如图4-3-29选取各曲线，使用左侧工具栏中【建立实体】■扩展列内的【圆管（圆

头盖）】功能🍥，于参数指令栏内设置圆管头尾直径数值为"0.5"，回车完成圆管建立。

（30）切换至立体图工作视窗，利用操作轴将步骤（29）定位好的棱锥体，逐一再进一步做细微的角度调整，使其角度和曲线相结合，如图4-3-30。

（31）切换至前视图工作视窗，使用【球体：中心点、半径】功能●，在线段交汇处绘制1个直径为1mm的球体物件，如图4-3-31。

（32）选取步骤（31）生成的1mm球体作为要阵列的物件，使用左侧工具栏中【阵列】■扩展列内的【沿曲线阵列】功能🍥，路径选取 **选取路径曲线** 为上面的折角线段。在沿曲线阵列选项对话框中设置阵列方式为"项目间的距离"数值为"0.95"，点击确认如图4-3-32完成阵列。

图4-3-28

图4-3-29

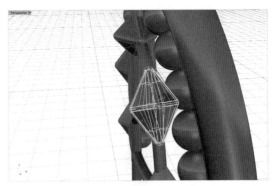

图4-3-30

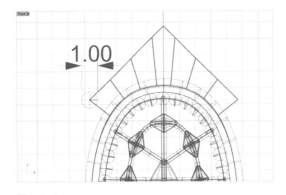

图4-3-31

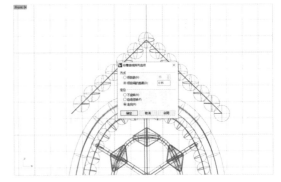

图4-3-32

（33）如图4-3-33选取8根连接线段，使用左侧工具栏中【建立实体】🔲扩展列内的【圆管（圆头盖）】功能🐚，于参数指令栏中设置圆管头尾直径皆为"0.5"，回车生成圆管物件。

（34）检查物件之前是否连接恰当，若无误则框选当前所有物件，使用【群组】功能🔗将其群组，如图4-3-34。

（35）切换至顶视图工作视窗，使用左侧工具栏中【变动】🔩扩展列内的【环形阵列】功能❖，于参数指令栏中设置"环形阵列中心点"为"0" **环形阵列中心点：0**，阵列数为"6" **阵列数 〈6〉**，"旋转角度总合" **旋转角度总合或第一参考点 〈360〉** 以回车键默认360度，再次按下回车键如图4-3-35生成阵列物件。

（36）选取步骤（35）阵列出来的所有物件，使用【隐藏物件】功能💡进行隐藏。着手开始下阶段建模，如图4-3-36。

（37）切换至顶视图工作视窗，当前图层切换至蓝色"图层03" **图层 03**，使用【圆：中心点、半径】功能⊘，如图4-3-37绘制出1个中心点位于原点位置，直径为"19.5"的圆曲线。

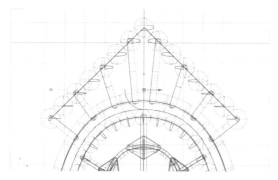

图4-3-33

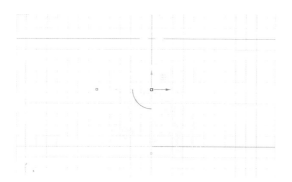

图4-3-34

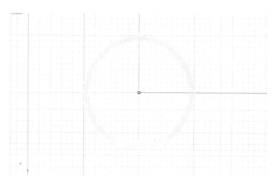

图4-3-35

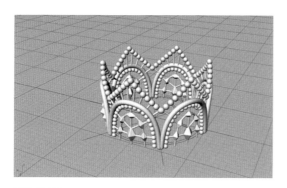

图4-3-36

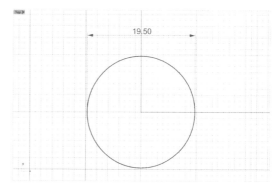

图4-3-37

（38）导入1颗2.5mm直径的宝石模型，新建"gem"图层 将该宝石物件放置于新图层内，并将宝石角度如图4-3-38调整至正对前视图状态，操作轴中心点位于坐标系原点位置。

（39）切换至顶视图工作视窗，使用【控制点曲线】功能 ，如图4-3-39绘制出金属托物件的截面曲线形态（对照《石位数据表》，该镶口边宽最小值应为0.55，该截面曲线可控制0.6mm宽度），绘制完成后将曲线【组合】 。

（40）选取截面曲线，使用左侧工具栏中【建立曲面】 扩展列内的【旋转成型】功能 ，于参数指令栏中设置"旋转轴起点"为"0" **旋转轴起点** 0 ，"旋转方向"如图4-3-40所示，"起始角度"为"0" **起始角度 〈0〉** ，"旋转角度"为"360" **旋转角度 〈360〉** ，回车生成金属托物件。

（41）新建1个"hand"图层 并切换至该图层，使用【控制点曲线】功能 ，如图4-3-41绘制钉物件截面曲线（对照《石位数据表》，该镶爪直径最小值应为0.85，该截面曲线可控制0.45mm宽度）。

（42）选取步骤（41）绘制的钉物件截面曲线，使用左侧工具栏中【建立曲面】 扩展列内的【旋转成型】功能 ，于参数指令栏中设置"旋转轴起点"为"0" **旋转轴起点** 0 ，"旋转方向"如图4-3-42所示，"起始角度"为"0" **起始角度 〈0〉** ，"旋转角度"为"360" **旋转角度 〈360〉** ，回车生成钉物件。

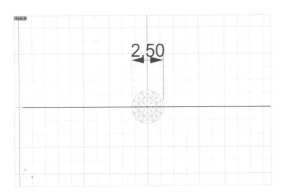

图4-3-38

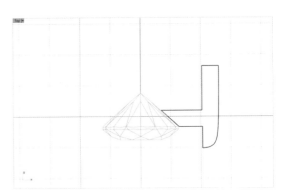

图4-3-39

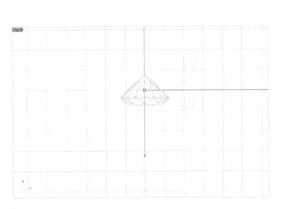

图4-3-40

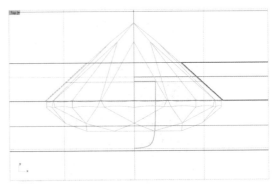

图4-3-41

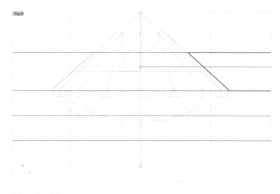

图4-3-42

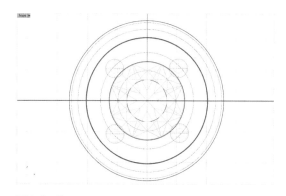

图4-3-43

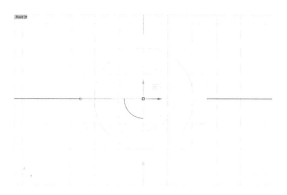

图4-3-44

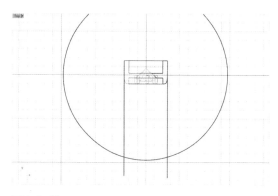

图4-3-45

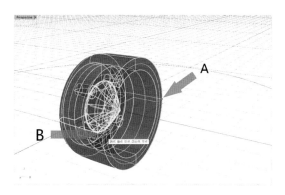

图4-3-46

（43）切换至前视图工作视窗，将步骤
（42）生成的钉物件复制粘贴出4个，并通
过操作轴移动至如图4-3-43位置。（对照
《石位数据表》，该镶爪吃入石距离最小值应
为0.1）

（44）选取宝石、金属托、钉物件，使用

左侧工具栏中【群组】功能 ，将其绑定，
如图4-3-44。

（45）切换至顶视图工作视窗，使用【控
制点曲线】功能 ，从金属托左边端点和右
边端点分别作为起点，按住shift键开启正交功
能，如图4-3-45分别绘制2条直线。

（46）切换至立体图工作视窗，选取宝石
等群组物件，使用【变动】 扩展列内的【两
点定位】功能 ，参考点1和参考点2如图
4-3-46，定位于金属托底部左端A点位置和
右端B点位置。

（47）目标点1和目标点2如图4-3-47
分别定位于步骤（45）绘制的2条直线与
19.5mm圆曲线交点a和交点b，回车完成
定位。

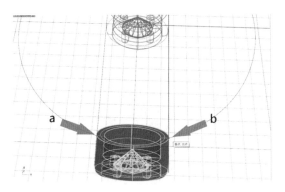

图4-3-47

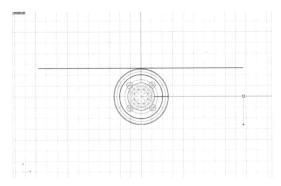

图4-3-48

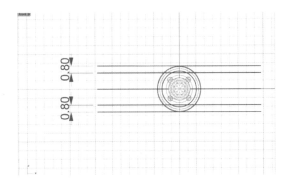

图4-3-49

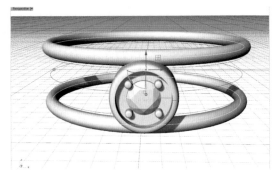

图4-3-50

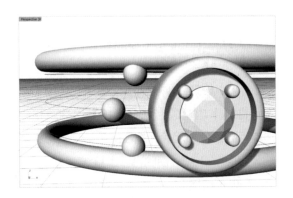

图4-3-51

圆曲线，使用【复制】功能 🔳，"复制起点"捕捉至其最左端点，"复制终点"于参数指令栏中输入数值"0.8" **复制的终点**: 0.8，并按住shift键开启正交，下移复制出间距0.8的19.5mm圆曲线。下部圆曲线以同样操作完成，如图4-3-49。

（50）切换至立体图工作视窗，选取最上端和最下端2条19.5mm圆曲线，使用【建立实体】🔳扩展列内的【圆管（圆头盖）】功能 🔳，于参数指令栏中设置圆管头尾直径数值为"1.25"，回车生成如图4-3-50中的圆管物件。

（51）使用【建立实体】🔳扩展列内的【球体：中心点、半径】功能 🔳，球体中心点分别定位于中间3条19.5mm圆曲线上的，球体直径于参数指令栏中设置数值为"1.25"，生成如图4-3-51中的球体物件。

（48）切换至前视图工作视窗，选取19.5mm圆曲线，使用【变动】🔳扩展列内的【复制】功能 🔳，"复制的起点"定位于圆曲线最右端点，按住shift键开启正交功能，如图4-3-48，上下复制出2条与金属托上下相切的圆曲线。

（49）选择步骤（48）复制出来的上部

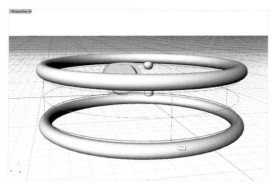

图4-3-52

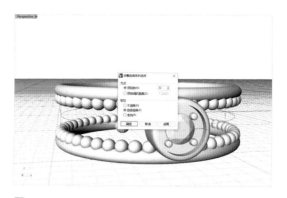

图4-3-53

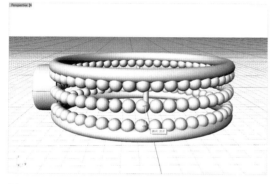

图4-3-54

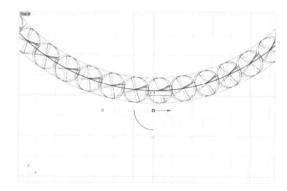

图4-3-55

（52）转动视角，使用【控制点曲线】功能 ，于中间3条曲线最左端、最右端、最后端3个特征点位，如图4-3-52绘制相接曲线。

（53）分别选取步骤（51）建立的3个球体，使用左侧工具栏中【阵列】 扩展列内的【沿曲线阵列】功能 ，"选取路径"为球体对应的圆曲线，于对话框内设置阵列方式为"项目数"，设置阵列数目为"50"，如图4-3-53。

（54）选取步骤（52）绘制的连接曲线，使用【建立实体】 扩展列内的【圆管（圆头盖）】功能 ，生成头尾直径为"0.6"的圆管物件，作为支撑使戒指在使用中不易变形，如图4-3-54。

（55）切换至顶视图工作视窗，选取宝石等群组物件，使用操作轴移动功能，输入向上

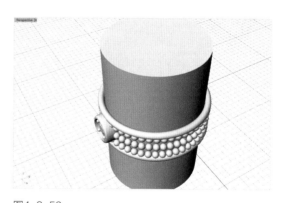

图4-3-56

移动数值为"0.7"，完成移动，如图4-3-55。

（56）切换至立体图工作视窗，使用【建立实体】 扩展列内的【圆柱体】功能 ，于参数指令栏中设置"圆柱体底面"为"0"，"直径"为"18.3"，如图4-3-56建立1个圆柱体。

（57）选取宝石等群组物件，使用左侧工具栏中"实体工具"扩展列内的"布尔运算差集"功能，以宝石等群组物件作为"被减去的物件"，圆柱体作为"要减去的物件"，完成相减命令，如图4-3-57。

（58）删除金属托内多余球体，如图4-3-58。

（59）切换至前视图工作视窗，右键点击【显示物件】功能💡，将上部皇冠物件选中，使用操作轴拖动上移至如图4-3-59位置。

（60）选取上部皇冠物件，使用【镜像】功能⚖，设置为"X轴"镜像 X轴(X)，进行对称复制，如图4-3-60。

（61）切换至立体图工作视窗，观察模型各部位是否连接正确；布尔运算相加上下部分，完成最终皇冠戒指模型，如图4-3-61。

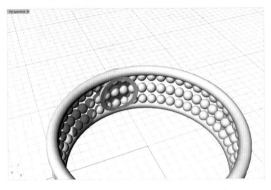

图4-3-57

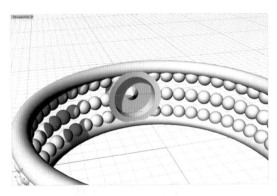

图4-3-58

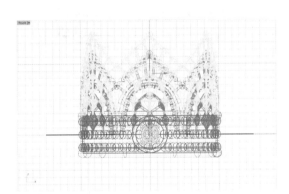

图4-3-59

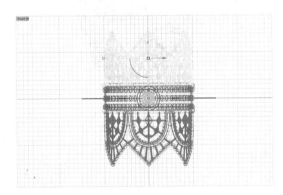

图4-3-60

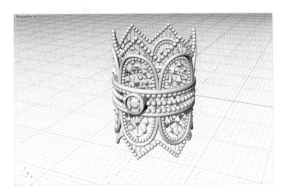

图4-3-61

5

第五章 Chapter

商业实例

第一节　三用首饰

项目背景：客户需要定制一款多用型的蝴蝶形首饰，能够满足作为吊坠、戒指、胸针的佩戴使用，材质为14K白金。该首饰主体蝴蝶造型已使用JewelCAD完成。

工艺要求：多用型首饰中，其造型部件采用卡扣结构连接，对材质硬度与韧性有一定要求，选用14K金作为材料。戒圈、蝴蝶主体、卡扣部件需分件制作。

建模思路：单轨扫掠制出戒圈基本型，卡扣部件采取直线挤出制作，再使用综合运用实体编辑工具进行修改。

关键功能命令：单轨扫掠、直线挤出、布尔运算。

视频5.1
三用首饰

（1）在JewelCAD软件中将蝴蝶模型输出为"stl"格式文件；在Rhino中使用"导入"功能将文件导入，具体参数如图5-1-1设置。

（2）导入后，切换至"渲染模式" 🔘，查看模型是否有问题，若有则返回JewelCAD中进行修改，直至问题修复后再次导入至Rhino中，如图5-1-2。

（3）制作吊坠用扣环。切换至右视图工作视窗，当前图层切换为红色"图层01" **图层 01**，使用【矩形】⬜ 扩展列内的【圆角矩形】功能 🔲，如图绘制1个长为"3"，宽为"2.5"，圆角半径为"1.25"的圆角矩形，如图5-1-3。

（4）再次使用【圆角矩形】功能 🔲 如图绘制1个长为"5"，宽为"4.5"，圆角半径为"2"的圆角矩形，如图5-1-4。

（5）切换至前视图工作视窗，使用【圆：中心点、半径】功能 ⊘，在视窗空白位置绘制1个任意尺寸的正圆曲线，如图5-1-5。

（6）使用左侧工具栏中【变动】⚏ 扩展列内的【两点定位】功能 🔶，选取

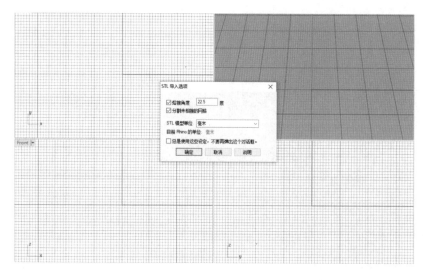

图5-1-1

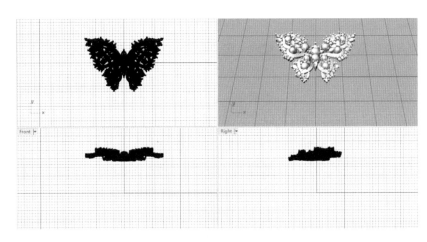

图5-1-2

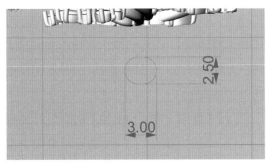

图5-1-3

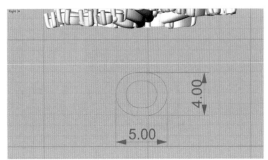

图5-1-4

图5-1-5

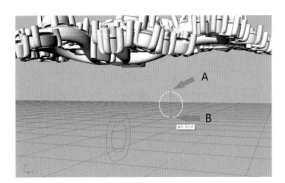

图5-1-6

步骤（5）绘制的正圆曲线为要定位的物件，于参数指令栏中设置为"缩放=三轴"复制(C)=否　缩放(S)=三轴，参考点如图5-1-6选取正圆曲线上下2个四分点A、B。

（7）目标点1定位至大圆角矩形上部中点位置a，目标点2定位至小圆角矩形上部中点位置b，完成定位，如图5-1-7。

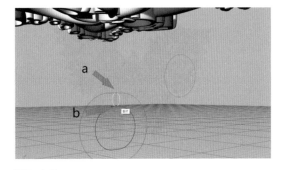

图5-1-7

（8）使用【建立曲面】扩展列内的【双轨扫掠】功能，以大小圆角矩形为路径，以步骤（7）定位上去的正圆曲线为断面曲线，如图5-1-8生成扣环实体物件。

（9）选取扣环物件，使用操作轴将其平移至如图5-1-9位置，并于立体图工作视窗中调整视角观察，确保扣环物件与蝴蝶底部金属部分相连接。

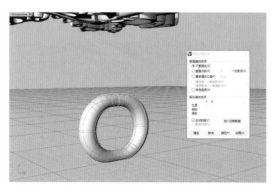

图5-1-8

（10）选取步骤（9）调整好位置的扣环物件，切换至前视图工作视窗，使用【变动】扩展列内的【镜像】功能，将该物件沿Y轴镜像，得到如图5-1-10的2个扣环物件，以作穿链之用。

（11）当前图层切换至紫色"图层02" ，使用【圆形：中心点、半径】功能，绘制1个中心点在坐标原点"0"位置处，直径为"17"的正圆曲线，作为戒指的内圈参考线，如图5-1-11。

（12）切换至右视图工作视窗，使用曲线绘制工具如图5-1-12绘制出戒指底部断面曲线。为佩戴舒适，可以将戒指内圈设计制作成向外的微弧面。

（13）使用【控制点曲线】功能，如图5-1-13连接步骤（12）断面曲线2个中点位置，得到1条辅助线。

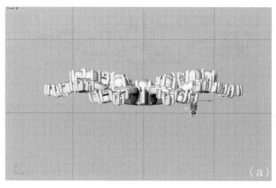

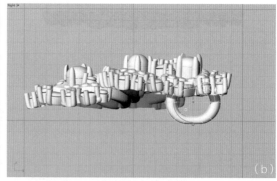

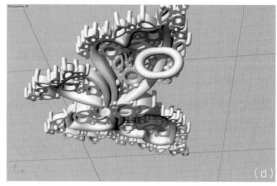

图5-1-9

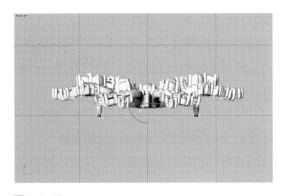

图5-1-10

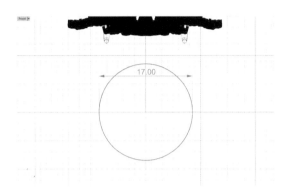

图5-1-11

图5-1-12

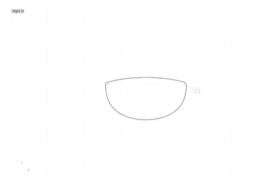

图5-1-13

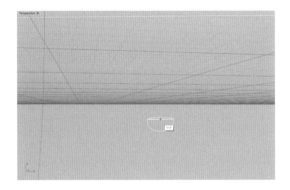

图5-1-14

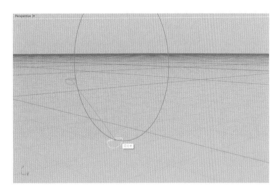

图5-1-15

（14）切换至立体图工作视窗，选取断面曲线和参考线，使用【移动】功能，"移动的起点"捕捉至步骤（13）绘制的参考线的中点，如图5-1-14。

（15）"移动的终点"捕捉至17mm戒指内圈参考线的下部四分点处，完成定位移动，

如图5-1-15。

（16）切换回右视图工作视窗，选取断面曲线和参考线，复制出新的曲线并对其用操作轴三轴缩放功能，按照1.5倍比例进行三轴缩放，完成缩放后切换至前视图工作视窗，使用操作轴的旋转功能，旋转固定数值"135"

度，如图5-1-16。

（17）切换至立体图工作视窗，选取该断面曲线和参考线，使用【移动】功能，"移动的起点"定位于参考线上的中点位置，如图5-1-17。

（18）切换至前视图工作视窗，"移动的终点"定位于正圆曲线右上45°左右位置，完成断面曲线的定位，如图5-1-18。

（19）选取步骤（18）定位好的断面曲线，使用【镜像】功能，得到戒圈另一边的断面曲线，如图5-1-19。

（20）切换至右视图工作视窗，绘制1个如图5-1-20中尺寸的戒圈上部断面曲线。

（21）切换至立体图工作视窗，选取该

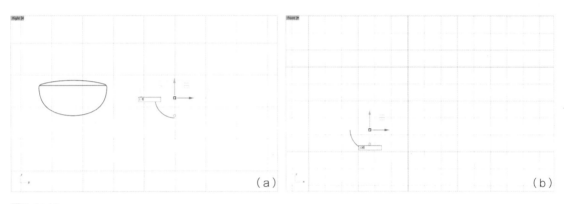

（a）   （b）

图5-1-16

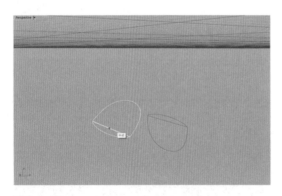

图5-1-17

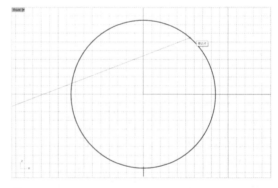

图5-1-18

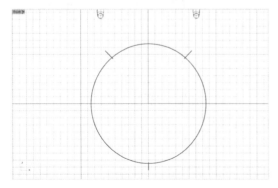

图5-1-19

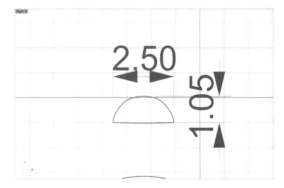

图5-1-20

断面曲线，使用【移动】功能 ，"移动的起点"定位于断面曲线的四分点位置，如图5-1-21。

（22）切换至前视图工作视窗，"移动的终点"定位至正圆曲线的上部四分点位置处，完成戒圈上部断面曲线的定位，如图5-1-22。

（23）切换至立体图工作视窗，使用【建立曲面】 扩展列内的【单轨扫掠】功能 ，选取正圆曲线为路径，确保断面曲线的方向一致，如图5-1-23生成戒圈物件。

（24）准备制作戒指用款式的戒圈卡位物件。切换至前视图工作视窗，利用【控制点曲线】功能 ，如图5-1-24绘制卡位结构物件的轮廓线。

（25）切换至右视图工作视窗，步骤（24）绘制的轮廓线，使用【建立曲面】 扩展列内的【直线挤出】功能 ，于参数指令栏中设置往两侧方向挤出且挤出物件为实体 两侧(B)=是 实体(S)=是 ，输入挤出长度数值为"1.5" 挤出长度 < 1.5> ，回车完成挤出物件生成，如图5-1-25。

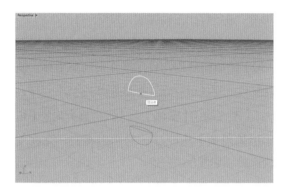

图5-1-21

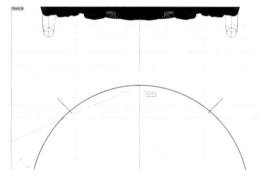

图5-1-22

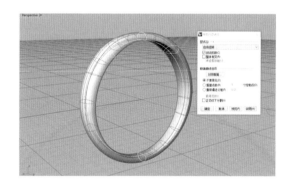

图5-1-23

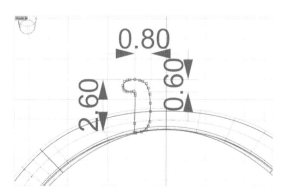

图5-1-24

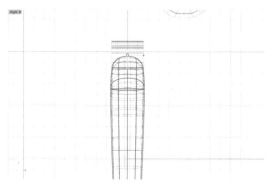

图5-1-25

（26）切换回前视图工作视窗，选取步骤（25）得到的挤出物件，使用【镜像】功能⚖，沿Y轴镜像得到另一卡位结构物件，如图5-1-26。

（27）当前图层切换至蓝色"图层03" ▮图层 03 ，视图切换至顶视图工作视窗，如图5-1-27尺寸，绘制1个连接蝴蝶部件的卡槽部件轮廓线，绘制完成后使用【组合】功能🐾，将其组合为1条封闭的曲线。

（28）选取步骤（27）绘制的轮廓曲线，切换至前视图工作视窗。使用【建立曲面】🗂扩展列内的【直线挤出】功能🗍，于参数指令栏中设置为挤出物件为实体 两侧(B)=否 实体(S)=是 ，挤出长度为"1.75"，如图5-1-28完成物件挤出。

（29）隐藏预设值背景图，将蝴蝶物件隐藏，切换至顶视图工作视窗，将步骤（28）步挤出物件利用操作轴如图5-1-29，上移至与戒指卡位物件重合位置，并切换至"半透明模式"◓，方便后期开卡槽时进行观察。

（30）新复制出1个步骤（28）的挤出物件，对其使用操作轴三轴缩放功能，输入数值"0.8"进行等比三轴缩放，如图5-1-30。

（31）切换至右视图工作视窗，将步骤（30）缩放得到的物件用操作轴向下平移，使两物件间距0.45mm，如图5-1-31。

（32）使用【实体工具】🪄扩展列内的【布尔运算差集】功能🍪，两两相减去，完成差集运算，如图5-1-32。

（33）选中步骤（27）绘制的轮廓线，

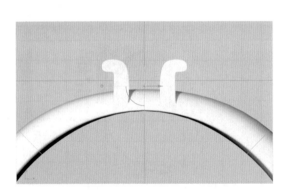

图5-1-26

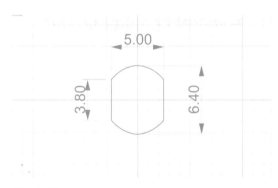

图5-1-27

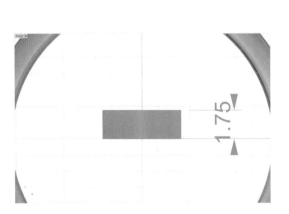

图5-1-28

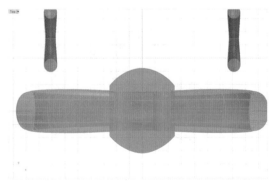

图5-1-29

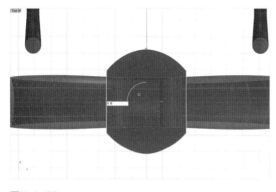

图5-1-30

图5-1-31

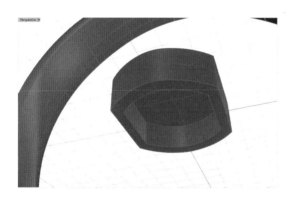

图5-1-32

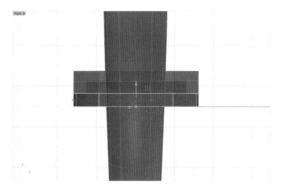

图5-1-33

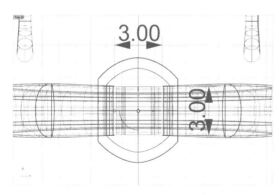

图5-1-34

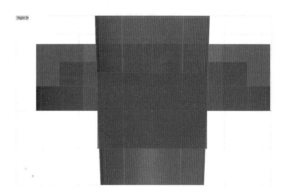

图5-1-35

再次使用【直线挤出】功能🔲，参数指令栏中设置挤出长度为"0.65"，挤出实体，如图5-1-33。

（34）切换至顶视图工作视窗，使用【矩形】⬜扩展列内的【矩形：中心点、角】功能⬜，中心点设置于坐标轴原点"0"处，长

和宽都设置为"3"，完成正方形曲线绘制，如图5-1-34。

（35）切换至右视图工作视窗，选取步骤（34）绘制的正方形曲线，使用【直线挤出】功能🔲，设置为向两侧挤出且挤出为实体，挤出长度为"1"，如图5-1-35。

（36）切换至立体图工作视窗，使用【布尔运算差集】功能，选取步骤（33）的挤出物件为被减去的物件，选取步骤（35）的挤出物件为将要减去的物件，完成差集运算，如图5-1-36。

（37）切换至前视图，将制作好的卡槽部件利用操作轴上移至与戒指卡位物件相扣合位置，观察扣合状态是否合适，如图5-1-37。

（38）制作胸针款夹扣部件。切换至右视图工作视窗，使用【建立实体】扩展列内的【圆柱体】功能，圆柱体底面直径为"1.6"，圆柱体高为"0.65"，如图5-1-38。

（39）切换至前视图工作视窗，将步骤（38）圆柱体使用操作轴向左移动"0.7"的距离到如图5-1-39位置。

（40）使用【镜像】功能，得到沿Y轴对称的另1个圆柱体物件，如图5-1-40。

（41）步骤（40）得到了2个较筒，且间距为1.4mm，再次使用【圆柱体】功能，制作1个直径"1.65"，高度"1.4"的圆柱体，如图5-1-41。

（42）选取步骤（41）圆柱体，切换至顶视图工作视窗，将其上移至空白地方，方便后续绘制夹扣物件，如图5-1-42。

（43）如图5-1-43，绘制夹扣板轮廓线，完成绘制后使用【组合】功能将其组合为1条封闭的曲线。

（44）切换至右视图工作视窗，将步骤

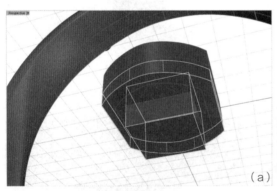
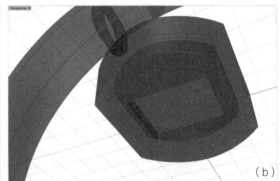

图5-1-36

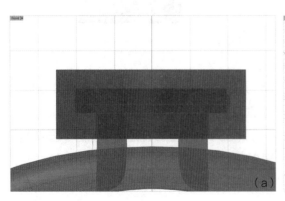
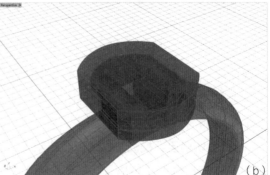

图5-1-37

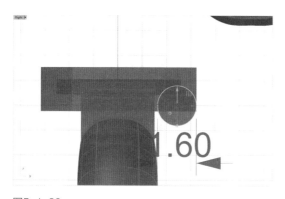

图5-1-38

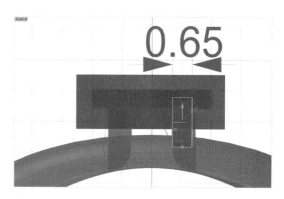

图5-1-39

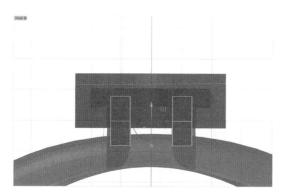

图5-1-40

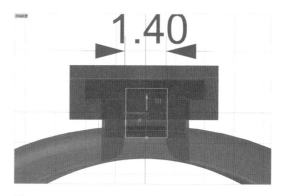

图5-1-41

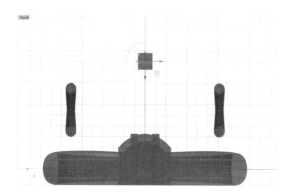

图5-1-42

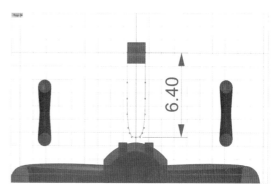

图5-1-43

（43）轮廓线【直线挤出】，设置挤出物件为实体，挤出长度为"0.7"。挤出后平移至如图5-1-44位置。

（45）切换至顶视图工作视窗，使用【圆柱体】功能，制作1个圆底直径"0.75"，圆柱高度"1.2"的圆柱体，如图5-1-45。

（46）使用【建立实体】扩展列内的【球体：中心点、半径】功能，在同样的中心点位置处制作1个直径"1"的球体，如图5-1-46。

（47）在右视图中，拖移整个夹扣部件至与卡槽底板较筒处相贴合的位置，使用操作轴平移来重新规划夹扣夹珠的位置，如图5-1-47。

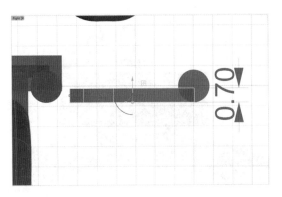

图5-1-44

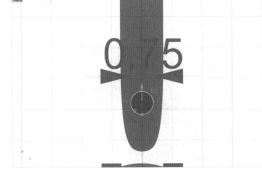

图5-1-45

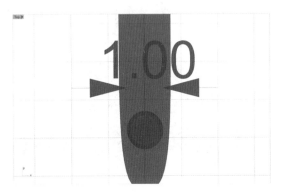

图5-1-46

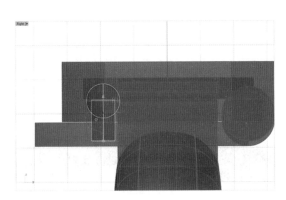

图5-1-47

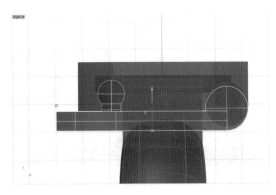

图5-1-48

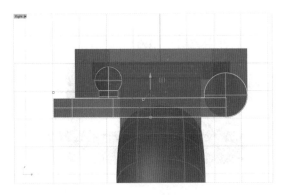

图5-1-49

（48）如图5-1-48选取夹扣部件，使用【布尔运算并集】功能🌑，将其合并为一个整体。

（49）将合并好的夹扣部件原地复制粘贴（Ctrl+C、Ctrl+V），如图5-1-49。

（50）使用【布尔运算差集】功能🌑，被减物件选取为上面的卡槽部件，要减去的物件选取为新复制出的夹扣部件，完成差集运算，如图5-1-50。

（a）

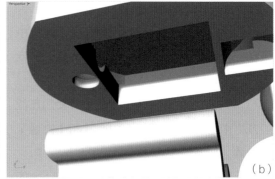
（b）

图5-1-50

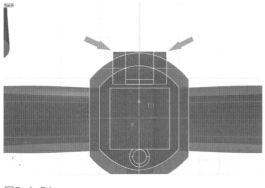

图5-1-51

（51）选取步骤（50）新卡槽部件和左右2个铰筒，使用【布尔运算并集】功能，将其组合为一个整体，如图5-1-51。

（52）切换至右视图工作视窗，使用【圆柱体】功能，制作1个圆底直径"0.7"，圆柱长度大于3个铰筒物件总长的圆柱体，如图5-1-52。

（53）使用【布尔运算差集】功能，选取卡槽部件和夹扣部件为被减去物件，步骤（52）圆柱体为将要减去的物件，差集运算后，开出铰筒孔位，如图5-1-53。

（54）显示"预设值"图层，将卡槽部件上移至与蝴蝶部件相贴合连接，并使用【不等距边缘圆角】功能，对结构部件进行圆角处理。

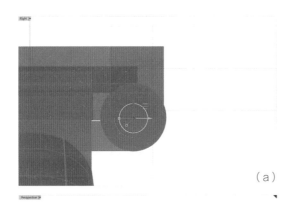
（a）

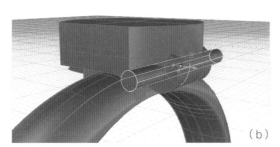
（b）

图5-1-52

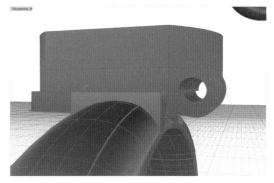

图5-1-53

且通过以上各结构部件的制作（各部件务必分件打印），使该蝴蝶造型在使用过程中可以按需实现吊坠、戒指、胸针3种款式的变化，如图5-1-54。

（55）切换至正视图工作视窗，使用左侧工具栏中【控制点曲线】功能📐和【镜像】功能⚎，如图5-1-55绘制出2条对称曲线。

（56）使用【控制点曲线】功能📐，如图5-1-56绘制2条线段将步骤（55）中2条曲线的对称端点连接起来，并将4条曲线使用【组合】功能🐛组合为1条封闭的曲线。

（57）选取步骤（56）中的封闭曲线，使用【建立实体】🔳扩展列内的【挤出封闭的平面曲线】功能🔲，于参数指令栏中设置两侧为"是"、实体为"是" 两侧(B)=是　实体(S)=是，切换至右视图工作视窗，设置挤出实体的长度超过戒指宽度，如图5-1-57。

（58）切换至立体图工作视窗，使用左侧工具栏中【实体工具】🔮扩展列内的【布尔运算差集】功能🔴，选取被减去物件为戒圈物件，选取要减去的其他物件为步骤（57）挤出的物件，得到开口戒圈，如图5-1-58。

（59）完成各结构部件的制作，使该蝴蝶造型在使用过程中可以按需实现吊坠、戒指、胸针3种款式的变化，如图5-1-59，其中各部件务必分件打印单独制作。

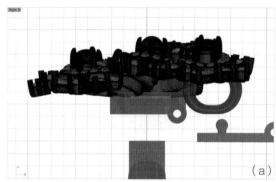

（a）

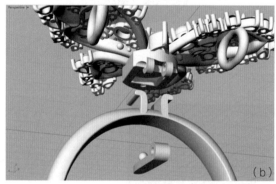

（b）

图5-1-54

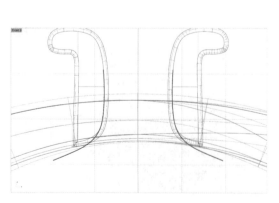

图5-1-55

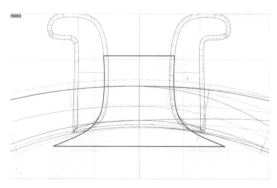

图5-1-56

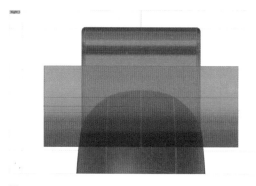

图5-1-57

图5-1-58

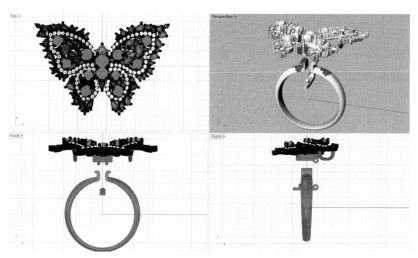

图5-1-59

第二节　麦穗胸针

项目背景： 客订麦穗造型款胸针一款。

工艺要求： 该款麦穗胸针分为2个分件，由麦穗叶、麦穗组成，分别铸造后焊接组合，其背部别针部件，另行焊接。

建模思路：

麦穗叶部分：曲线工具绘制麦穗叶轮廓线，放样成面，通过合并曲面形成实体，使用变形控制器功能进行形态调整调，完成麦穗叶分件制作。

麦穗部分：曲线工具绘制麦穗粒轮廓线，旋转成型并调整，制作镶口，曲面流动后调整形态；圆管工具绘制麦穗枝并组合。

关键功能命令： 合并曲面、沿曲面流动、变形控制器编辑。

视频5.2
麦穗胸针

（1）新建文件，顶视图，在原点位置选择左侧功能栏选择【矩形：角对角】功能 ▱，建立1个80mm×40mm矩形以限定麦穗胸针的尺寸大小，并使用【锁定物件】功能 🔒 进行锁定，如图5-2-1。

（2）首先绘制麦穗的叶子部分，在左侧功能栏选择【控制点曲线】功能 ▱，绘画出1条叶子曲线，选择【重建曲线】功能 ♨，对曲线进行重建：点数为7，阶数为5，如图5-2-2。

（3）在左侧功能栏【变动】🪣 扩展列中选择【镜像】功能 ⚏，镜像曲线，点选记录建构历史，使用操作轴在X轴上调整，如图5-2-3。

（4）调整完成后点选绘制好的2条曲线，随后在左侧工具栏【建立曲面】🪣 扩展列中选择【放样】功能 ⚏，在弹出的放样选项中确定，如图5-2-4。

（5）在左侧功能栏【曲面编辑】🪣 扩展列中选择【重建曲面】功能 ♨，在重建区间选项框将点数U项与v项都输入数值为7，便于编辑曲面弧度，如图5-2-5。

（6）在左侧工具栏选择【打开点】功能 🪣 进行编辑，在编辑时可勾选状态栏的操作轴，如图5-2-6。

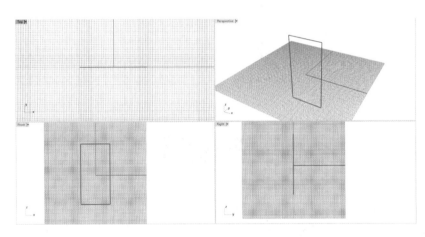

图5-2-1

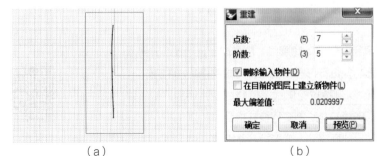

（a）   （b）   图5-2-2

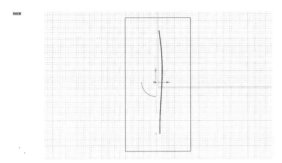

图5-2-3

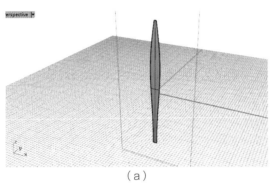

（a）

（b）　　　　图5-2-4

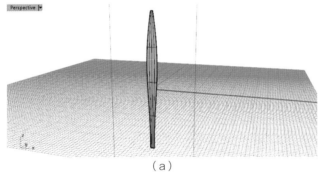

（a）

（b）　　　　图5-2-5

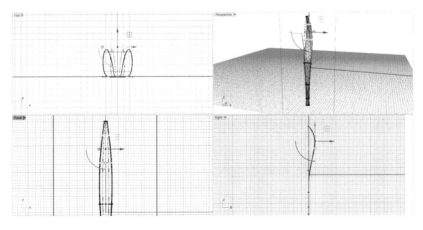

图5-2-6

（7）在右视图将该曲面调整成"S"造型，如图5-2-7。

（8）在顶视图，取消记录构建历史，使用【移动】功能🖱，在参数指令栏点选复制，输入"1.5"，形成麦穗叶子厚度，如图5-2-8。

（9）使用标签栏中【隐藏物件】功能💡将底部麦穗叶子隐藏。使用【打开点】功能🐤开启控制点，如图5-2-9。

（10）造型需要在叶子上增加2条纵向可编辑曲线。使用【打开点】功能🐤开启控制点，在左侧功能栏扩展列中选择【插入节点】功能⟋，点选曲面后在参数指令栏中选择对称，如图5-2-10。

（11）点选【打开点】功能🐤，随后在立体图点选中叶子的中心点，如图5-2-11。

（12）在标签栏中使用选取🗯标签下的【以套索圈选点】功能🖱，在其中选择【加选V方向下】功能⣿，如图5-2-12。

（13）随后在状态栏选择操作轴，轻微拖拽Y轴杆，使叶子产生凹槽，如图5-2-13。

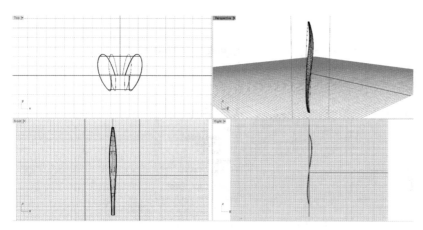

图5-2-7

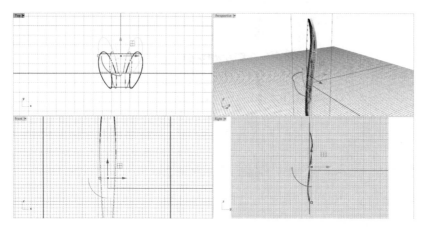

图5-2-8

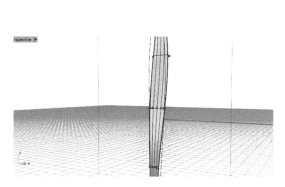

图5-2-9

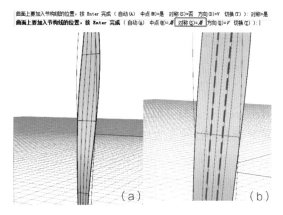

图5-2-10

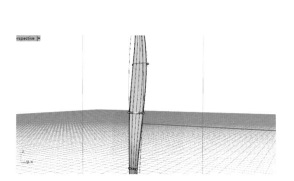

图5-2-11

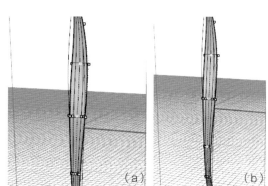

图5-2-12

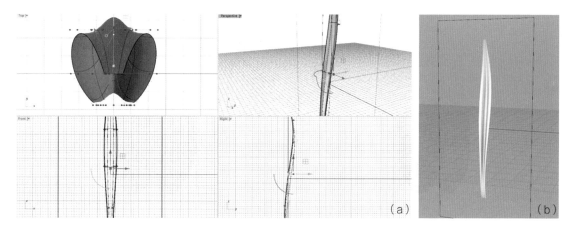

图5-2-13

（14）右键点击标签栏中【显示物件】功能💡将我们在步骤（9）隐藏的麦穗叶显示出来，如图5-2-14。

（15）顶视图，左侧工具栏【建立曲面】🗲扩展列中选择【放样】功能🗲后，选择麦穗叶侧面2条曲线，如图5-2-15。

（16）弹出放样框，点选确定。侧面对称曲面采用同样方法制作，如图5-2-16。

（17）点选左侧功能栏点选【分割】功能🔸，在参数指令栏显示选取切割用物件，点选结构线，如图5-2-17（a）。在参数指令栏显示分割点，将曲面从纵向切割，点击切换，如图5-2-17（b）；物件锁定栏选择中点、中心点，如图5-2-17（c）。

（18）命令完成后，麦穗叶子的底部曲面在纵向被分割成2个曲面，如图5-2-18。

（19）切换至顶视图，左侧工具栏中【曲面编辑】🗲扩展列中选择【合并曲面】功能🗲，选择左侧曲面与麦穗叶正面曲面，如图5-2-19。

（20）选择完成后，回车确定，左边曲面合并形成圆角边缘，如图5-2-20。

（21）对称方向曲面使用同样方法绘制，如图5-2-21。

（22）顶视图中，使用左侧工具栏【曲面编辑】🗲扩展列中的【合并曲面】功能🗲，选择步骤（21）完成合并的曲面与底部左边的曲面，如图5-2-22。

（23）选择完成后，回车确定，如图5-2-23。

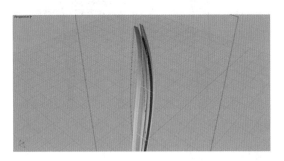

图5-2-14

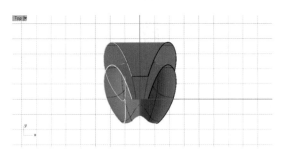

图5-2-15

选取切割用物件 （ 结构线(I)　缩回(S)=🗲 ）：

（a）

分割点 （ 方向(D)=🗲　切换(T)　缩回(S)=🗲 ）：

（b）

图5-2-16

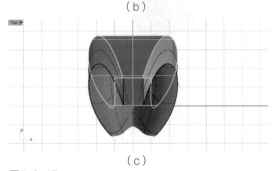

（c）

图5-2-17

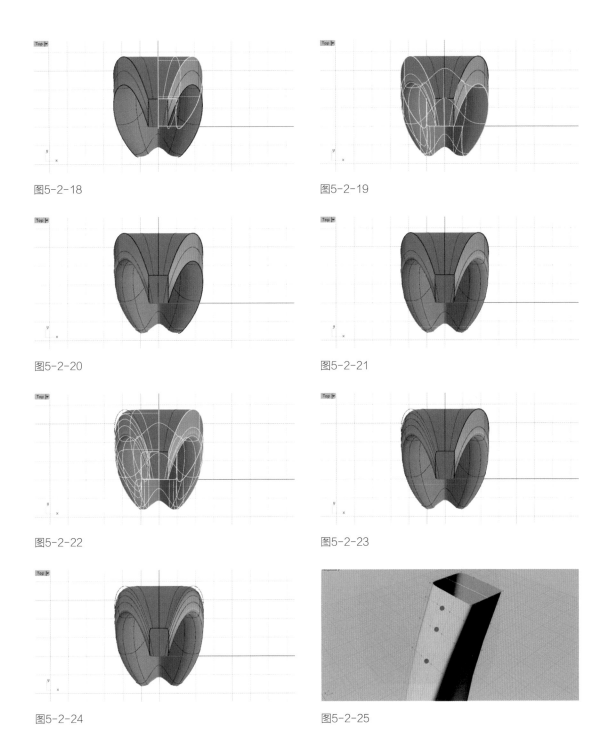

图5-2-18

图5-2-19

图5-2-20

图5-2-21

图5-2-22

图5-2-23

图5-2-24

图5-2-25

（24）对称方向用同样方式绘制，如图5-2-24。

（25）调整麦穗叶顶部开口位置。在立体图，使用左侧工具栏【点的编辑】⬚扩展列

【插入节点】功能 ⬚，增加3条横向节点（图中红点所示）；在左侧工具栏点选【多重直线】功能 ⬚，此时物件锁定中勾选中心点，绘制1条连接开口曲面的直线，如图5-2-25。

（26）点选麦穗顶部开口处编辑点，如图5-2-26。

（27）随后在标签栏中使用【选取】标签中的【以套索圈选点】扩展列，在其中选择【选取U方向】功能，如图5-2-27。

（28）在左侧工具栏中点选【变动】扩展列内的【设置XYZ坐标】功能，弹出设置点窗口，选择确定，如图5-2-28。

（29）在标签栏中使用【选取】标签中的【以套索圈选点】扩展列，在其中选择【选取U方向】功能，打开操作轴，上下拖动操作轴方向调整麦穗叶尖造型，完成如图5-2-29。

（30）用同样的方法编辑麦穗叶底部，如图5-2-30。

（31）此时已完成基础麦穗叶的绘制，在后面的步骤再进行变形编辑。在变形编辑之前需要建立1个立方体方框作为尺寸参考。首先

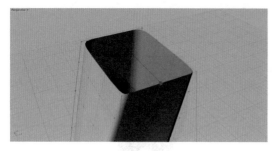

图5-2-26

图5-2-27

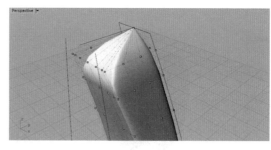

图5-2-28

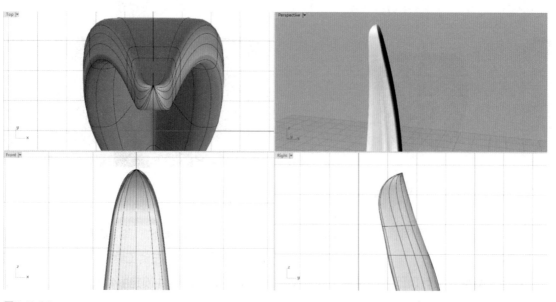

图5-2-29

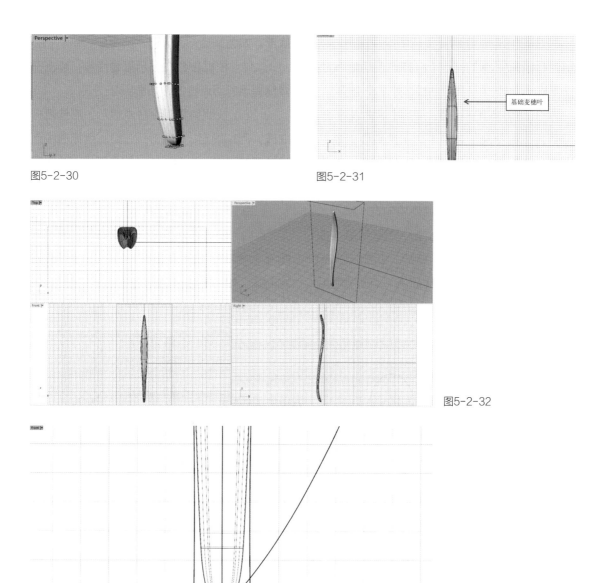

图5-2-30

图5-2-31

图5-2-32

图5-2-33

标签栏右键【解除锁定物件】🔓，矩形尺寸参考解除锁定，如图5-2-31。

（32）切换到顶视图中，使用左侧工具栏【多重直线】功能🖊，绘制3条直线作为尺寸参考，点选状态栏物件锁点中端点，抓取步骤（31）解锁后的矩形端点，短线15mm，长线40mm，选择所有尺寸参考线，在标签栏点选【锁定物件】🔒，如图5-2-32。

（33）在状态栏物件锁点中勾选端点，最近点。使用【控制点曲线】功能🖊，绘制1条曲线，曲线起点定位在麦穗叶底部端点，图5-2-33。

（34）绘制曲线时要灵活切换视图进行绘制，并使用左侧工具栏【打开点】功能 ✎ 进行调整，绘制出1条参考曲线，如图5-2-34。

（35）切换至正视图，使用【沿曲线流动】功能 ✎ ，在参数指令栏中显示选取要沿着曲线流动的物件，点选基础麦穗叶后确定，如图5-2-35。

（36）在状态栏锁定物件中勾选：端点、交点、切点。接着在参数指令栏显示基准曲线—点选靠近端点处：选复制，如图5-2-36（a），根据参数栏提示直线起点，点击麦穗叶底部，如图5-2-36（b）。

（37）根据参数栏提示直线终点，点击在鼠标提示的切点位置，如图5-2-37。

（38）按照参数指令栏中提示，点选目标曲线，回车确定，如图5-2-38。目标曲线点选位置的改变，沿曲线流动的多重曲面会呈现不同的形态。

（39）完成沿曲线流动命令，如图5-2-39。

（40）使用在标签栏选择【隐藏物件】功能 💡 ，隐藏垂直的麦穗叶与暂时不需要编辑的曲线，如图5-2-40。

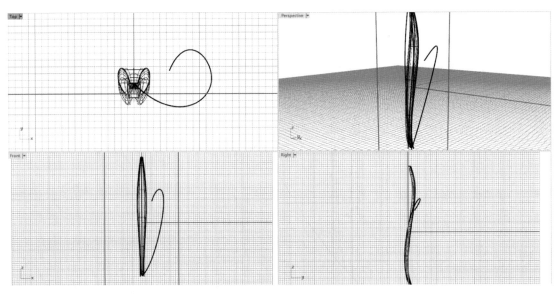

图5-2-34

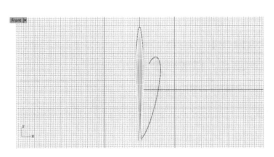

图5-2-35

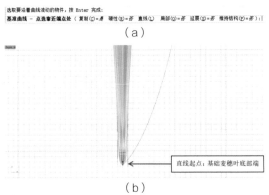

选取要沿着曲线流动的物件，按 Enter 完成：
基准曲线 - 点选靠近端点处（复制(C)=是 硬性(R)=否 直线(L) 局部(O)=否 延展(S)=否 维持结构(P)=否)：

（a）

直线起点：基础麦穗叶底部端

（b）

图5-2-36

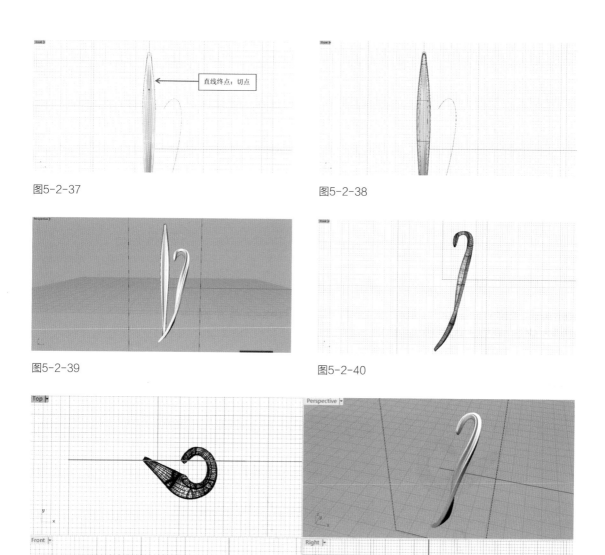

图5-2-37　　　　　　　　　　　　　　　　　图5-2-38

图5-2-39　　　　　　　　　　　　　　　　　图5-2-40

图5-2-41

（41）在顶视图，选择左侧工具栏【2D旋转】功能💾，定点在叶子的中间位置作为旋转中心，向右边轻微旋转，如图5-2-41。

（42）使用左侧工具栏中的【变形控制器编辑】功能🔧，根据参数指令栏提示选取受控制物件，回车确定，如图5-2-42。

（43）根据参数指令栏提示，选取控制物件点击：边框方块，变形精确，如图5-2-43（a）；坐标系统：工作平面；变形控制点，确定；要编辑的范围：整体，如图5-2-43（b）；

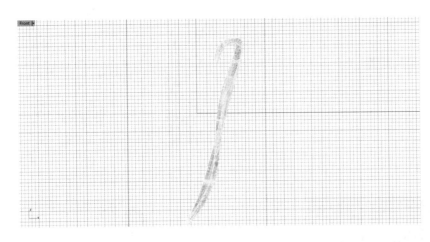

图5-2-42

选取控制物件（ 边框方块(B) 直线(L)   矩形(R)   立方体(O)   变形(D)=精确 维持结构(P)=否 ）：边框方块
座标系统 ＜世界＞（ 工作平面(C) 世界(W) 三点(P) ）：

（a）

变形控制器点 （ X点数(X)=4   Y点数(Y)=4   Z点数(Z)=4   X阶数(D)=3   Y阶数(E)=3   Z阶数(G)=3 ）：
要编辑的范围 ＜整体＞（ 整体(G) 局部(L) 其它(O) ）：

（b）

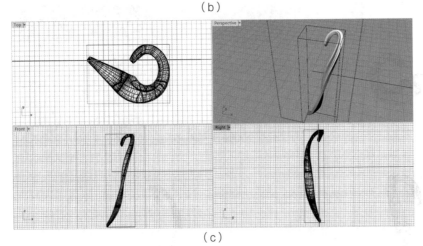

（c）

图5-2-43

完成选取，如图5-2-43。

（44）随后使用左侧工具栏【打开点】功能 🐾，开启其控制点，如图5-2-44。

（45）点击可编辑的点，开启状态栏操作轴，拉拽操作轴调整叶子造型，如图5-2-45。

（46）按ESC取消点控制，删除边框方块，完成第1片麦穗叶的编辑制作，如图5-2-46。

（47）继续绘制另外2片麦穗叶。鼠标右键点击标签栏中【显示物件】功能 💡，将隐藏的基础麦穗叶显示出来，如图5-2-47。

（48）切换至正视图，将第1片麦穗使用

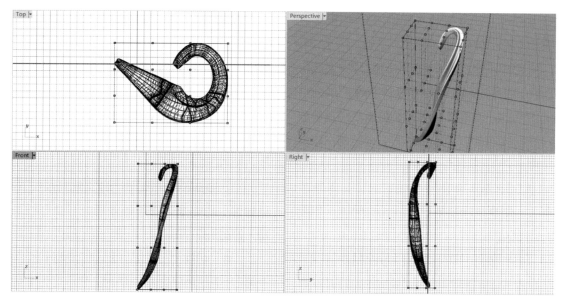

图5-2-44

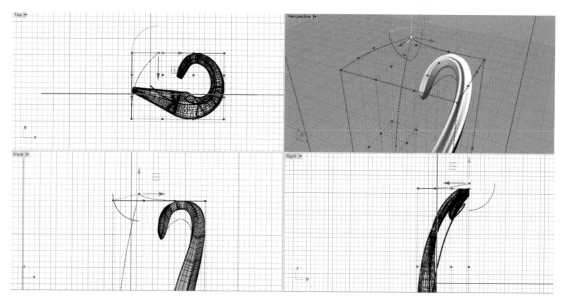

图5-2-45

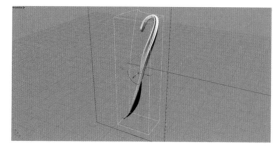

图5-2-46

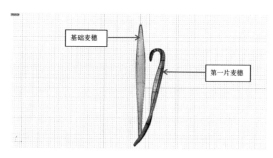

图5-2-47

【隐藏物件】功能💡将其隐藏。绘制1条参考线，如图5-2-48。

（49）在状态栏中打开物件锁点，点选中心点。使用左侧工具栏【缩放】🎲扩展列中【单轴缩放】功能🔳，根据参数指令栏提示选取要缩放的物件为基础麦穗叶，缩放基点定位在叶子中心，如图5-2-49。

（50）基本麦穗叶单轴放大后，单轴放大后，使麦穗叶造型更加纤长、优美，如图5-2-50。

（51）使用左侧工具栏【打开点】功能🐾，并框选基础麦穗叶最宽的2条横轴，打开状态

栏中的操作轴，点控制红色方块往麦穗叶中心，使用操作轴移动功能向右移动0.5距离，经过调整之后叶子外轮廓更加流畅，调整完成，按ESC取消选取，如图5-2-51。

（52）运用步骤（35）~（39）的方法，使用【沿曲线流动】功能🖌，绘制第2片麦穗叶，如图5-2-52。

（53）完成第2片麦穗叶的绘制，使用【隐藏物件】功能💡，将基础麦穗叶与参考线隐藏，如图5-2-53。

（54）切换至正视图，我们将步骤（53）中第2片麦穗叶子隐藏，使用【显示物件】功能💡，将基础麦穗叶显示出来，并绘制第3片麦穗叶的参考曲线，如图5-2-54。

（55）使用左侧功能栏中【缩放】🎲扩展列中【单轴缩放】功能🔳，将基础麦穗叶在Z轴与X轴上进行缩小，如图5-2-55。

（56）使用左侧工具栏中【打开点】功能

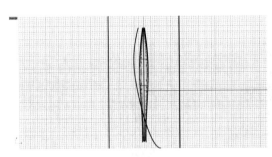

图5-2-48

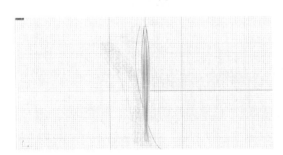

图5-2-49

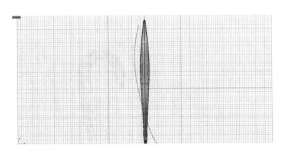

图5-2-50

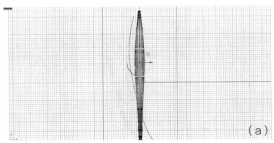

图5-2-51

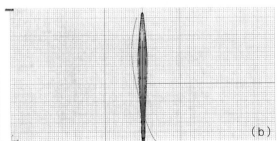

（a）

（b）

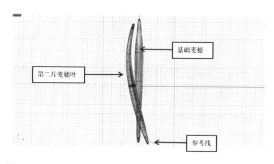

图5-2-52

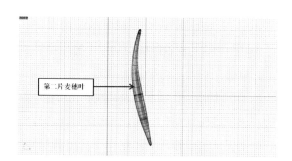

图5-2-53

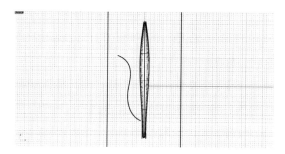

图5-2-54

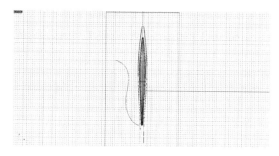

图5-2-55

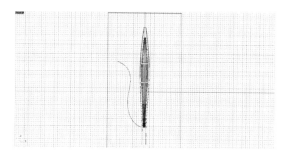

图5-2-56

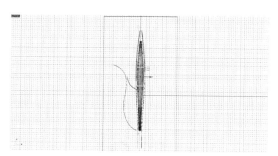

图5-2-57

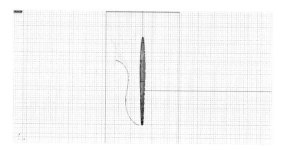

图5-2-58

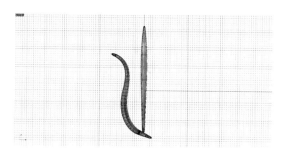

图5-2-59

，并框选基础麦穗叶最宽处的2条X轴，如图5-2-56。

（57）打开状态栏中的操作轴，操纵控制轴红色方块键，往麦穗叶中心拖动进行微调，如图5-2-57。

（58）缩放完成，隐藏暂时不需要编辑的曲线，如图5-2-58。

（59）运用步骤第（35）至步骤（39）的方法，使用【沿曲线流动】功能 ，绘制第3片麦穗叶，如图5-2-59。

（60）准备调整3个麦穗叶的组合造型，首先前面隐藏的麦穗叶模型使用【显示物件】功能💡显示出来，如图5-2-60。

（61）切换至正视图，选择左侧工具栏【变动】⬚扩展列中的【弯曲】功能▶，在参数指令栏中显示选取要弯曲的物件，选择第2片麦穗叶，确定弯曲。根据参数指令栏中的提示，以麦穗中心点为骨干起点，如图5-2-61。

（62）在麦穗叶顶部（Z轴方向上）选择

骨干终点往右偏移，在参数指令栏输入数值"3"，如图5-2-62。

（63）再次选择左侧工具栏【变动】⬚扩展列中的【弯曲】功能▶，参数指令栏中显示选取要弯曲的物件，选择第1片麦穗叶，确定弯曲；接着跟着指令栏提示，定位骨干起点与终点，往X轴右边拉拽，如图5-2-63。

（64）使用左侧工具栏【2D旋转】功能⬚，将第1片麦穗叶的中间位置作为旋转中心旋转，如图5-2-64。

（65）切换至渲染模式⬚，使用操作轴继续对第1片麦穗叶调整位置，如图5-2-65。

（66）放大查看细节部分，3片麦穗叶交错区域有多余的部分，如图5-2-66。

（67）使用左侧工具栏【修剪】功能⬚，根据参数指令栏提示选取切割用物件：第2片麦穗叶和第1片麦穗叶，回车确定；选取要修

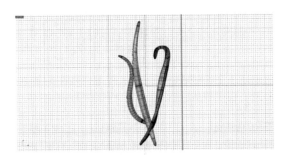

图5-2-60

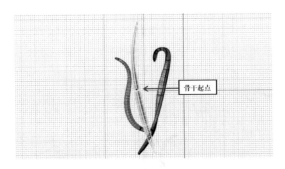

图5-2-61

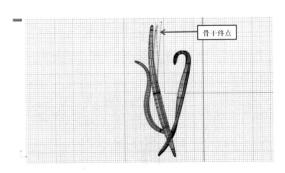

图5-2-62

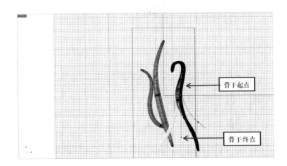

图5-2-63

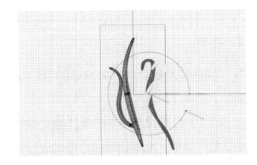

图5-2-64

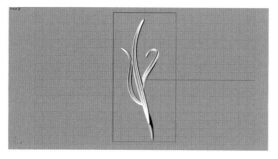

图5-2-65

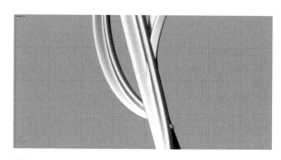

图5-2-66

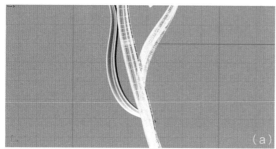

图5-2-67

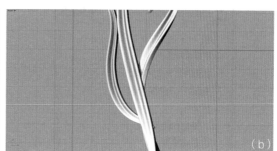

图5-2-68

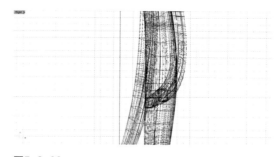

图5-2-69

减的物件：多余的部分，如图5-2-67。

（68）参照步骤（67），将第3片麦穗叶的多余部分修剪掉，如图5-2-68。

（69）切换至线框模式，在右视图工作视窗中使用【控制点曲线】功能，绘制1条用于切割麦穗叶的辅助曲线，如图5-2-69。

（70）调整显示模式为渲染模式，使用左侧工具栏【修剪】功能，修减掉并不需要的部分，如图5-2-70。

（71）切换至立体图，可见第1片麦穗叶

下端处于开口状态，使用【嵌面】功能，根据参数提示栏选取2、3或4条开放的曲线：选取开口处轮廓线，如图5-2-71。

（72）在弹出嵌面曲面选项窗口，输入如下数据，不要勾选调整切线与自动修减，如图5-2-72。

（73）回车确定，出现封口嵌面，如图5-2-73。（若建构历史警告窗口弹出，确定即可）

（74）切换至右视图，切换至着色模式，将步骤（73）绘制的嵌面，使用操作轴往Y轴

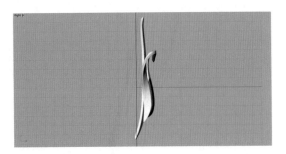

图5-2-70

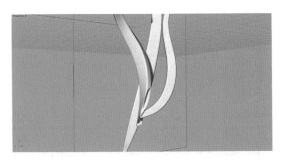

图5-2-71

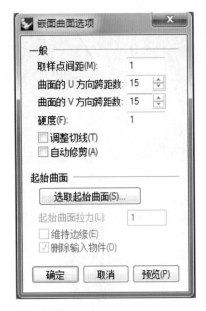

图5-2-72

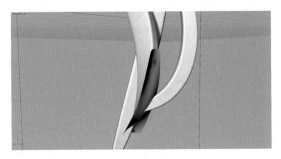

图5-2-73

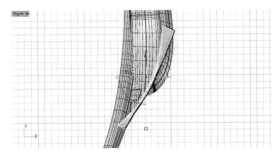

图5-2-74

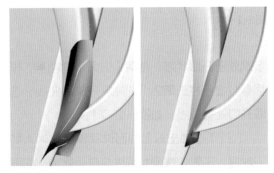

图5-2-75

图5-2-76

左边移动，确保嵌面与第1片麦穗叶相切，如图5-2-74。

（75）切换至立体图，选择左侧工具栏中【修剪】功能，修剪掉多余的部分，如图5-2-75。

（76）使用【组合】功能，组合嵌面与麦穗叶片，使麦穗叶片封口成为1个整体，如图5-2-76。

（77）检查另外2片麦穗叶，是否有无未封闭的情况，如图5-2-77。

（78）使用【组合】功能🐾组合嵌面与第3片麦穗叶，使麦穗叶片封口成为1个整体如图5-2-78。

（79）使用【布尔运算联集】功能🟤，点选3片麦穗叶，回车确认联集，如图5-2-79。

（80）至此，麦穗叶部分绘制完成，如图5-2-80。

（81）使用左侧工具栏【控制点曲线】功能🔲，绘制麦穗的枝干。在顶视图与右视图工作视窗中动态调整曲线形态，使用【圆管（圆头）】功能🔵，在参数指令栏中输入圆管直径数值为1，确认生成圆管，如图5-2-81。

（82）在状态栏中勾选锁定格点。在正视图空白位置，使用左侧工具栏【控制点曲线】功能🔲，绘制1条曲线，曲线高度为3个格点（3mm），如图5-2-82。

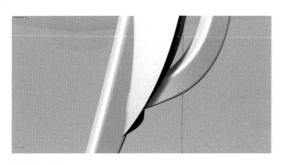

图5-2-77

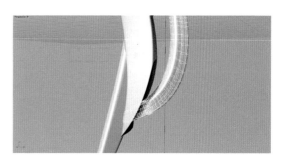

图5-2-78

图5-2-79

图5-2-80

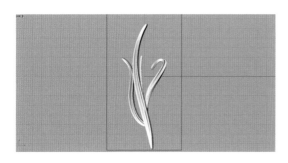

图5-2-81

图5-2-82

（83）点击使用左侧工具栏【旋转成形】功能🔦，在参数指令栏中显示选取要旋转的曲线，选取步骤（82）中的曲线；旋转轴起点与旋转轴终点在Z轴上曲线的两端（纵向），如图5-2-83。

（84）于参数指令栏中设置显示起始角度，点选360°，完成如图5-2-84物件。

（85）使用左侧工具栏【打开点】功能➴，如图5-2-85。

（86）在状态栏勾选"锁定格点"。切换至正视图，点击麦穗颗粒顶部控制点，在状态栏中打开操作轴往Y轴方向上提2mm（2个格点），如图5-2-86。

（87）切换至顶视图，使用【多重直线】

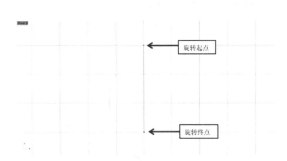

图5-2-83

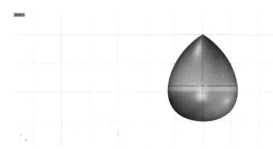

图5-2-84

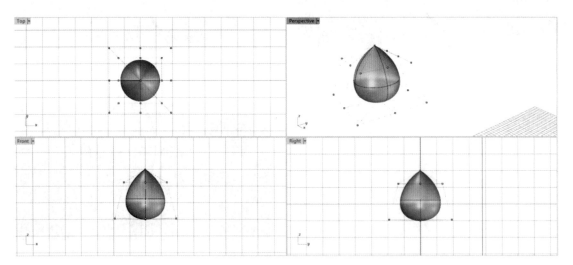

图5-2-85

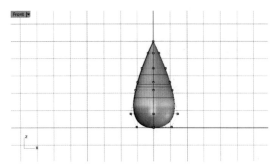

图5-2-86

功能 ∿，绘制1条直线，如图5-2-87。

（88）在左、右工作视窗，使用操作轴，灵活调整位置，如图5-2-88。

（89）切换至正视图，使用【多重直线】功能 ∿，绘制1条参考中线，如图5-2-89。

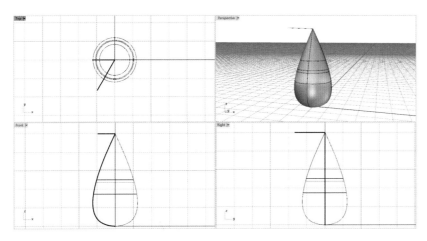

图5-2-87

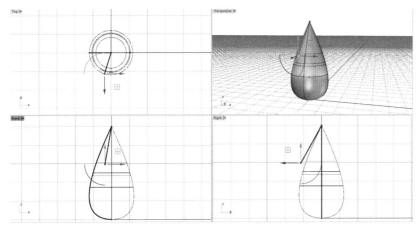

图5-2-88

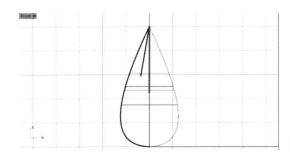

图5-2-89

（90）在右视图调整控制点，使得直线能
与麦穗粒主体相交，如图5-2-90。

（91）状态栏中物件锁定：勾选"端点"。
回到正视图，使用【多重直线】功能 ⋏，链接
2条直线，如图5-2-91。

（92）使用左侧工具栏中【镜像】功能 ⚖，
进行Y轴镜像，如图5-2-92。

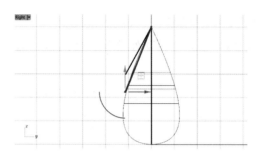

图5-2-90

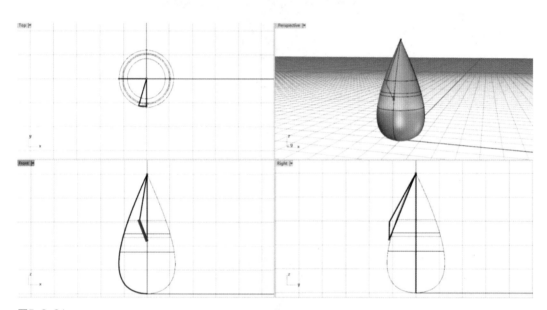

图5-2-91

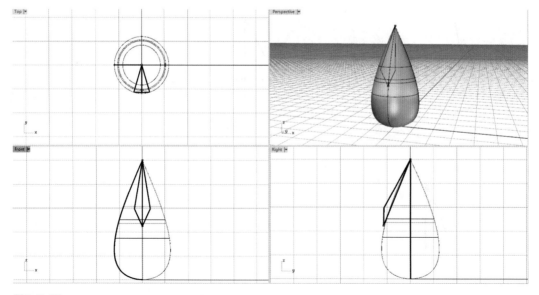

图5-2-92

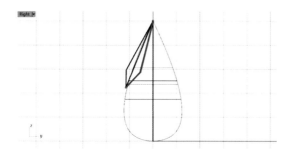

图5-2-93

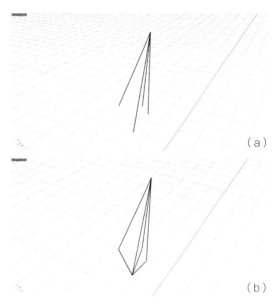

（a）

（b）

图5-2-94

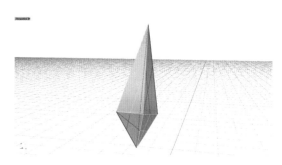

图5-2-95

（93）在右视图工作视窗，使用【多重直线】功能 ⚡，绘制2条直线形成1个钝角三角形，如图5-2-93。

（94）在立体视图，使用【隐藏物件】💡工具隐藏麦穗主体，全选线条并使用【炸开】⚡功能，这时线条均是断开的；使用【多重直线】⚡工具绘制2条直线，链接3个断开点，如图5-2-94。

（95）使用【以二、三或四条边缘曲线建立曲面】▦工具，根据参数指令栏提示：依次选取3条曲线，4个曲面使用同一方法完成，如图5-2-95。

（96）使用【显示物件】💡工具将麦穗粒主体显示出来，随后从彩宝钻石库中复制1个1.75直径的圆钻并使用【复制】🔡工具仔原地复制备用，如图5-2-96。

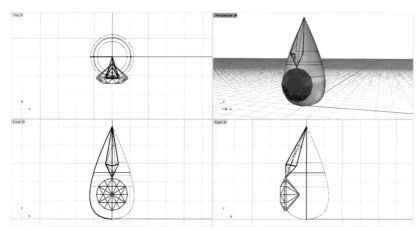

图5-2-96

（97）将步骤（95）中绘制好的菱形多重曲面，使用【隐藏物件】💡工具，将其隐藏。随后使用【实体工具】🔮扩展列中🔮【布尔运算差集】，根据参数指令栏提示：选取要被减去的曲面或多重曲面：麦穗粒主体；选取要减去其他物件的曲面或多重曲面：直径1.75mm的钻石，回车确定，如图5-2-97。

（98）右视图，使用右键点击标签栏中【显示物件】💡工具将菱形多重曲面显示，并使用操作轴微微移动，使之其与主体物件略错

开，便于后期修剪，如图5-2-98。

（99）使用【分割】⬜工具，根据参数指令栏提示选取要分割的物件：麦穗粒；选取切割用物件：菱形多重曲面，回车确定，如图5-2-99。

（100）删除多余部件，并使用【组合】🧩工具把2个多重曲面组合，如图5-2-100。

（101）在右视图点选麦穗粒，使用【变形控制器编辑】✴工具，随后使用【打开点】🔧工具，如图5-2-101。

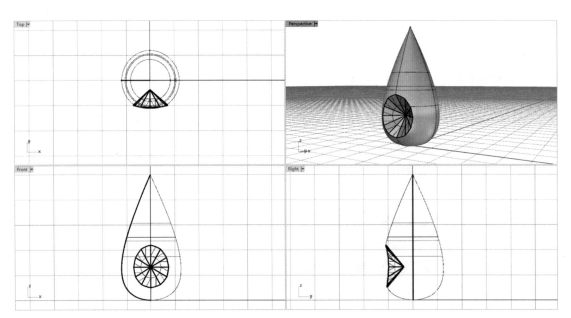

图5-2-97

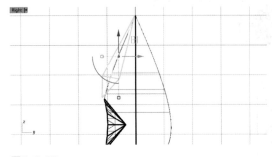

图5-2-98

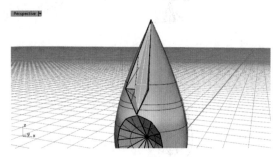

图5-2-99

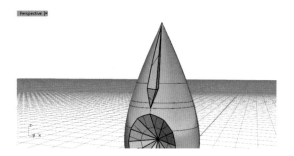

图5-2-100

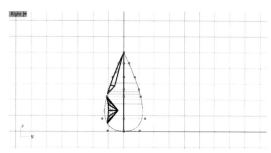

图5-2-101

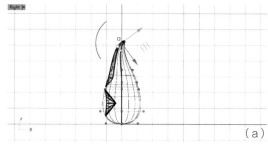

（102）使用打开点工具，点选顶部2节控制点进行调整，如图5-2-102。

（103）右键点击标签栏中【显示物件】💡工具，并使用左侧工具栏中【群组】🌀功能群组，如图5-2-103。

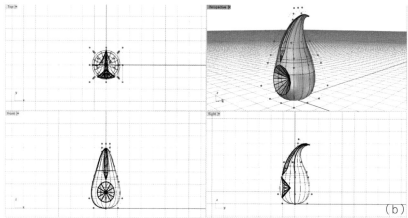

图5-2-102

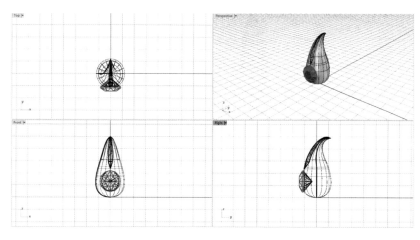

图5-2-103

（104）使用【以直径绘制椭圆体】 工具，绘制1个3个方向椭圆直径为40mm、8mm、4mm的椭圆体，如图5-2-104。

（105）在正视图工作窗中使用【复制】工具在Z轴在复制5个麦穗粒，并使用【群组】功能群组，如图5-2-105。

（106）使用【复制】工具复制4组，如图5-2-106。

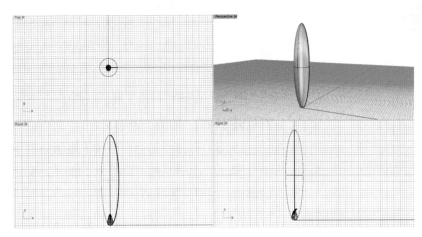

图5-2-104

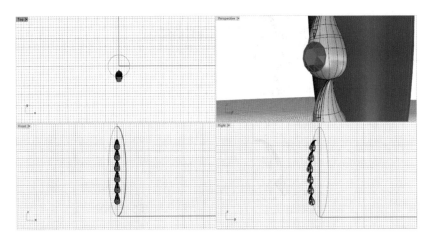

图5-2-105

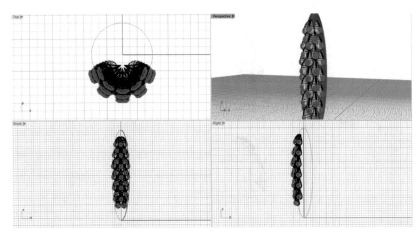

图5-2-106

（107）使用【解散群组】♣功能，解散所有麦穗粒，在顶部删除2颗麦穗粒，调整麦穗的外轮廓，如图5-2-107。

（108）麦穗底部使用【复制】器工具在左右两边各复制1颗麦穗粒，并调整形态，如图5-2-108。

（109）调整中间的一些麦穗形态，让其更灵动，如图5-2-109。

（110）绘制麦穗的网底，首先删除步骤（104）中的椭圆体，使用【以直径绘制椭圆体】●工具绘制1个椭圆直径为30mm、6mm、6mm的椭圆体，如图5-2-110。

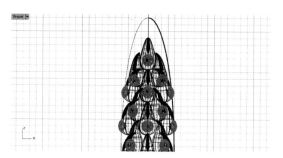

图5-2-107

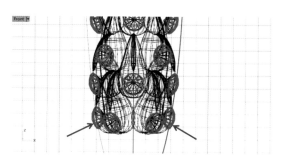

图5-2-108

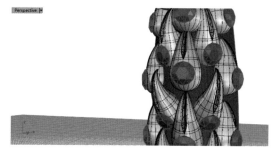

图5-2-109

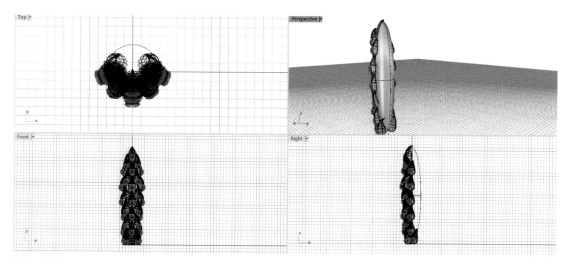

图5-2-110

（111）在顶视图，使用【多重直线】 ∧ 工具绘制1条直线，如图5-2-111。

（112）在顶视图使用【修剪】 ⊣ 工具，根据参数指令栏提示修剪掉一半，如图5-2-112。

（113）在正视图，使用【矩形】 □ 工具绘制1个长度32mm宽16mm长方形作为基准曲面，接着在矩形中使用【多重直线】 ∧ 工具绘出中线，如图5-2-113。

（114）使用【椭圆】 ⊕ 工具绘制1个2个方向直径为6mm、4mm的椭圆形，使用【曲线圆角】 ⌐ 扩展列中【偏移曲线】 ⌐ 工具，向曲线内外均偏移1mm，随后删除第1个绘制的椭圆形，仅保留偏移曲线，如图5-2-114。

（115）使用【复制】 ❈ 工具，复制椭圆形并排列成面，如图5-2-115。

（116）在顶视图工作窗，选择所有，使用 ▢【建立实体】扩展列 ▣【挤出封闭的平面曲线】工具，根据参数指令栏提示挤出长度输入1mm，确定，如图5-2-116。

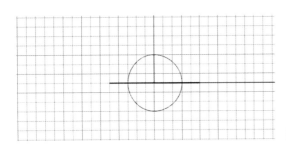

图5-2-111

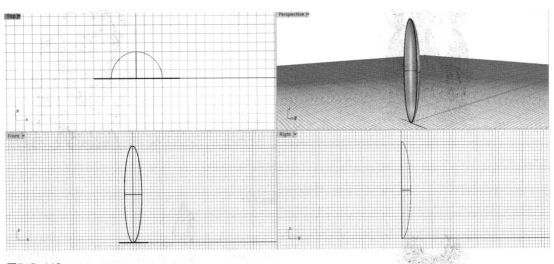

图5-2-112

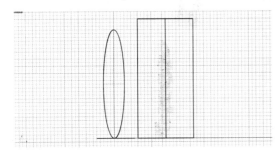

图5-2-113

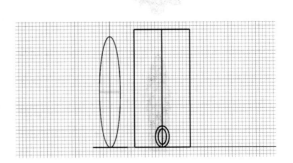

图5-2-114

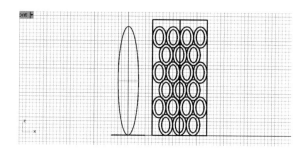

图5-2-115

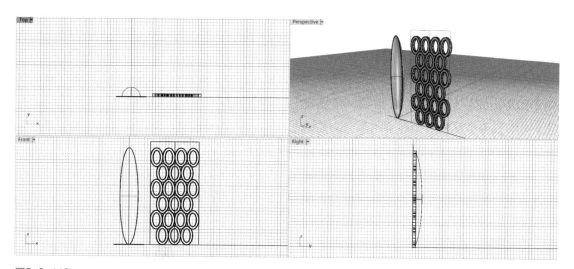

图5-2-116

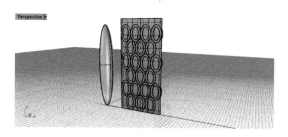

图5-2-117

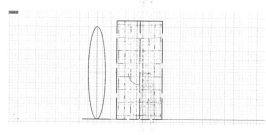

图5-2-118

（117）点选矩形基准曲面，使用【嵌面】❖工具，回车确定，如图5-2-117。

（118）在左边工具栏选取 ✐【沿着曲面流动】，在参数指令栏显示选择要沿着曲面流动的物件，回车确定，如图5-2-118。

（119）参数指令栏显示基准曲面-点选靠近角落处，鼠标点击方形立方体左下角，如图5-2-119。

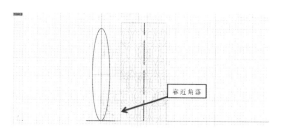

图5-2-119

（120）网底的基本造型完成，因沿着曲面流动完成后网底缺口处不是垂直于Y轴，在参数指令栏显示目标曲面，选择椭圆体，并进入顶视图操作，在左边工具栏使用 ➡【旋转】工具选择调整网底缺口至与Y轴垂直，如图5-2-120。

（121）切换至立体图，右键点击标签栏中【显示物件】💡工具将麦穗粒组合显示，可见网底部分对麦穗组有遮挡，如图5-2-121。

（122）再次隐藏麦穗组，在顶视图使用 ⅄【多重直线】工具绘制1条直线，接着使用【修剪】✁工具修剪掉多余的部分，如图5-2-122。

（123）使用【显示物件】💡工具将麦穗粒组显示，基本完成麦穗的主体部分，如图5-2-123。

（124）在正视图在麦穗主体部分的底部使用【曲线】🔲工具，绘制1条曲线作为麦穗与麦穗枝的连接部分，如图5-2-124。

（125）使用【旋转成型】💡工具，完成连接部分物件制作，如图5-2-125。

（126）在正视图工作窗选择左侧工具栏【控制点曲线】🔲功能，绘制麦穗的枝干。在顶视图与右视图工作窗调整曲线形态，随后选择工作栏【圆管（圆头盖）】工具 🔩 在参数指令栏中输入"1.0"，回车确定，如图5-2-126。

（127）【旋转】➡工具微微调整麦穗的曲度，如图5-2-127。

（128）完成麦穗胸针模型制作，如图5-2-128。

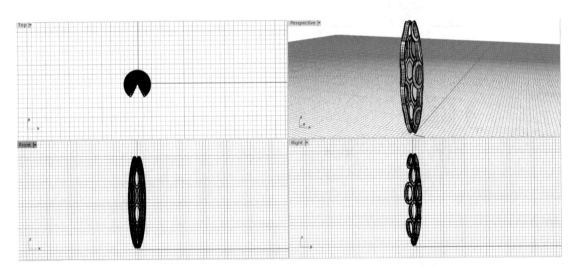

图5-2-120

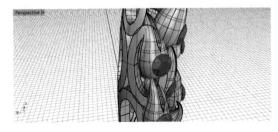

图5-2-121

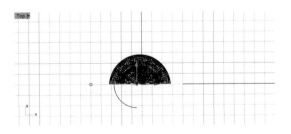

图5-2-122

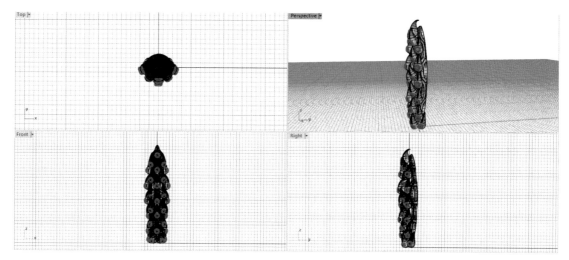

图5-2-123

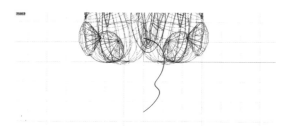

图5-2-124

图5-2-125

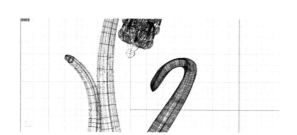

图5-2-126

图5-2-127

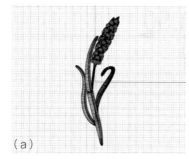

（a）

（b）

（c）

图5-2-128

第三节   编织男戒

项目背景： 客户下单订制一批编织纹男戒，材质为925银，手寸美度10.25。

工艺要求： 编织纹间缝隙不得小于0.2mm，否则进行3D打印和浇铸时可能发生塌粉（缝隙处易坍塌，导致浇铸时编织纹金属发生形变）。

建模思路： 单轨扫掠制作戒圈，布尔运算差集减出戒顶槽位，弧线、螺旋线和圆管功能综合编织纹样物件，并流动至槽底曲面。

关键功能命令： 螺旋线、沿曲面流动。

视频5.3
编织男戒

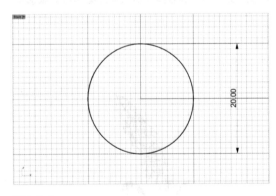

图5-3-1

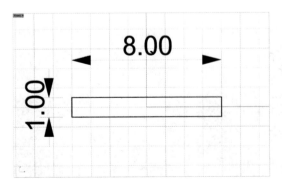

图5-3-2

（1）打开"大模型-毫米"场景文件，并确保"记录构建历史"功能打开。在前视图工作视窗中，使用左侧工具栏中【圆：中心点、半径】功能 ⊙，如图5-3-1绘制出1个中心点位于坐标原点"O"，直径数值为"20"的圆曲线。

（2）切换至右视图工作视窗，使用左侧工具栏中的【矩形】□ 扩展列内的【矩形：中心点、角】功能 回，于参数指令栏中输入"矩形中心点"数值为"0"定位于原点位置，输入"长度"数值为"8"，宽度数值为"1"，回车完成绘制矩形，如图5-3-2。

（3）使用左侧工具栏中【直线】∧ 扩展列内的【直线：从中点】功能 ⟋，"直线中点"输入数值"0"使其定位于原点位置，"直线终点"输入数值"3.5"，按住shift键打开正交功能，绘制1条从原点出发平行横轴的直线，如图5-3-3。

（4）再次使用【直线：从中点】功能 ⟋，"直线中点"分别捕捉定位于步骤（3）绘制的直线两头端点位置，按住shift键打开正交功能，如图5-3-4分别绘制出两段平行于竖轴方向的直线。

（5）使用左侧工具栏中的【修剪】功能 ⍓，选取步骤（4）绘制的2条直线作为"切割用物件"，点击位于2段直线的矩形上部直

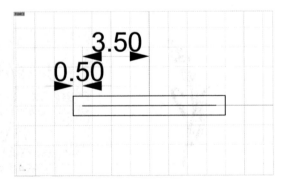

图5-3-3

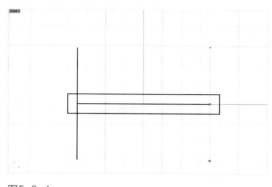

图5-3-4

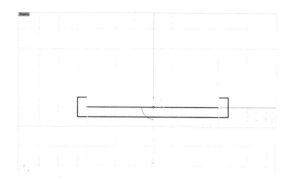

图5-3-5

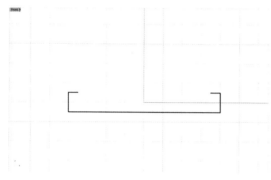

图5-3-6

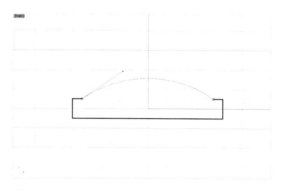

图5-3-7

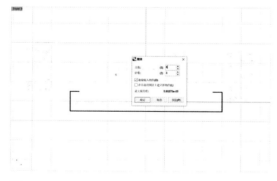

图5-3-8

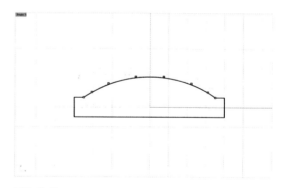

图5-3-9

线进行修剪，得到如图5-3-5。

（6）删除步骤（3）和步骤（4）绘制的辅助直线，如图5-3-6。

（7）使用左侧工具栏中【圆弧】⚲ 扩展列内的【圆弧：起点、终点、起点方向】功能⚲，圆弧起点和终点分别捕捉至矩形上部开口的两个端点处，如图5-3-7沿上方拖出弧线造型。

（8）选取步骤（7）生成的弧线，使用左侧工具栏中【曲线工具】⚲ 扩展列内的【重建曲线】功能⚲，在重建对话框内输入"点数"数值为"8"，"阶数"数值为"3"，点击确认完成重建曲线，如图5-3-8。

（9）快捷键F10打开重建后的弧线控制点，通过操作轴的竖轴将控制点两两对称整体下调到如图5-3-9位置。

（10）对称位置的控制点两两选中，使用操作轴的横轴缩放功能，如图5-3-10调整对称控制点位。

（11）当前图层切换至红色"图层01" ■图层 01，选取步骤（10）弧线，复制粘贴出新的2条弧线，1条弧线使用操作轴竖轴上移固定数值"0.2"，另1条弧线使用操作轴竖轴下移固定数值"0.6"，如图5-3-11。

（12）使用左侧工具栏中【控制点曲线】功能 ，如图5-3-11连接步骤（11）复制出的2条弧线。选取红色4条曲线，使用左侧工具栏中【组合】功能 ，形成1个封闭的曲线 有 4 条曲线组合为 1 条封闭的曲线，如图5-3-12。

（13）选取黑色部分断面曲线，也将其组合为1条封闭的曲线有 2 条曲线组合为 1 条封闭的曲线，如图5-3-13。

（14）框选步骤（12）和步骤（13）组合后的封闭曲线，使用左侧工具栏中【移动】功能 ，移动的起点 移动的起点 如图5-3-14定位于断面曲线下部中点位置。

（15）移动的终点捕捉定位于右视图中直径为20mm的圆曲线上部四分点位置处，并完成移动，如图5-3-15。

（16）切换至立体图工作视窗，使用左侧工具栏中【建立曲面】 扩展列内的【单轨扫掠】功能 ，选取路径为圆曲线，如图5-3-16选取黑色图层的切面作为断面曲线，生成戒圈物件。

（17）当前图层切换至红色"图层01"

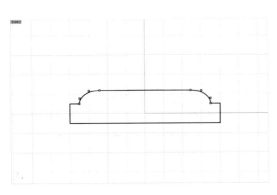

图5-3-10

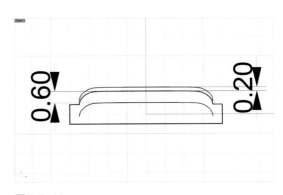

图5-3-11

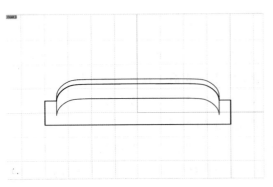

图5-3-12

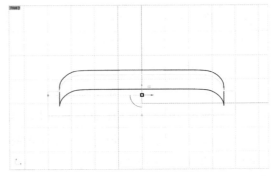

图5-3-13

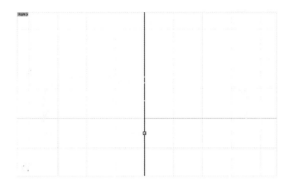

图5-3-14

图5-3-15

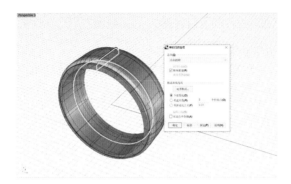

图5-3-16

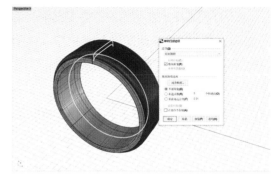

图5-3-17

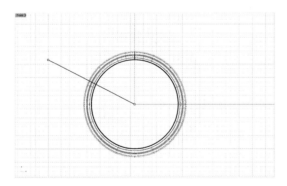

图5-3-18

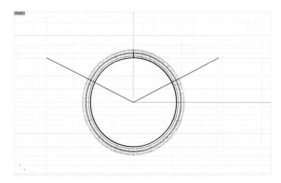

图5-3-19

■图层 01，使用【单轨扫掠】功能 🖌，以圆曲线作为路径，红色切面线段作为断面曲线，如图5-3-17所示扫掠生成物件。

（18）切换至前视图工作视窗，使用【控制点曲线】功能 ，曲线起点输入数值"0"定位于坐标轴原点位置，快捷键F9打开锁定格点功能，曲线终点捕捉至坐标为

x -20.00　　y 10.00　　z 0.00　　的格点位置，如图5-3-18。

（19）选取步骤（18）绘制的曲线，使用左侧工具栏中【变动】 扩展列内的【镜像】功能 ，于参数指令栏中设置为"Y轴"镜像，得到另一条曲线，如图5-3-19。

（20）使用左侧工具栏中的【修剪】功

能🗝，"切割用物件"选取步骤（18）、步骤（19）曲线，如图5-3-20修剪掉红色物件下面部分，完成修剪后按下回车键并删除掉2条曲线。

（21）切换至立体图工作视窗，选取步骤（20）修剪后留下的2个红色物件，使用左侧工具栏中的【组合】功能🐾，将其组合为1个开放的多重曲面**有 2 个曲面或多重曲面组合为 1 个开放的多重曲面**，如图5-3-21。

（22）选取上一步组合好的多重曲面，使用左侧工具栏中【实体工具】🔵扩展列内的【将平面洞加盖】功能🔗，使其成为封闭的多重曲面，如图5-3-22。

（23）使用左侧工具栏中【实体工具】🔵

扩展列内的【布尔运算差集】功能🔵，"要减去的多重曲面"选取为步骤（22）多重曲面，"被减去的多重曲面"选取为戒圈，回车完成差集运算，如图5-3-23。

（24）使用左侧工具栏中【从物件建立曲线】🗄扩展列内的【复制边缘】功能📋，如图5-3-24将戒指凹槽底面的边缘曲线复制出来。

（25）选取步骤（24）边缘曲线，在操作轴的上方向蓝轴上输入上移数值"10"，完成上移，如图5-3-25。

（26）如图5-3-26选取4条线段，使用左侧工具栏中的【组合】功能🐾，使其组合为2条曲线**有 4 条曲线组合为 2 条开放的曲线**。

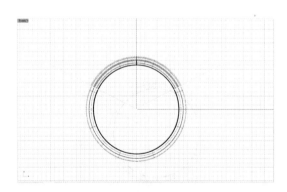

图5-3-20

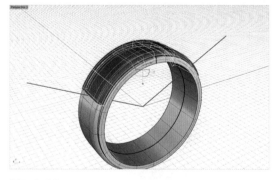

图5-3-21

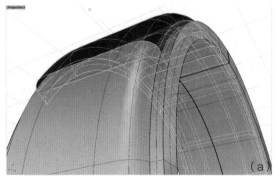

图5-3-22

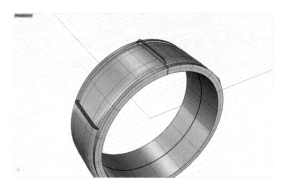

图5-3-23

图5-3-24

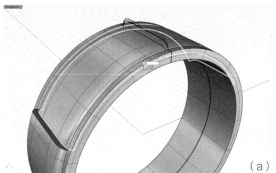

（a）

（b）

图5-3-25

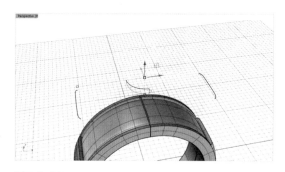

图5-3-26

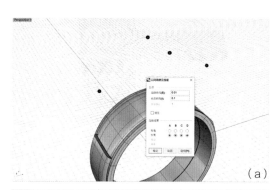

（a）

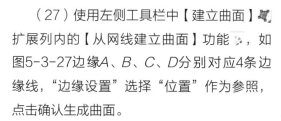

（27）使用左侧工具栏中【建立曲面】扩展列内的【从网线建立曲面】功能，如图5-3-27边缘*A*、*B*、*C*、*D*分别对应4条边缘线，"边缘设置"选择"位置"作为参照，点击确认生成曲面。

（28）选择步骤（27）生成的曲面，使用左侧工具栏【曲面工具】扩展列内的【摊

（b）

图5-3-27

平曲面】功能✦，得到如图5-3-28的1个基准曲面。

（29）切换至顶视图工作视窗，将步骤（28）基准曲面移到其右边重叠于坐标轴Y轴之上的位置处，如图5-3-29。

（30）当前图层切换至蓝色"图层03"**■图层 03**，使用左侧工具栏中【圆弧】⌒扩展列内的【圆弧：起点、终点、起点的方向】功能✎，起点捕捉定位于压平曲面的右上角端点位置，终点捕捉定位于压平曲面的右边缘中点位置，绘制出如图5-3-30弧度的弧线。

（31）选取步骤（30）绘制的弧线，使用【镜像】功能⚎，于参数指令栏中设置为"Y轴"镜像，得到如图5-3-31另一条对称的弧线。

（32）选取步骤（31）弧线，使用左侧工具栏中的【移动】功能⚏，移动的起点捕捉到该弧线的上端点，移动的终点捕捉到另一条对称弧线的下端点出，如图5-3-32。

（33）选取步骤（30）和步骤（32）得到的2条弧线，使用左侧工具栏中【变动】⚏扩展列内的【复制】功能⚏，如图5-3-33复制出上下两段延伸线段。

（34）如图5-3-34选取整条连贯曲线，使用【组合】功能⚐，将其组合为1条曲线 **有 6 条曲线组合为 1 条开放的曲线。**

（35）使用菜单栏中"分析"一栏内的"长度"功能，测量压平曲面的长度为"23.03mm"。下一步我们需要将波浪曲线三等均分这个压平曲面，所以每段波浪曲线间距

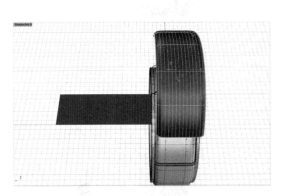

图5-3-28

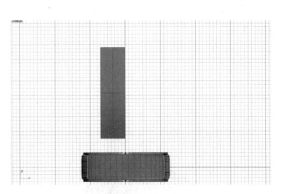

图5-3-29

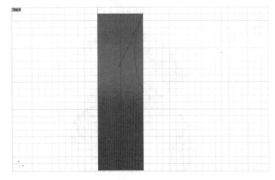

图5-3-30

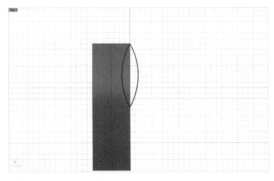

图5-3-31

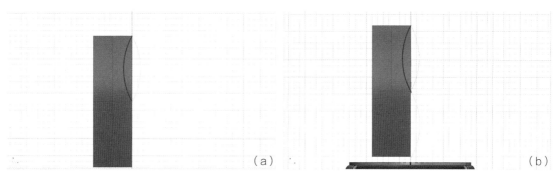

图5-3-32

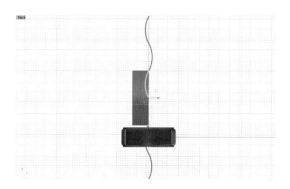

图5-3-33

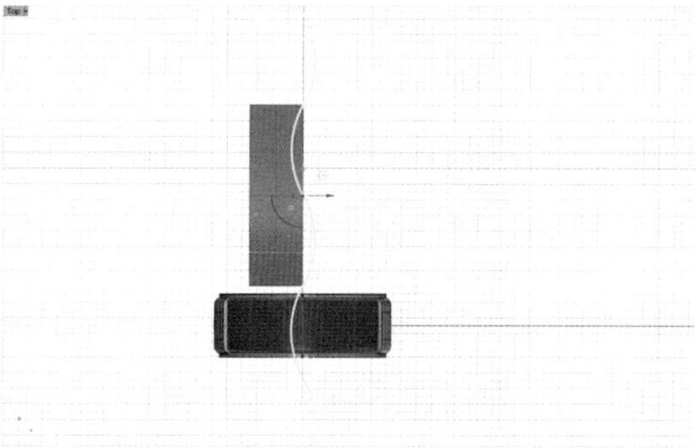

图5-3-34

图5-3-35

为7.68mm左右，如图5-3-35。

（36）选取步骤（35）组合曲线，复制粘贴1个新曲线，在其操作轴竖轴方向上输入数值"-8.41"，使其下移8.41mm距离，如图5-3-36。

（37）在步骤（36）得到的曲线基础上，重复复制粘贴命令和下移8.41mm距离，得到

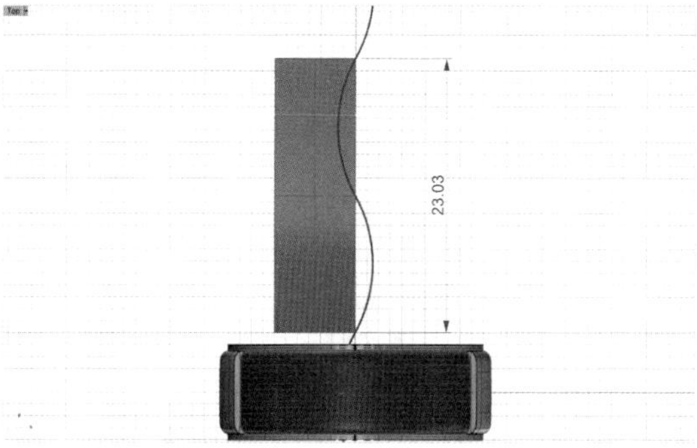

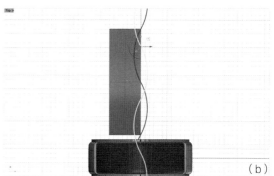

图5-3-36

3条曲线，如图5-3-37。

（38）选取3条曲线，使用操作轴横轴移动功能，如图5-3-38拖动其置入压平曲面内。

（39）使用【控制点曲线】功能 ⊑，分别以压平曲面左上和左下2个端点为起点，按住 shift 键开启正交功能，制作2条直线，其方向如图5-3-39平行于横轴方向。

（40）使用【修剪】功能 ⊥，选取步骤

（39）绘制的2条直线作为"切割用物件"，如图5-3-40将3条超出压平曲面以外的曲线多余部分修剪删除。

（41）选取3条曲线，使用左侧工具栏中【曲线工具】⟍扩展列内的【重建曲线】功能 ⟍，每条曲线重建点数为"8"，重建阶数为"3"，设置好后点击确认重建，如图5-3-41。

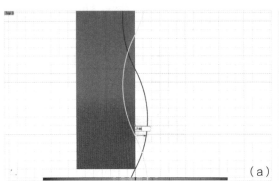

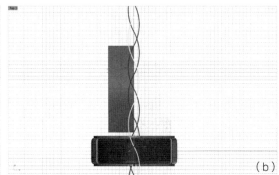

图5-3-37

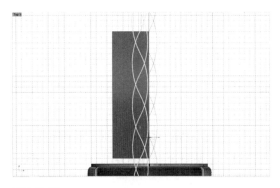

图5-3-38

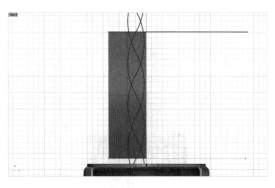

图5-3-39

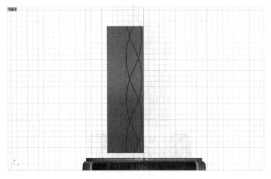

图5-3-40

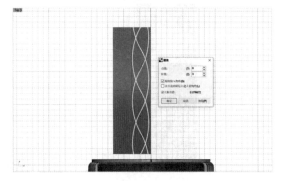

图5-3-41

（42）选取1条轮廓线，切换至立体图工作视窗，打开其控制点，选取1、2、3，三个位置的控制点，利用操作轴对该三个控制点整体上移，抬高后关闭控制点，如图5-3-42。

（43）切换至顶视图工作视窗，选取另一条造型曲线并打开其控制点。再切换至立体图工作视窗，按住shift键选中1、2、3三个控制点，利用操作轴将三个控制点抬高，抬高后关闭该曲线控制点，如图5-3-43。

（44）切换至顶视图工作视窗，选取最后一条曲线并打开其控制点。再切换至立体图工作视窗，按住shift键选中1、2两个控制点，利用操作轴将两个控制点抬高，抬高后关闭该曲线控制点，如图5-3-44。

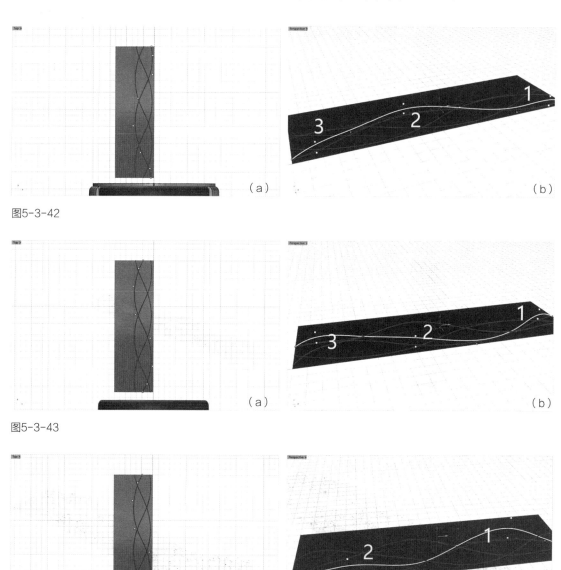

（a）　　　　　（b）

图5-3-42

（a）　　　　　（b）

图5-3-43

（a）　　　　　（b）

图5-3-44

（45）切换至绿色"图层04" **图层 04**，切换至顶视图工作视窗，选取3条造型曲线，使用左侧工具栏中【建立曲面】扩展列内的【直线挤出】功能，于参数指令栏中点击设置"方向"**方向(D)**，"方向的基准点"**方向的基准点**输入数值"0"定位于原点位置，"方向的第2点"按住shift打开正交功能

找到向左的横轴方向，如图5-3-45。

（46）于参数指令栏中输入"挤出长度"数值为"2"，回车确认挤出曲面，如图5-3-46。

（47）隐藏除"图层04"以外的其他图层，使用左侧工具栏中【曲面工具】扩展列内的【重建曲面】功能，分别对步骤（46）生成的3个曲面一一进行重建。重建点数U方向为"16"点，V方向为"2"点，重建阶数U方向为"3"阶，V方向为"1"阶，点击确认完成重建，如图5-3-47。

（48）逐一打开重建后的曲面控制点，利用上一步"记录构建历史"功能充分通过调节曲面控制点蓝轴方向的高低位置，实时掌握3个曲面之间的空间层叠关系，如图5-3-48。

（49）通过不断调整3个曲面形态和层叠

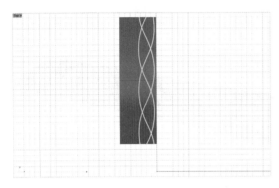

图5-3-45

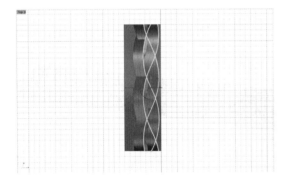

图5-3-46

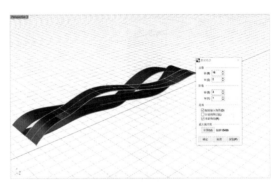

图5-3-47

图5-3-48

关系，最终得到3个曲面交错叠加但不相交的空间位置关系，如图5-3-49。

（50）完成步骤（49）曲面调点后，使用左侧工具栏【从物件建立曲线】扩展列内的【复制边缘】功能，如图5-3-50复制出3个曲面的左右长边线后，删除曲面。

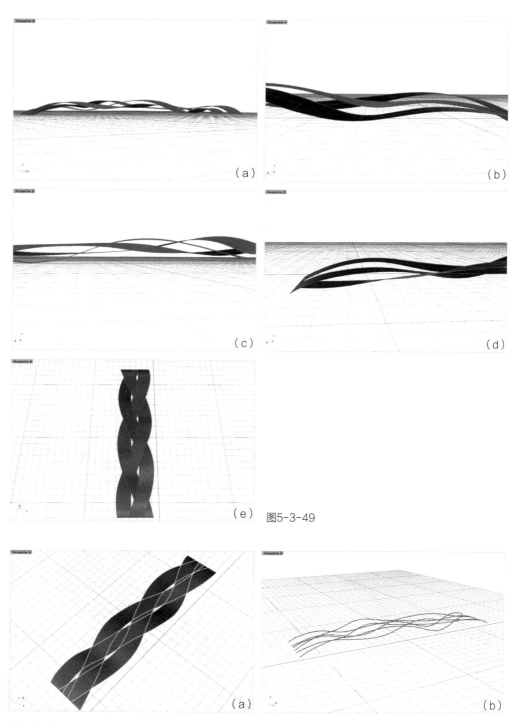

（a）　（b）　（c）　（d）　（e）　图5-3-49

图5-3-50　（a）　（b）

（51）分别选取对应的2条边缘曲线，使用左侧工具栏【曲线工具】⌐扩展列内的【在两条曲线之间建立均分曲线】功能⌒，于参数指令栏中设置均分曲线的"数目"为"2"**数目(N)=2**，如图5-3-51，得到12条曲线。

（52）使用左侧工具栏中【曲线】⌴扩展列内的【弹簧线】功能✎，于参数指令栏中设置为"环绕曲线"**环绕曲线(A)**，选取上部最右端的一条曲线作为被环绕对象，设置"圈数"为"80"**圈数(T)=80**，"直径"为"0.6"**直径和起点 ⟨0.60⟩**，选定1个正交方向右键生成弹簧线，如图5-3-52。

（53）重复步骤（52）操作，生成其余11条弹簧线，如图5-3-53。

（54）选取所有环绕曲线，使用左侧工具栏中【建立实体】▣扩展列内的【圆管（圆头盖）】功能✍，于参数指令栏中设置"圆管直径"数值为"0.5"**圆管直径 ⟨0.50⟩**，并按下2次回车键确认生成圆管物件，如图5-3-54。

（55）选取步骤（54）生成的12个圆管物件，使用左侧工具栏中的【群组】功能◐，将它们群组，并将紫色"图层02"显示，如图5-3-55。

（56）选取步骤（55）群组后的圆管物件群，使用左侧工具栏中【沿曲面流动】功能✍，基准曲面如图5-3-56为圆管物件群下面的压平曲面，流动上去的目标曲面为戒圈凹槽底面的复制曲面。

（57）将步骤（56）沿曲面流动生成圆管物件群于前视图工作视窗中，通过操作轴移动到戒指槽内，并使用左侧工具栏中【实体工具】▣扩展列内的【不等距边缘圆角】功能▣，将戒圈边缘进行圆角处理，最后完成男戒模型，如图5-3-57。

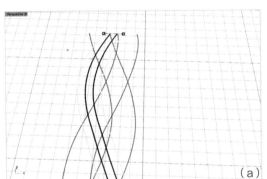
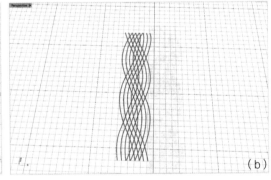

图5-3-51

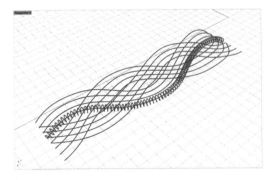

如图5-3-52

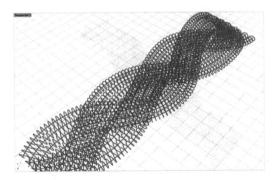

图5-3-53

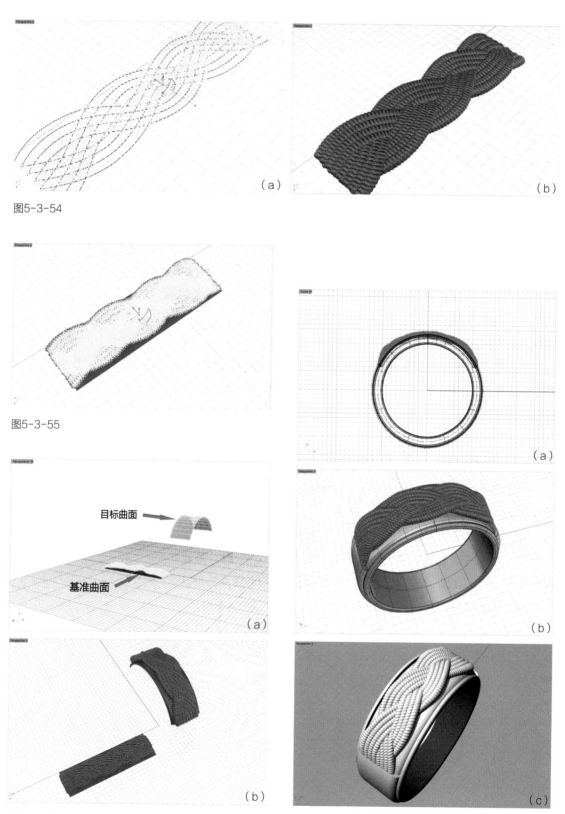

（a）

（b）

图5-3-54

图5-3-55

目标曲面

基准曲面

（a）

（a）

（b）

（b）

（c）

图5-3-56

图5-3-57

第四节　小鸟手链

项目背景：串珠型手链近年来颇受消费者欢迎。本章以小鸟为单个串珠造型进行模型制作讲解。

工艺要求：模型完成后，可采用电铸法制作较为轻薄的造型体。

建模思路：实体工具制作头部与躯干；对CV点编辑调整躯干形态；使用从网线建立曲面建立翅膀曲面、尾部曲面。

关键功能命令：从网线建立曲面、点编辑。

视频5.4
小鸟手链

（1）新建文件，正视图，状态栏中选择锁定格点。工具栏选择【圆：中心点、半径】◉功能，指令栏输入0后，输入直径数据：18mm，回车确认，绘出1个直径18mm参考圆，使用【锁定物件】功能🔒，锁定该圆，如图5-4-1。

（2）使用【建立实体】◼扩展列中的【球体：直径】功能●，在18mm圆形范围内建立1个直径6mm正圆球，作为小鸟的头部，如图5-4-2。

（3）正视图，选择左侧工具栏【圆：中心点，半径】◉，圆心定位于坐标轴原点位置，绘制1个直径18mm的参考圆，如图5-4-3。

（4）选择左侧工具栏建立实体中【椭圆：直径】功能●，绘制1个椭圆体形，作为躯干部分，如图5-4-4。

（5）为了使椭圆形有更多的控制点，需要对其进行重建。在左侧工具栏【曲线编辑】⤵扩展列中选择【重建曲面】功能🏠，重建曲面对话框中点数、阶数、选项，如图5-4-5，输入、勾选后点击确认。

（6）选择椭圆形后，使用【打开点】功能🐾，如图5-4-6。

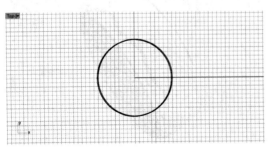

图5-4-1　　　　　　　　　　　　图5-4-2

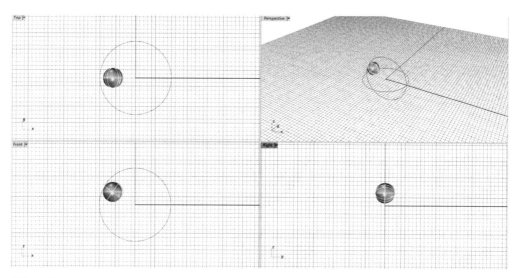

图5-4-3

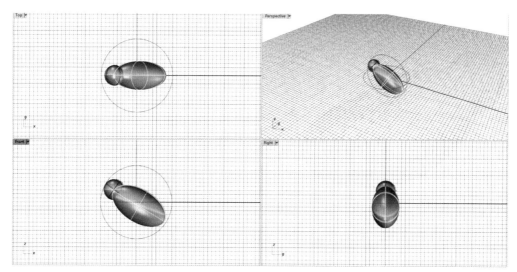

图5-4-4

图5-4-5

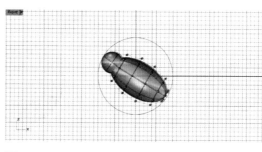

图5-4-6

（7）切换至前视图，选取椭圆形下端的两节范围内的CV点，拖动向Y轴上提起，如图5-4-7。

（8）选取椭圆形下端第2节，向Y轴上提起，如图5-4-8。

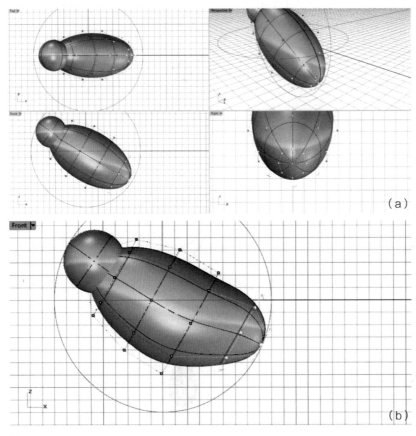

（a）

（b）

图5-4-7

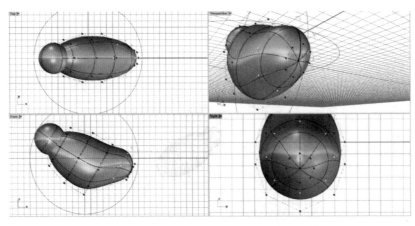

图5-4-8

（9）选取椭圆形下端第1节，向上拖动提起，如图5-4-9。

（10）选取椭圆形下端第3节，底部3个CV点，向上提起，如图5-4-10。

（11）选择圆球体，参照步骤（5），使用【重建曲面】🎬对曲面进行重建。快捷键F10打开其控制点，图5-4-11。

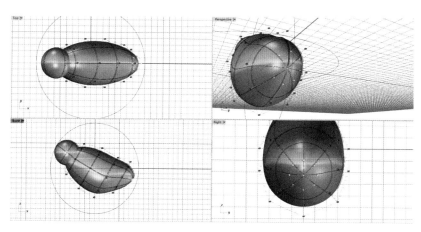

图5-4-9

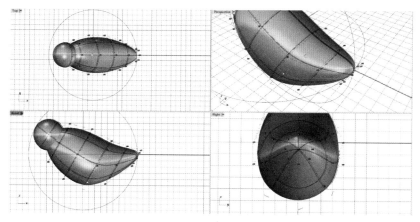

图5-4-10

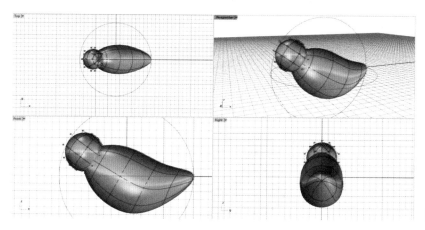

图5-4-11

（12）切换至顶视图，选取圆球体最左边的1个控制点沿X轴，向左边方向拖动，如图5-4-12。

（13）状态栏中使用物件锁点（最近点、端点）。使用左侧工具栏的【建立实体】⬢扩展列中的【圆锥体】功能🔺。定位好圆锥体底面的位置后，在右视图绘制直径数值为1.5，在正视图绘制圆锥高度数值为2，如图5-4-13。

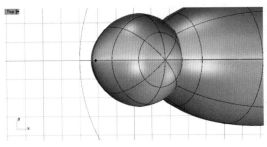

图5-4-12

（14）切换至正视图，使用左侧工具栏的【控制点曲线】功能，如图5-4-14绘制出1个翅膀形状。

（15）正视图，选择【投影曲线】工具，选择曲要投影的曲线：翅膀，回车确定。按参数指令栏提示选取要投影至其上的多重曲面：躯干体，回车确定，如图5-4-15。

（16）在标签栏中选择【隐藏物件】功能将躯干隐藏。绘制翅膀需要使用【从网线建立曲面】功能，绘制2个方向共6条曲线。以下开始绘制第1条曲线。使用左侧工具栏的【控制点曲线】功能绘制曲线1，曲线两端CV点必须与翅膀外轮廓线相交。（①在绘制轮廓曲线时，要综合应用状态栏物件锁点功能。在起始与结尾线时，开启最近点与端点；②在绘制中为避免干扰，可选择停用），如图5-4-16。

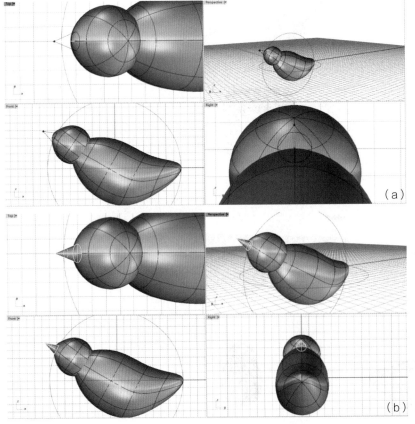

（a）

（b） 图5-4-13

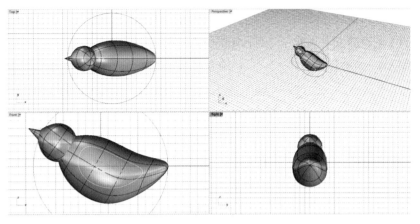

图5-4-14

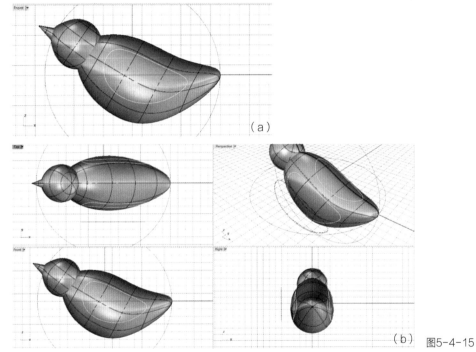

（a）

（b）

图5-4-15

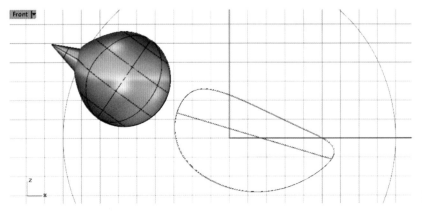

图5-4-16

（17）对步骤（16）曲线进行重建。使用【曲线编辑】↘扩展列中的【重建曲面】功能🐾，弹出重建对话框点数输入4，阶数输入2，点击确认，如图5-4-17。

图5-4-17

（18）使用【打开点】功能🐾，调整编辑点，如图5-4-18。

（19）参照步骤（16）、步骤（17）、步骤（18），绘制曲线二、曲线三、曲线四，如图5-4-19。

（20）完成曲线1~曲线4后。前视图，使用左边工具栏【分割】功能🔩，将翅膀曲线分割成上、下2段，如图5-4-20。

（21）完成横、竖2个方向的曲线（方向一：竖方向；方向二：横方向），如图5-4-21。

（22）左边工具栏，选择建立曲面工具组当中的 🔧【从网线建立曲面】工具，准备选取方向一各曲线。在参数指令栏中，选取网线中曲线，点选不自动排序，依次选取方向一中

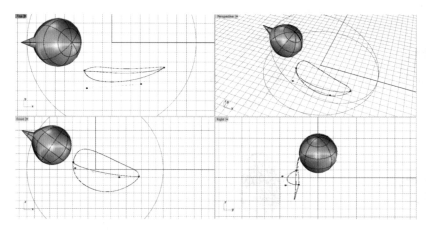

图5-4-18

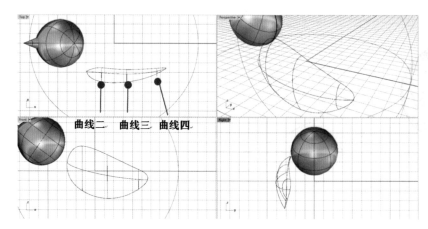

图5-4-19

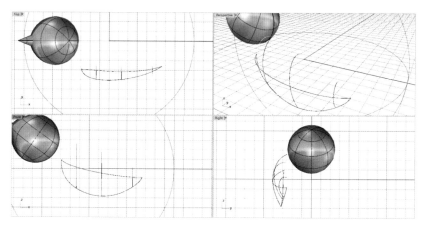

图5-4-20

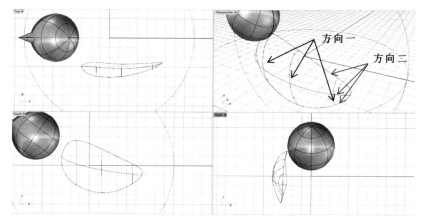

图5-4-21

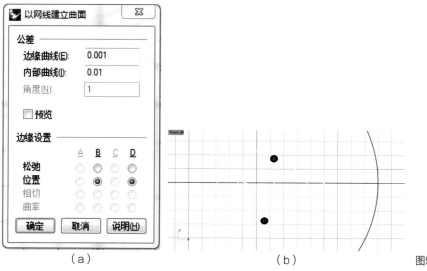

（a） （b） 图5-4-22

的3条曲线，回车确认。继续依次选择方向二的各条曲线，回车确定。

（23）以网线建立曲面对话框弹出选择位置B\D确定，如图5-4-22。

（24）完成翅膀多重曲面建立，如图5-4-23。

（25）点选左边工具栏【建立曲面】 ⧉ 扩展列中的【放样】功能 ⧉，根据参数指令栏点选要放样的曲线，如图5-4-24、图5-4-25。

（26）使用【组合】功能 ⧉，将2个多重曲面组合成实体，如图5-4-26。

（27）在标签栏中选择【隐藏物件】功能 ⧉ 将翅膀实体隐藏，显示出翅膀轮廓线。继续绘制翅膀上的细节装饰部分。使用左侧工具栏【控制点曲线】功能 ⧉，如图5-4-27，绘制出2条曲线（绘制时，在状态栏勾选"平面模式"和物件锁定—"最近点"）。

（28）展示隐藏物件。使用同步骤（16）、步骤（17）中的投影曲线方法，将步骤（27）中的曲线投影到翅膀多重曲面上，如图5-4-28。

（29）使用【建立实体】 ⧉ 扩展列中的【圆管（圆头盖）】功能 ⧉，于参数指令栏中输入起点直径数值为0.5，输入终点直径数值为0.7，确认生成，如图5-4-29。

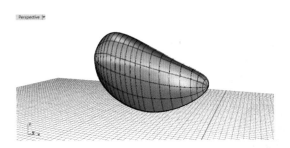

图5-4-23

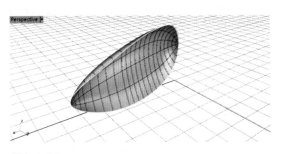

图5-4-24

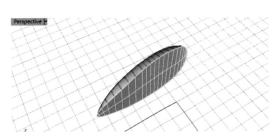

图5-4-25

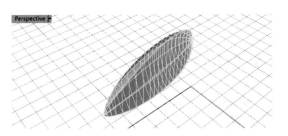

图5-4-26

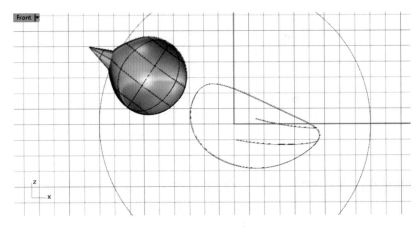

图5-4-27

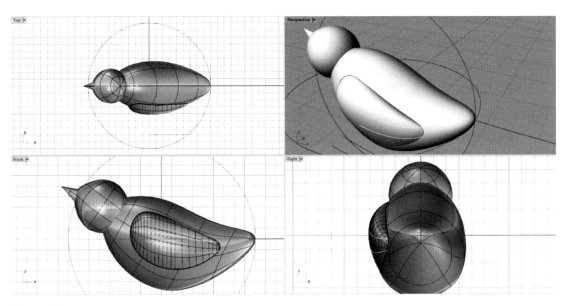

图5-4-28

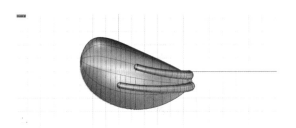

图5-4-29

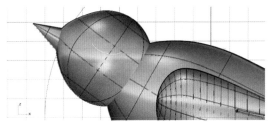

图5-4-30

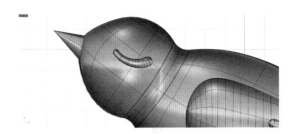

图5-4-31

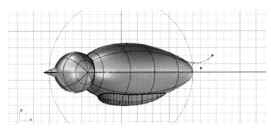

图5-4-32

（30）使用左侧工具栏【控制点曲线】功能，绘制1条曲线，并使用【投影曲线】功能至头部球体，如图5-4-30。

（31）使用【建立实体】扩展列中的【圆管（圆头盖）】功能，于参数指令栏中输入起点直径数值为0.3，输入终点直径数值为

0.5，完成眼部制作，如图5-4-31。

（32）绘制尾部。先将眼部、翅膀曲线，使用标签栏中【隐藏物件】功能隐藏。在顶视图工作视窗中，点击左侧工具栏【控制点曲线】，绘出尾部的轮廓曲线，如图5-4-32。

（33）使用左侧工具栏【变动】⚐扩展列中的【镜像】功能⚖，于参数指令栏中设置为X轴镜像，如图5-4-33。

（34）切换至立体图，使用左侧工具栏【椭圆】◉扩展列中的【椭圆：直径】功能◔，勾选状态栏中-"最近点"，连接步骤（22）中的尾部曲线端点，接着连接尾部另1条曲线的端点，完成椭圆曲线的第1直径，继续完成椭圆第2直径的绘制，如图5-4-34、图5-4-35。

（35）绘制尾部的轮廓线，参考步骤

（34），如图5-4-36，绘制出另一端的椭圆形。

（36）切换至右视图，使用左边工具栏【分割】功能⚐，将2个椭圆形分割成上、下2段，如图5-4-37。

（37）参考步骤（22）、步骤（23），使用【从网线建立曲面】功能◔建立曲面，建立上、下2个曲面，使用【组合】功能🐾，将其组合成1个多重曲面，如图5-4-38。

（38）使用左侧工具栏【实体工具】🔵扩展列中的【将平面洞加盖】功能◔，将步骤（37）中的多重曲面加盖，如图5-4-39。

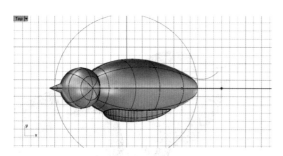

图5-4-33

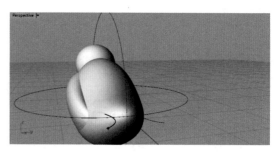

图5-4-34

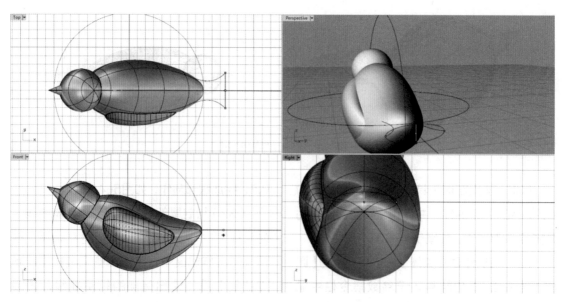

图5-4-35

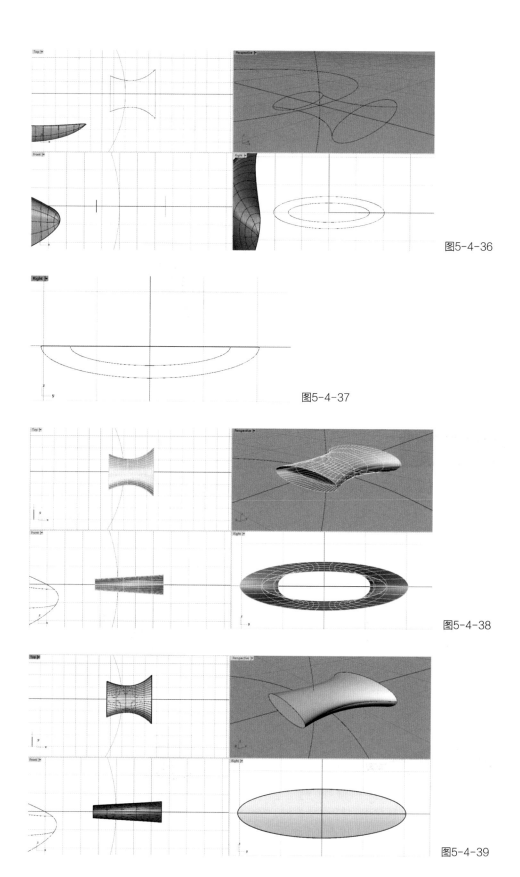

图5-4-36

图5-4-37

图5-4-38

图5-4-39

（39）使用左侧工具栏【实体工具】🔩扩展列中的【不等距边缘圆角】功能⬢，在指令栏输入圆角半径数值为0.02，按提示连续回车完成，如图5-4-40。

（40）至此，已完成小鸟基础造型制作。接下来，依次调整各部件的形态细节，如图5-4-41。

（41）使用左侧工具栏【变动】⬌扩展列中的【镜像】功能⚖，在顶视图以X轴为轴线进行镜像，如图5-4-42。

（42）切换至前视图，使用左侧工具栏【2D旋转】功能▱，调整尾部角度，如图5-4-43。

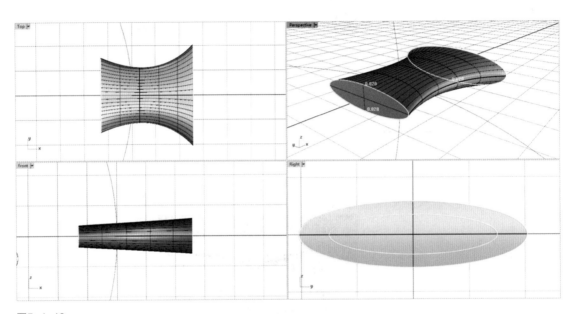

图5-4-40

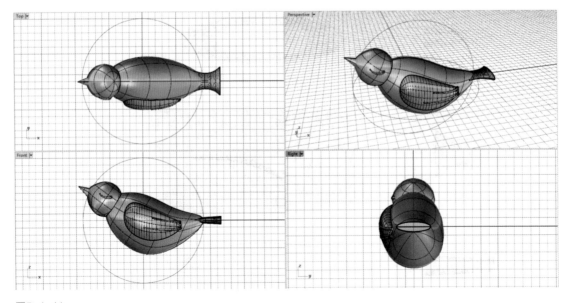

图5-4-41

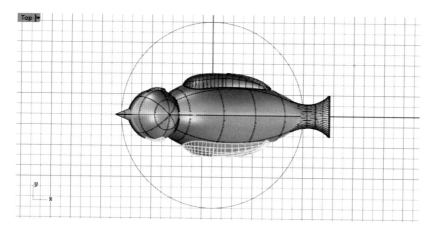

图5-4-42

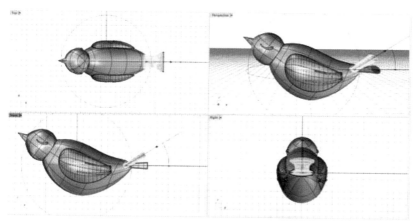

图5-4-43

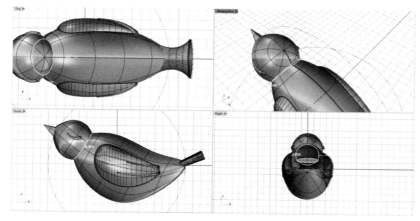

图5-4-44

（43）使用左侧工具栏【布尔运算联集】功能 ⬤ 将头部与身体连接；使用【实体工具】⬤ 扩展列中的【不等距边缘圆角】功能 ⬤，在指令栏输入圆角半径数值为1，按提示回车完成，如图5-4-44。

（44）正视图，将头部、躯干、尾部使用【组合】功能 ⬤，将3个

多重曲面组合成1个实体，使用左侧工作栏【建立实体】 ▣ 扩展列中的
【圆柱体】功能 ▣ ，绘制1个直径为4mm的圆柱体并贯穿躯干，如图
5-4-45。

　　（45）使用左边工具栏【实体工具】 ▣ 扩展列中的【布尔运算差集】
功能 ▣ ，选取要减去其他物件的多重曲面：小鸟实体。选取要减去其
他物件的多重曲面：圆柱体，回车完成；使用【实体编辑】 ▣ 扩展列
中的【不等距边缘圆角】功能 ▣ ，在指令栏输入圆角半径数值为0.02，
如图5-4-46。

　　（46）最终，完成小鸟造型建模完成，如图5-4-47。

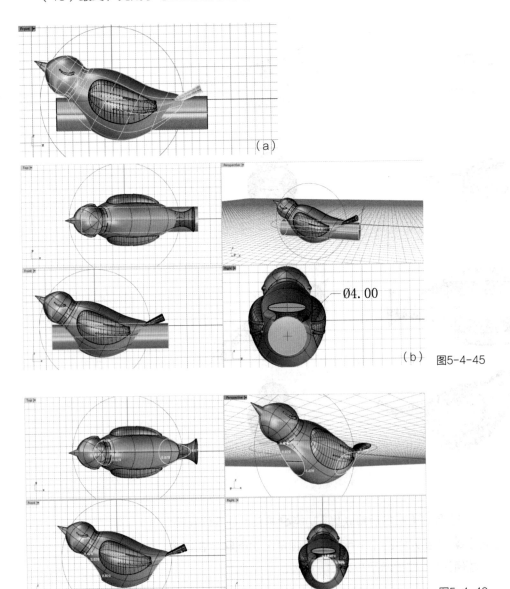

（a）

（b）　图5-4-45

图5-4-46

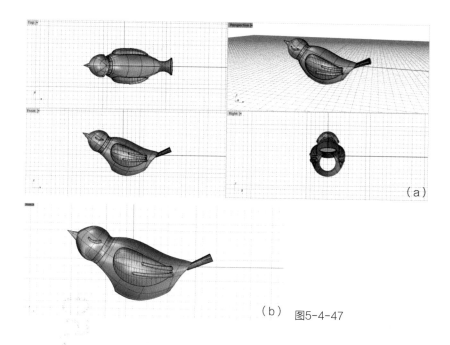

（a）

（b） 图5-4-47

第五节　卷草手镯

项目背景： 客订一款卷草纹包镶G925手镯，已提供该款式手镯的卷草纹样图式，手镯尺寸为55mm×45mm，中部包镶有1颗10mm×7mm×4mm椭圆形蛋面宝石，要求镯型为闭口结构。

工艺要求： 手镯在3D打印和浇铸过程中需分为上、下2个分件，金属实物上、下2分件，将金属轴穿过铰筒后焊接封闭，完成轴部制作。

建模思路： 单轨扫掠建出手镯基本形；分割手镯为上、下2个分件；绘制卷草纹样轮廓线，双轨扫掠制作卷草纹实体；布尔运算减出手镯顶部纹样区域；沿曲面流动将卷草纹实体流转至顶部。布尔运算制作铰筒和鸭利箱位。

关键功能命令： 缩回已修剪曲面、沿曲面流动。

视频5.5
卷草手镯

（1）打开"大模型–毫米"场景文件，在前视图中，使用左侧工具栏中【椭圆：从中心点】功能 ⊕，于参数指令栏中输入"椭圆中心点"数值为"0"定位于坐标原点，"第一轴终点"输入数值"27.5"，按住shift键开启正交功能，使第一轴终点方向位于横轴方向上，如图5-5-1。

（2）于参数指令栏中输入"第二轴终点"数值为"22.5"，按住shift键开启正交功能，使第二轴终点方向位于竖轴方向上，绘制出椭圆曲线，如图5-5-2。

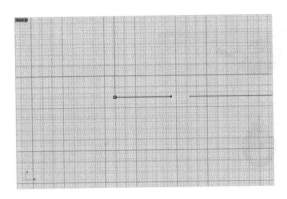

图5-5-1

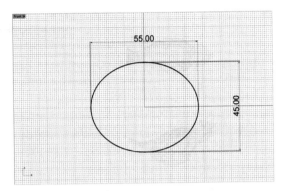

图5-5-2

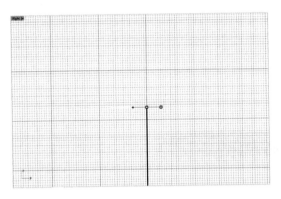

图5-5-3

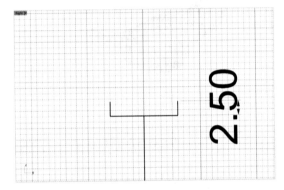

图5-5-4

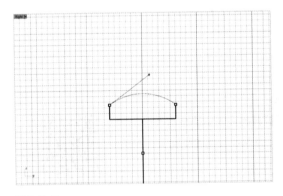

图5-5-5

（3）切换至右视图，使用左侧工具栏中【直线】 ∧扩展列内的【直线：从中点】功能 ⁄ ，"直线中点"捕捉至步骤（2）绘制的椭圆曲线上部四分点位置，于参数指令栏中输入"直线终点"数值为"6"，按住shift键打开正交功能，使直线方向与横轴平行，回车绘制出该直线，如图5-5-3。

（4）使用左侧工具栏中【多重直线】功能 ∧，如图5-5-4，于步骤（3）绘制的直线左右两端为直线起点，于参数指令栏中属于"多重直线下一点"数值为"2.5"，按住shift键开启正交，使直线方向向上，如图绘制出2条直线。

（5）使用左侧工具栏中【圆弧】 ⌐扩展列内的【圆弧：起点、终点、起点方向】功能 ⌐，起点和终点分别为步骤（4）绘制的2条线的上端点，拖出圆弧弧度，如图5-5-5。

（6）如图5-5-6选取4条曲线，使用左侧工具栏中的【组合】功能 ⌐，将4条曲线组合为1条封闭曲线**有 4 条曲线组合为 1 条封闭的曲线**。

（7）切换至前视图，选取步骤（6）得到的断面曲面，使用操作轴的旋转功能，使其顺时针旋转90°，如图5-5-7。

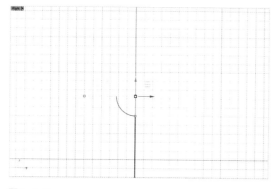

图5-5-6

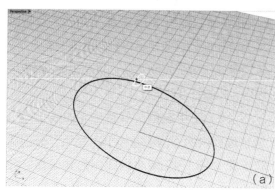

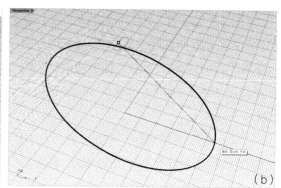

图5-5-7

图5-5-8

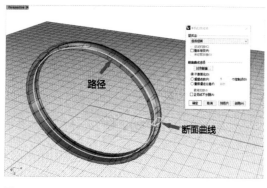

图5-5-9

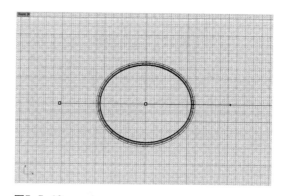

图5-5-10

（8）选取断面曲线，使用左侧工具栏中的【移动】功能 ✦，移动起点定位置断面曲线中点处，移动终点定位于椭圆曲线右侧四分点处，如图5-5-8。

（9）使用左侧工具栏中【建立曲面】 ✦ 扩展列内的【单轨扫掠】功能 ✦，以椭圆曲线为路径，选取断面曲线，生成手镯基础型，

如图5-5-9。

（10）切换至前视图，使用左侧工具栏【直线】 ✦ 扩展列内的【直线：从中点】功能 ✦，中点设定于坐标原点位置，按住shift键控制直线方向与横轴方向重合，并使直线长于椭圆曲线横轴，如图5-5-10。

（11）使用左侧工具栏中【分割】功能

，选取手镯基本型物件作为"要分割的物件"，选取步骤（10）绘制的直线作为"切割用的物件"，使手镯基本型被分为上、下2个分件 **有 1 个多重曲面被分割为 2 个部分**，完成分割后删除直线，如图5-5-11。

（12）切换至立体图，选取下半部分手镯件，使用操作轴移动功能，输入数值，将其前移20个单位距离，方便分别建模，如图5-5-12。

（13）使用左侧工具栏中【实体工具】扩展列内的【将平面洞加盖】功能，分别对上下2个手镯分件进行加盖，使其成为封闭的多重曲面 **已经将 2 个缺口加盖，得到 1 个封闭的多重曲面**，如图5-5-13。

（14）选取上半部分手镯分件，使用左侧工具栏中的【炸开】功能，将该封闭的多重曲面炸开并得到6个单独的曲面 **已将 1 个多重曲面炸开成 6 个曲面**，如图5-5-14。

（15）选取炸开后的上表面曲面，使用左侧工具栏中【曲面工具】扩展列内的【压平】功能，得到压平曲面，作为后期流动的基准曲面，如图5-5-15。

（16）切换至顶视图，当前图层切换至红色"图层01" **图层 01**，使用左侧工具栏中【从曲面建立曲线】扩展列内的【复制边缘】功能，选取压平得到的基准曲面上下2条边缘线作为被复制对象，复制出新的2条边缘线，如图5-5-16。

（17）使用左侧工具栏中【曲线工具】扩展列内的【偏移曲线】功能，分别选取步骤（16）中2条边缘线作为要偏移的曲

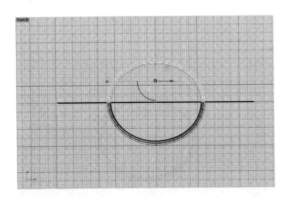

图5-5-11

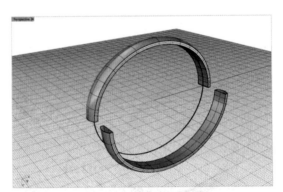

图5-5-12

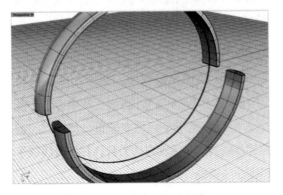

图5-5-13

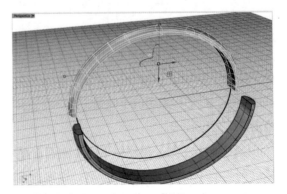

图5-5-14

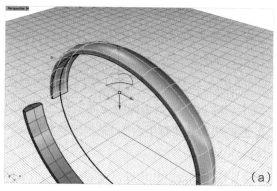
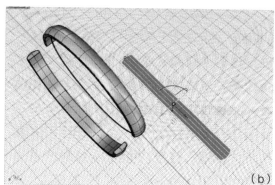

图5-5-15

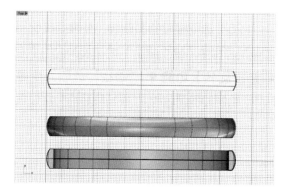

图5-5-16

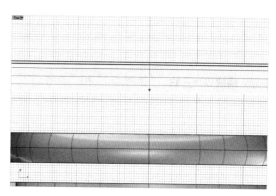

图5-5-17

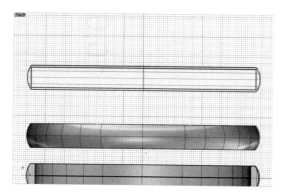

图5-5-18

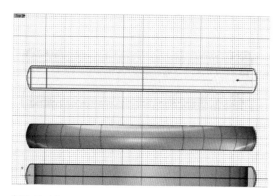

图5-5-19

线，设置偏移距离为"1"距离(D)=1，上边缘线向下偏移，下边缘线向上偏移各1mm，如图5-5-17。

（18）使用左侧工具栏中【控制点曲线】功能，分别连接步骤（17）中的2条曲线的左边上、下两个端点和右边上、下两个端点，如图5-5-18。

（19）使用【偏移曲线】功能，选取步骤（18）中的左、右2条线段作为要偏移的曲线，设置偏移距离为"8"距离(D)=8，该距离为后期制作鸭利箱留出空间，分别向矩形内部偏移8mm，如图5-5-19。

（20）选取步骤（17）、（18）、（19）得到的曲线，使用左侧工具栏中【修剪】功能🔪，进行修剪得到部分曲线，并使用【组合】功能🧩，使该4条曲线组合为1条封闭曲线**有 4 条曲线组合为 1 条封闭的曲线**，如图5-5-20。

（21）使用左侧工具栏中【椭圆】⊙扩展列内的【椭圆：直径】功能⬭，绘制1个长轴直径为"10"，短轴直径为"7"的椭圆，并拖放到基准曲面中间位置，如图5-5-21。

（22）导入1个椭圆蛋面宝石模型，使用左侧工具栏中【变动】⤢扩展列内的【两点定位】功能◆，于参数指令栏中设置为三轴缩放**缩放(S)=三轴**，"参考点1"和"参考点2"定位于导入的宝石模型上顶点和下顶点，"目标点1"和"目标点2"定位于步骤（21）绘制的椭圆曲线上顶点和下顶点，完成宝石缩放定位，如图5-5-22。

（23）切换至前视图，使用【控制点曲线】功能↣，绘制出椭圆蛋面宝石的包镶口断面曲线，并将其组合为1条封闭的曲线，如图5-5-23。

（24）切换至顶视图，选取步骤（23）绘制的镶口断面曲线，利用操作轴Y轴移动拖放至位置，如图5-5-24。

（25）选取镶口断面曲线，右键点击使用左侧工具栏中【建立曲面】⬝拓展列内的【沿着路径旋转】功能🧴，"路径"选取为步骤（21）绘制的椭圆曲线，"旋转轴起点"定位置

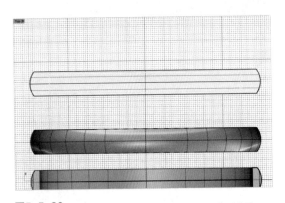

图5-5-20

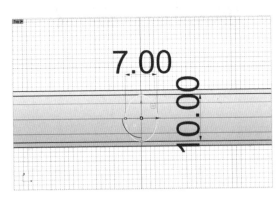

图5-5-21

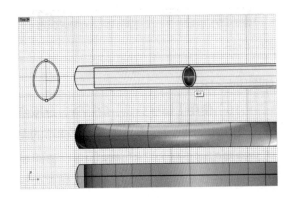

图5-5-22

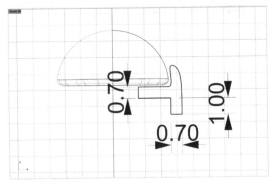

图5-5-23

宝石的中心点处，确定"旋转轴终点"时切换至前视图，按住shift键打开正交功能，使旋转轴方向向上，生成包镶镶口，如图5-5-25。

（26）切换至顶视图，使用"配置"标签**工作视窗配置**下的【背景图】功能🖼，导入手镯

纹样图片，如图5-5-26。

（27）使用【背景图】🖼扩展列内的【对齐背景图】功能🖼，参考点选取纹样图的上下宽度，工作平面内的目标点选取为矩形上下线段的垂点，如图5-5-27。

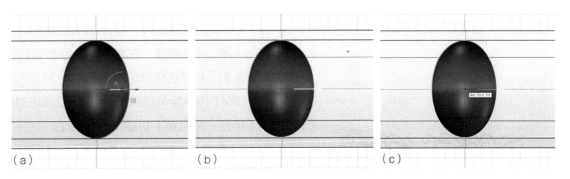

（a） （b） （c）

图5-5-24

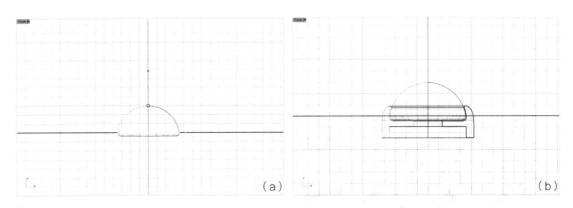

（a） （b）

图5-5-25

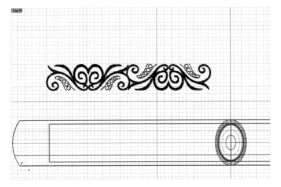

图5-5-26

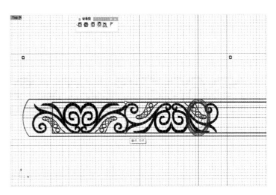

图5-5-27

（28）使用【背景图】📷扩展列内的【移动背景图】功能📷，如图5-5-28，调整纹样图位置。

（29）当前图层切换为紫色"图层02" ▉图层 02，使用【控制点曲线】功能⌗，如图5-5-29，勾勒出纹样的2条边缘曲线，作为后续双轨扫掠成形的路径。只需绘制红框范围内的纹样即可，绘制的曲线稍微超出红框范围。

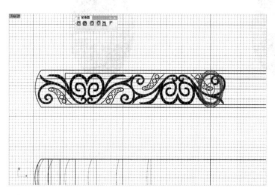

图5-5-28

（a）

（30）使用【背景图】📷扩展列内的【隐藏背景图】功能⌐，暂时隐藏背景图，选取步骤（29）绘制的纹样路径曲线，快捷键F10打开其控制点，通过对曲线控制点进行调点，使纹样路径曲线更加优美合理，如图5-5-30。

（31）调整路径曲线，注意上下边缘的位置，都应略超红框之外，确保纹样生成实体后能与手镯边缘相连接，注意纹样之间结构位也要相连接，确保结构稳定，如图5-5-31。

（32）切换至前视图，使用左侧工具栏中的【矩形：角对角】功能▭，快捷键F9打开锁定格点功能，绘制1个4mm×2mm矩形，如图5-5-32。

（33）选取步骤（32）中的矩形曲线，使用"炸开"功能，将其炸开为4条曲线，并选取上面的长线删除。再使用左侧工具栏中【圆弧】▷扩展列内的【圆弧：起点、终点、起点方向】功能⌐，绘出1条弧线，如图5-5-33。

（34）使用【组合】功能🔗，将该4条曲线组合为1条封闭的曲线，再使用左侧工具中【曲线工具】⌐扩展列内的【全部圆角】功能⌐，于参数指令栏中设置"圆角半径"数值为"0.3"，得到的曲线作为后续使用的断面曲线，如图5-5-34。

（b）

图5-5-29

图5-5-30

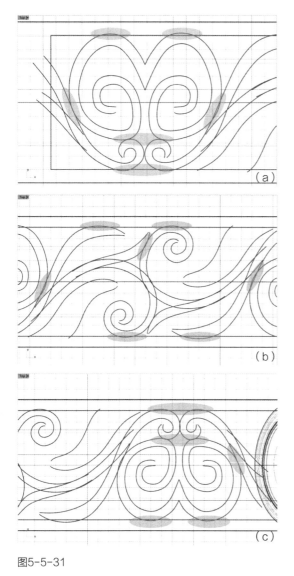

图5-5-31

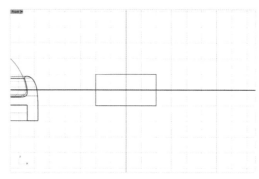

图5-5-32

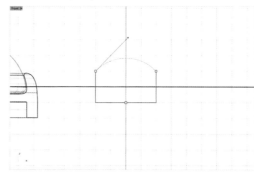

图5-5-33

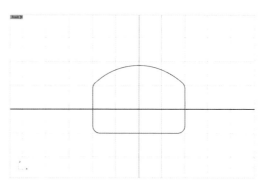

图5-5-34

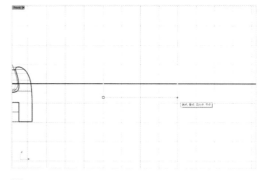

图5-5-35

（35）选取该断面曲线，使用左侧工具栏中【变动】扩展列内的【两点定位】功能，"参考点1"和"参考点2"如图5-5-35，捕捉至左右2处端点节点位置。

（36）切换至顶视图，于参数指令栏中设置为　复制(C)=是　缩放(S)=三轴，定位到路径的起始端共3个位置上（1号位、2号位、3号位），保证路径起点处和路径终点处各定位有1个断面曲线，路径宽度变化开始出也定位1个断面曲线，如图5-5-36。

（37）切换至前视图，观察步骤（36）定位上去的3个断面曲线高度，特别是起点位置（1号）的断面曲线和路径宽度开始变化处的断面曲线（2号）的高度，若不同高，则将2号曲线高度利用操作轴上下缩放功能缩放至与起点处断面曲线（1号）同高的状态，如图5-5-37。

（38）切换至顶视图，打开界面下方的"记录构建历史"功能，**记录建构历史** 使用【建立曲面】扩展列内的【双轨扫掠】功能，选取2条曲线作为路径，如图5-5-38。

（39）选取起点、终点、宽度开始变化处3处的断面曲线，回车观察曲线接缝点出白色箭头方向是否一致，若不一致，可分别单击断面曲线段，保持方向一致，如图5-5-39。

（40）调整方向一致后，回车弹出双轨扫掠选项对话框，勾选"保持高度"，点击对话框内右下角的加入控制断面按钮，如图5-5-40。

（41）在这些UV线变形严重的地方加入控制断面，完成后点击对话框的确认按钮生成物件，如图5-5-41。

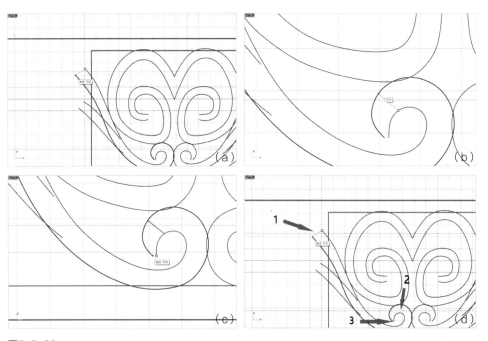

图5-5-36

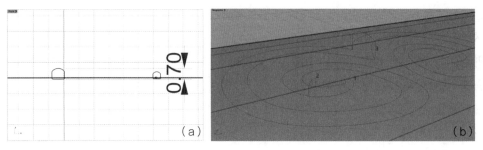

图5-5-37

图5-5-38

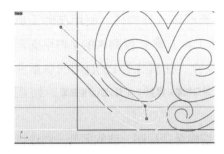

图5-5-39

图5-5-40

图5-5-41

（42）选取步骤（41）生成的物件，使用【炸开】功能 将其炸开后，选取所有物件曲面，快捷键 F10 或 命令打开其控制点，如图5-5-42。

（43）切换至立体图，选取终点位置上的1个控制点，切换至"选取"标签 选取 ，使用【选取点】 扩展列内的【选取V方向】功能 ，选取该控制点同一断面内的控制点。若使用"选取V方向"功能无法全部选中该断面控制点，则需调整角度，手动框选，如图5-5-43。

（44）按住shift键，使用操作轴三轴缩放功能，对终点断面处控制点进行整体缩小，如图5-5-44。

（45）选取该纹样物件，使用左侧工具栏中【实体工具】 扩展列内的【将平面洞加盖】功能 ，使其成为1个封闭的多重曲面 已经将 2 个缺口加盖，得到 1 个封闭的多重曲面 ，如图5-5-45。

（46）切换至顶视图，选取另外一对纹样路径作为双轨扫掠目标，使用【两点定位】功

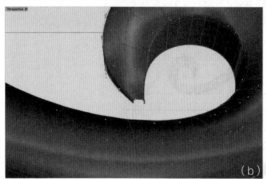

图5-5-42

图5-5-43

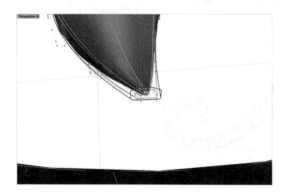

图5-5-44

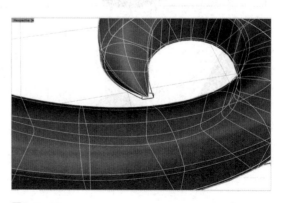

图5-5-45

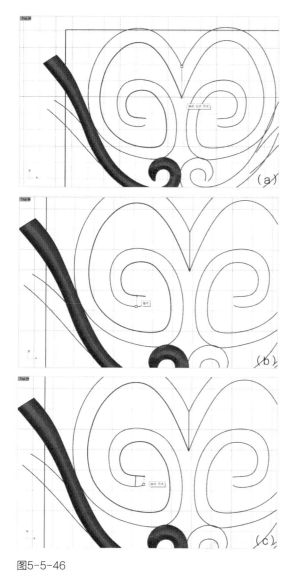

图5-5-46

图5-5-47

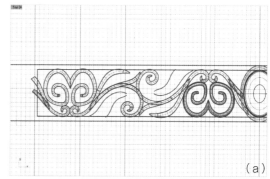

图5-5-48

能 ，将步骤（34）的断面曲线如图5-5-46定位至路径的起点、终点、宽度变化处3个位置。

（47）使用【双轨扫掠】功能 ，按照之前的方法成型如图纹样物件，并使用【将平面洞加盖】功能 使其成为1个封闭的多重曲面，如图5-5-47。

（48）使用同样方法，将其余路径纹样用【两点定位】功能 和【双轨扫掠】功能 生成纹样曲面物件，打开其控制点，调整收口处大小，再使用【将平面洞加盖】功能 ，使其成为封闭的多重曲面，依次制作其余纹样实体，如图5-5-48。

（49）制作钉镶镶口，具体可参考第三章

第七节，如图5-5-49。

（50）选取炸开后的上部手镯基本型物件，打开其控制点观察，控制点分布仍然是分割前的整体手镯物件的状态。关闭控制点，再次选取上部手镯基本型物件的所有曲面，使用【曲面工具】🔖扩展列内的【缩回已修剪曲面】功能▨，使其控制点按照上部手镯分件进行分布，如图5-5-50。

（51）切换至顶视图，选取红色矩形曲线，使用左侧工具栏中【沿曲面流动】功能📃，基准曲面为纹样所在的压平曲面，目标曲面为上部手镯分件的上表面，如图5-5-51。

（52）切换至右视图，将流动上去的曲线炸开，删除掉弧形的宽，使用【控制点曲线】功能🔾重新以直线连接，如图5-5-52。

（53）使用【建立曲面】扩展列内的【从网线建立曲面】功能🔾，通过该4条曲线建立出曲面，如图5-5-53。

（54）选取步骤（53）生成的曲面，使用【曲面工具】🔖扩展列内的【偏移曲面】功能🔾，于参数指令栏中设置偏移距离数值为"7"距离(D)=7，生成为实体实体(S)=是，同时往曲面两侧偏移两侧(B)=是，得到实体，如图5-5-54。

（55）选取上部手镯分件的上表面曲面，利用控制轴，按住Alt键单击绿轴，输入移动单位数值为"50"，即可复制移动出1个新曲面，如图5-5-55。

图5-5-49

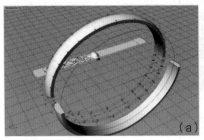
（a）

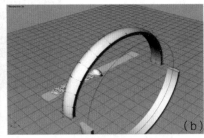
（b）　图5-5-50

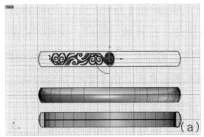
（a）

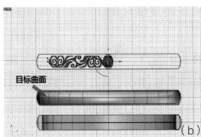
（b）　图5-5-51

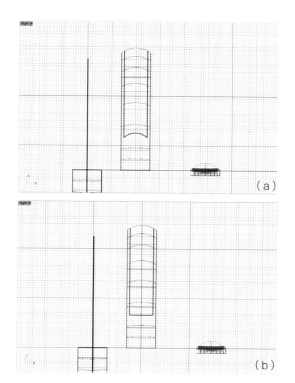

图5-5-52

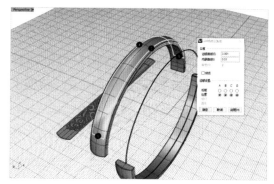

图5-5-53

（56）全选上部手镯分件的所有曲面，使用【组合】功能 将其组合为1个封闭的多重曲面实体，选取该多重曲面，使用【实体工具】扩展列内的【布尔运算差集】功能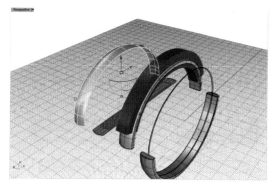，与步骤（54）中的实体相减，如图5-5-56。

图5-5-55

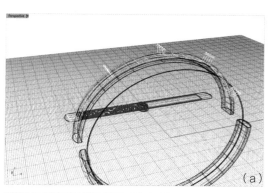

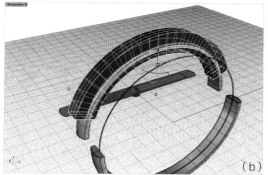

图5-5-54

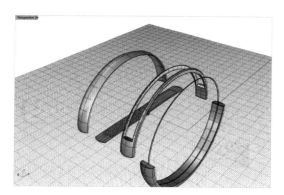

图5-5-56

（57）选取步骤（55）复制出来的曲面，前移回50个单位距离，如图5-5-57。

（58）切换至顶视图，选取已做好的纹样物件，使用【变动】扩展列内的【镜像】功能，得到对称纹样，如图5-5-58。

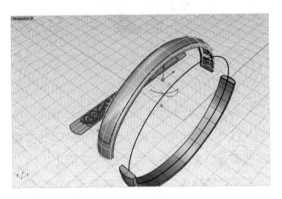

图5-5-57

图5-5-58

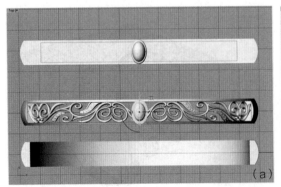

图5-5-60

（59）选取左右对称的纹样物，将纹样下移至基准曲面下方约0.5mm的位置，切换至立体图，使用【沿曲面流动】功能，目标曲面为步骤（57）移回的表面曲面，如图5-5-59。

（60）选取宝石和镶口，将其移动至手镯顶部中间位置，如图5-5-60。

（61）参考上半部纹样建模方法：①【双轨扫掠】功能制作纹样，②【沿曲面流动】功能将纹样物件流动至已掏空区域。完成下半部分手镯分件纹样制作，如图5-5-61。

（62）切换至前视图，制作手镯活动轴较筒。使用"圆"扩展列内的"圆：直径"功能，绘制1个"4mm"直径的圆，距离手镯内圈约0.5mm，如图5-5-62。

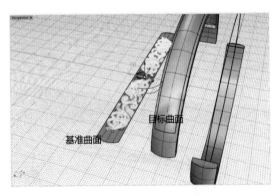

图5-5-59

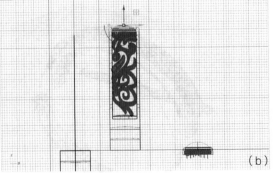

图5-5-61

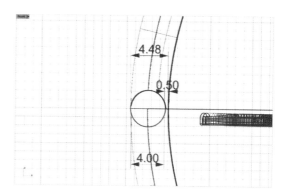

图5-5-62

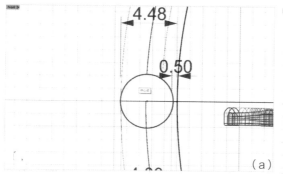

图5-5-63

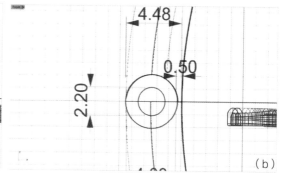

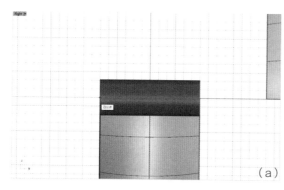

图5-5-64

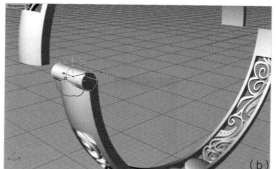

（63）使用【圆：中心点、半径】功能⊘，选取中心点时，打开物件锁点中勾选"中心点"，捕捉步骤（62）中的圆中心点，于参数指令栏中输入直径数值为"2.2"**直径 〈2.20〉**，如图5-5-63。

（64）选取直径4.2mm的圆曲线，使用【建立曲面】**◢**扩展列内的【直线挤出】功能**◪**，于参数指令栏中设置挤出物件为实体**实体(S)=是**，切换至右视图，挤出距离略宽于手镯，如图5-5-64。

（65）切换至右视图，将步骤（64）得到的圆柱物件原地复制1个，利用操作轴横向缩放固定数值"0.35"，如图5-5-65。

（66）将上半部手镯分件回移20个单位距离，如图5-5-66。

（67）原地复制步骤（64）的圆柱物件，选取上、下手镯分件，使用【实体工具】扩展列内的【布尔运算差集】功能，"要减去其他物件的多重曲面"选取为复制来的圆柱体物件，如图5-5-67。

（68）右视图内，左移步骤（65）的短圆柱物件与上手镯分件20个单位备用。步骤（64）中的长圆柱物件和步骤（65）的短圆柱物件进行【布尔运算差集】功能的使用，得到校位基本型，如图5-5-68。（为方便读者观察，步骤（68）至步骤（70）图示中，将手镯上下部分进行错位展示。）

（69）选取直径为2.2mm的圆曲线，使用【直线挤出】功能，挤出1段较长的圆柱体，如图5-5-69。

（70）使用【布尔运算差集】功能，选取3个圆柱体物件作为"被相减的物件"，选取步骤（69）中的长圆柱体作为"要减去的物件"，得到较筒物件。分别使用【布尔运算联集】功能，将上部手镯分件和中间较筒联集，将下部手镯分件和左右较筒联集，如图5-5-70。

（71）完成较筒制作后，隐藏紫色"图层02"的纹样物件，开始制作鸭利部件，如图5-5-71。

（72）切换至前视图，当前图层切换至蓝色"图层03" 图层 03 ，使用左侧工具栏中【矩形：角对角】功能，如图5-5-72，在轴线附件位置绘制1个3mm×3mm的矩形。

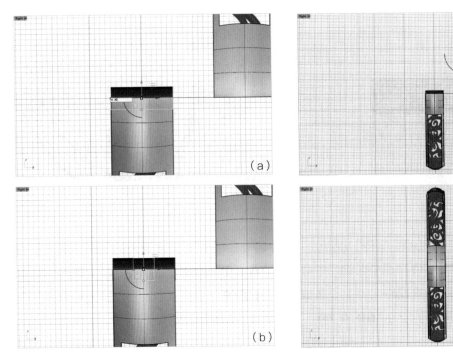

图5-5-65

图5-5-66

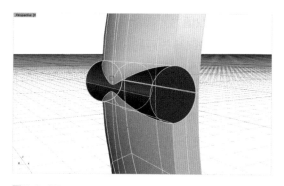

图5-5-67

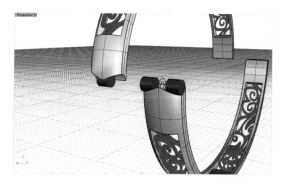

图5-5-68

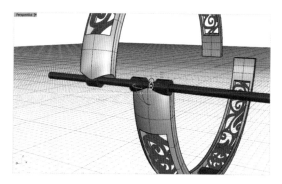

图5-5-69

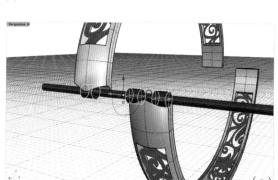

（a）

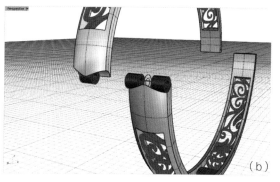

（b）

图5-5-70

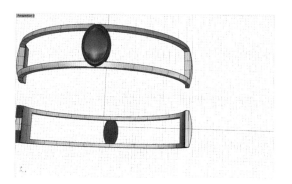

图5-5-71

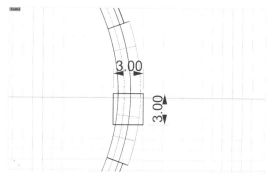

图5-5-72

（73）使用【控制点曲线】功能 ⬚，起点捕捉至步骤（72）矩形曲线的左下角顶点位置，曲线平行相切与半径线方向，如图5-5-73。

（74）选取下半手镯分件，使用左侧工具栏中的【分割】功能 ⬚，分割用的物件选取为步骤（73）中线段，使其分为2个多重曲面 *有 1 个多重曲面被分割为 2 个部分*，如图5-5-74。

（75）为方便后续操作，隐藏掉上半手镯分件。将分割出来的物件，原地复制（Ctrl+C、Ctrl+V）出1个新的物件，如图5-5-75。

（76）切换至顶视图，选取步骤（75）复制出来的物件，使用操作轴单轴缩放功能，输入竖轴缩放数值为"0.75"，如图5-5-76。

（77）选取缩放后的物件，使用操作轴移动功能，输入横向移动数值为"-0.7"，使其向左移动，如图5-5-77。

（78）切换至立体图，选取3个物件，使用【实体工具】⬤扩展列中的【将平面洞加盖】功能 ⬚，使3个物件都成为封闭的多重曲面 *已经将 3 个缺口加盖，得到 3 个封闭的多重曲面。*，如图5-5-78。

（79）使用【实体工具】⬤扩展列内的【布尔运算差集】功能 ⬤，进行相减运算，如图5-5-79。

（80）显示上半手镯分件，使用【控制点曲线】功能 ⬚，如图5-5-80，沿内壁绘出

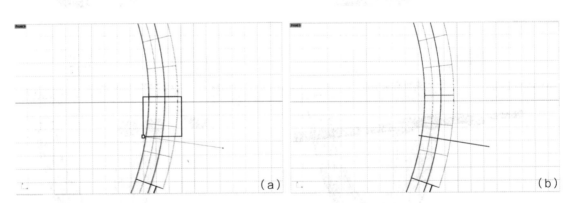

图5-5-73

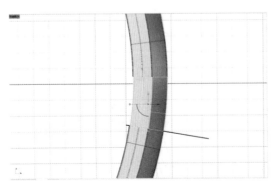

图5-5-74

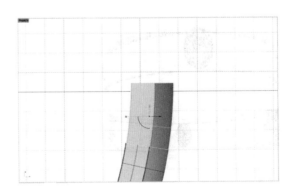

图5-5-75

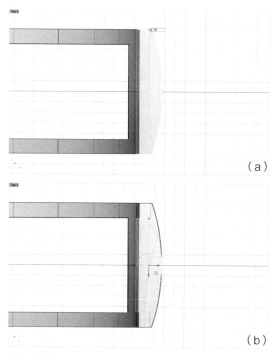

（a）

（b）

图5-5-76

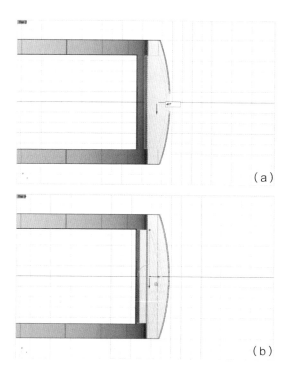

（a）

（b）

图5-5-77

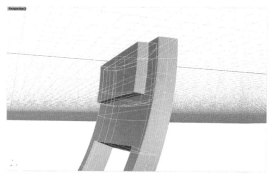

图5-5-78

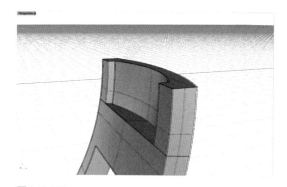

图5-5-79

1条参考曲线。

（81）选取步骤（81）中的线段，使用左侧工具栏中【曲线工具】 ⌒ 扩展列内的【偏移曲线】功能 ⌒ ，于参数指令栏中输入偏移距离数值为"0.7"，向外偏移，如图5-5-81。

（82）选取分割出来的物件，使用操作轴的旋转和移动功能进行调整，调整至如图5-5-82位置和角度。

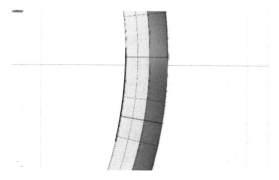

图5-5-80

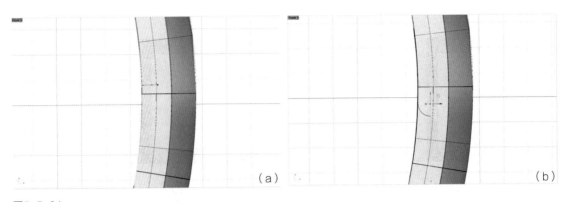

图5-5-81

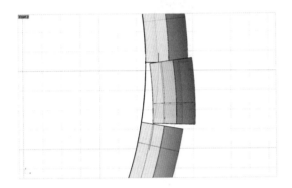

图5-5-82

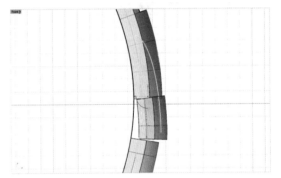

图5-5-83

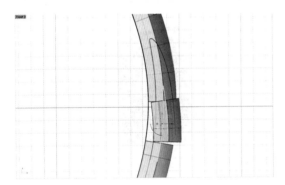

图5-5-84

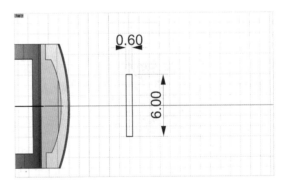

图5-5-85

（83）删除步骤（80）、步骤（81）中生成的2条参考线段，使用【控制点曲线】功能，如图5-5-83绘制轮廓线。

（84）选取步骤（83）绘制的轮廓线，使用【曲线工具】扩展列内的【偏移曲线】功能，于参数指令栏中设置偏移距离数值为"0.6"，向内偏移，如图5-5-84。

（85）切换至顶视图，使用【矩形：角对角】功能，绘制出1个0.6mm×6mm的矩形曲线，如图5-5-85。

（86）由于步骤（85）中的矩形曲线为一阶曲线，作为断面曲线成型后，物件无法打开控制点。故以此矩形曲线为参考线，使用【控制点曲线】功能，捕捉其特征角点、中点、绘制出1个同样长宽的三阶矩形曲线，完成后删除参考用矩形曲线，如图5-5-86。

（87）切换至立体图，选取矩形曲线，使用【变动】♣扩展列内的【两点定位】功能◈，于参数指令栏中设置为"复制=是"和"缩放=三轴"，参考点1和参考点2分别选取到矩形长边的中点位置，如图5-5-87。

（88）目标点分别如图定位置内、外轮廓线的2个端点位置出，完成断面曲线的定位，如图5-5-88。

（89）使用【建立曲面】扩展列内的【双轨扫掠】功能，选取内、外轮廓线为路径，步骤（88）定位上去的2个矩形曲线为断面曲线，勾选"保持高度"，生成物件，如图5-5-89。

（90）观察弹片和其他物件的位置是否合理，如图5-5-90。

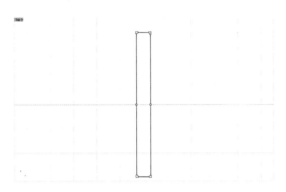

图5-5-86

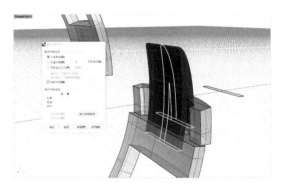

图5-5-87

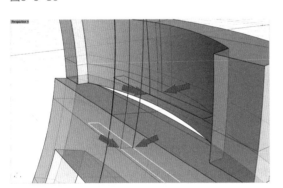

图5-5-88

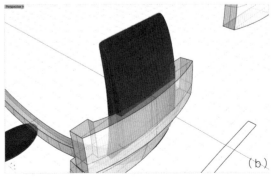

图5-5-89

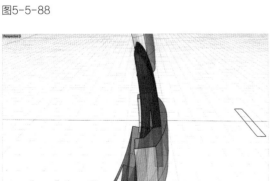

（a）

（b）

图5-5-90

（91）切换至右视图，F10打开弹片曲面控制点，通过操作轴的缩放功能，对控制点进行两两对应的缩放，得到1个收口状态的鸭梨部件。完成调整后F11关闭控制点，并使用【将平面洞加盖】功能，使其成为一个封闭的多重曲面，如图5-5-91。

（92）切换至前视图，使用【控制点曲线】功能，如图5-5-92，绘制1条曲线。

（93）切换至顶视图，使用【矩形：角对角】功能，如图5-5-93绘制出1个0.7mm×8.5mm的矩形曲线。

（94）切换回立体图，使用左侧工具栏中的【移动】功能，基准点定位于步骤（93）绘制矩形的左长边中点位置，目标点定位于步骤（92）绘制的曲线上端点位置，如图5-5-94。

（95）使用【建立曲面】扩展列内的【单轨扫略】功能，以步骤（92）中的曲线为路径，步骤（94）中的矩形曲线为断面曲线，生成物件，如图5-5-95。

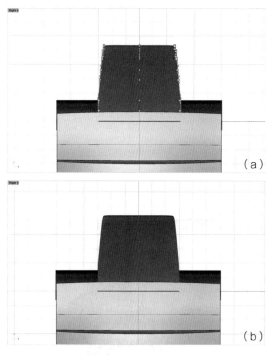

图5-5-91

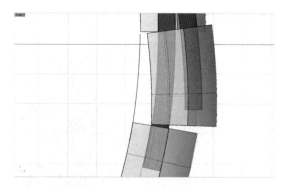

图5-5-92

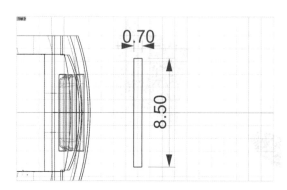

图5-5-93

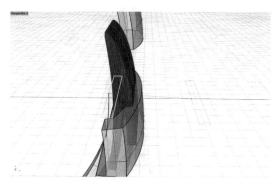

图5-5-94

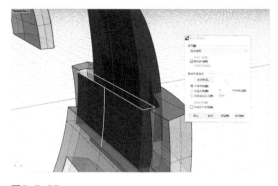

图5-5-95

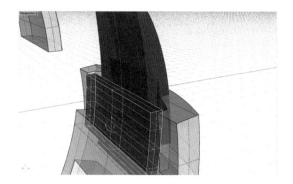

图5-5-96

图5-5-97

图5-5-98

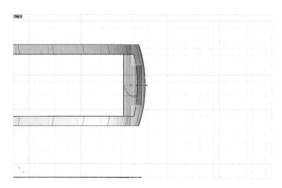

图5-5-99

（96）使用【实体工具】🔵扩展列内的【将平面洞加盖】功能🔩，对步骤（95）得到的曲面进行加盖封闭，如图5-5-96。

（97）切换至前视图，当前图层切换至绿色"图层04"，使用【控制点曲线】功能🖊，如图5-5-97，绘制出减缺物件的轮廓曲线，

完成绘制后使用【组合】功能🐾将其组合为1条封闭的曲线。

（98）选取步骤（97）中的曲线，使用【建立实体】🧊扩展列内的【挤出封闭的平面曲线】功能🔩，于参数指令栏中设置为"两侧=是、实体=是"，输入挤出长度数值为"3"，生成减缺物件，如图5-5-98。

（99）切换至顶视图，将步骤（98）中的减缺物件使用操作轴移动功能，上移20个单位，如图5-5-99。

（100）切换至立体图，使用【布尔运算差集】功能🔵，对上半手镯分件与减缺物件相减，如图5-5-100。

（101）将纹样和宝石图层显示，得到最终的模型效果，如图5-5-101。

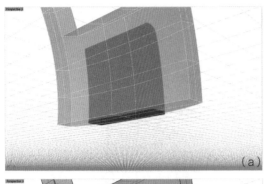

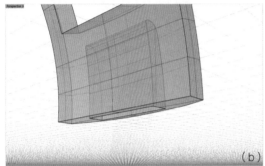

图5-5-100

图5-5-101

第六节　宝石项链

项目背景： 客户需要定制一款满镶宝石项链，已提供该款式的手绘设计图稿，其中由1颗水滴形刻面红宝石和1颗圆形刻面红宝石作为主石，搭配多颗圆形、水滴形、马眼形钻石作为配石。

工艺要求： 该项链宝石琢型较多，需对应设计相应镶口。项链为模块可活动结构，需要对各模块分别制作底托，后期对各模块使用锁扣相连接。项链末端链扣位置处可不用建模，后期制作实物的时候通过点焊将链扣部件焊接上去。

建模思路： 根据手绘图稿对项链中各单独形态分别进行分图层描线，根据不同尺寸宝石形态分别制作一个包括宝石、宝石镶口、镶爪的基本模型，再分别通过定位至描线对应位置，再将分好活动结构的模块区域分别制作一个边缘底托部件，与其范围内宝石底托进行连接。

关键功能命令： 图层使用、描线、旋转成型、两点定位、单轨扫掠。

视频5.6
宝石项链

（1）打开"大模型-毫米"犀牛场景文件，切换至前视图工作视窗。将当前标签从"标准"标签切换至"工作视窗配置"标签**工作视窗配置**，使用该标签栏下的【背景图】功能，将项链手绘图文件作为背景图导入至前视图内，如图5-6-1、图5-6-2。

（2）使用左侧工具栏中【圆：中心点、半径】功能，"圆心"设置于坐标轴原点"O"，"直径"数值设置为"8"，如图5-6-3绘制出圆曲线。

（3）使用【背景图】扩展列内的【对齐背景图】功能，如图5-6-4选取项链中间的圆形刻面宝石作为参考，选取该宝石最左和最右两点作为"位图上的基准点和参考点"。

（4）"工作平面上的基准点和参考点"定位至步骤（3）绘制的8mm直径的圆曲线左右2个端点位置，完成背景图的定位与尺寸缩放，如图5-6-5。

（5）新建1个新图层，重命名该图层为"8×8圆形宝石"并修改该图层颜色为红色 **8*8圆形宝石** ，将步骤（3）绘

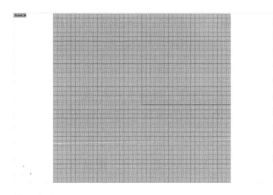

图5-6-1

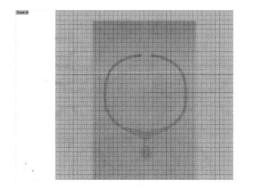

图5-6-2

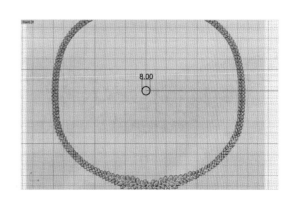

图5-6-3

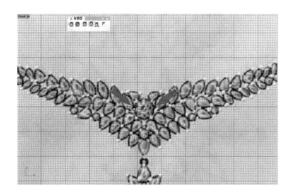

图5-6-4

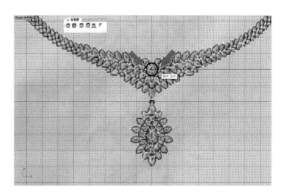

图5-6-5

制的8mm直径圆曲线放入该新图层中，如图5-6-6。

（6）当前图层切换至黑色"预设值"图层 **■预设值**，使用【控制点曲线】功能，按住shift键打开正交功能，如图5-6-7沿着背景图中主石梨形宝石中轴线绘制1条12mm直线。

（7）使用左侧工具栏中【直线】扩展列内的【直线：从中点】功能，如图5-6-8将中点定位于步骤（6）绘制的直线上，"直线终点"输入数值"4"，按住shift键打开正交功能绘制1条横向直线。

（8）新建1个新图层，重命名该图层为"12×8梨形宝石"并修改该图层颜色为橙色 12×8梨形宝石　♀　🔓　■，切换至该图层，使用【控制点曲线】功能绘制梨形宝石半边轮廓线，以纵、横2条直线为参考绘制。完成后选取半边轮廓线，使用【变动】扩展列内的【镜像】功能，Y轴镜像出另外半边轮廓线，使用【组合】功能将2条轮廓线组合，如图5-6-9。

（9）新建1个新图层，重命名该图层为"7×5梨形宝石"并修改该图层颜色为黄色 7×5梨形宝石　♀　🔓　■，切换至该图层，参考步骤（8）梨形宝石轮廓线绘制方法，如图5-6-10绘制出1个7×5的梨形宝石轮廓线。

（10）选取步骤（9）绘制的7×5梨形宝石轮廓线，使用【镜像】功能，向下镜像出1个新的，使用操作轴调整其位置至如图5-6-11下端另外1颗7×5梨形宝石上。

（11）新建1个新图层，重命名该图层为"6×4梨形宝石"并修改该图层颜色为绿色 6×4梨形宝石　♀　🔓　■，切换至该图层，

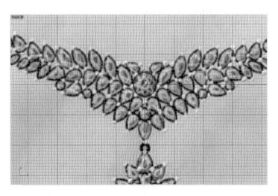

图5-6-6

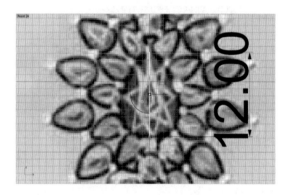

图5-6-7

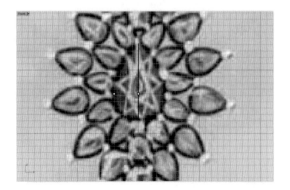

图5-6-8

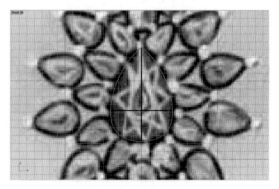

图5-6-9

图5-6-10

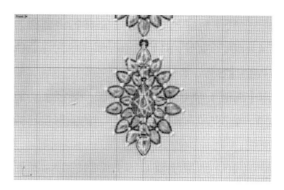

图5-6-11

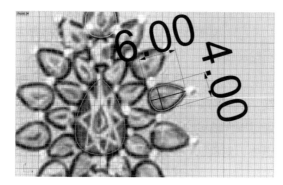

图5-6-12

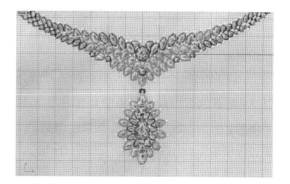

图5-6-13

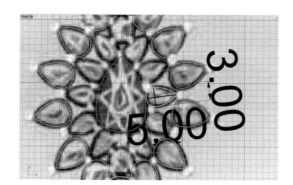

图5-6-14

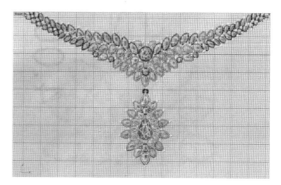

图5-6-15

参考同样方法绘制其轮廓线，如图5-6-12。

（12）选取步骤（11）绘制的6×4梨形宝石轮廓线，复制粘贴出新的同规格6×4梨形宝石轮廓线，再通过操作轴移动和旋转功能，调整到背景图项链中，对应6×4梨形宝石位置处，如图5-6-13。

（13）新建1个新图层，重命名该图层为"5×3梨形宝石"并修改该图层颜色为

浅蓝色 5×3梨形宝石 💡 🔒 ⬜ ，切换至该图层，参考同样方法绘制其轮廓线，如图5-6-14。

（14）选取步骤（13）绘制的5×3梨形宝石轮廓线，复制粘贴出新的同规格5×3梨形宝石轮廓线，再通过操作轴移动和旋转功能，调整到背景图项链中，对应5×3梨形宝石位置处，如图5-6-15。

（15）新建1个新图层，重命名该图层为"4×4圆形宝石"并修改该图层颜色为深蓝色 ![4*4圆形宝石]，切换至该图层，使用【画圆】扩展列内的【圆：直径】功能，如图5-6-16绘制1个4×4的圆形宝石轮廓线。

（16）选取步骤（15）绘制的4×4圆形宝石轮廓线，复制粘贴出新的同规格4×4圆形宝石轮廓线，再通过操作轴移动和旋转功能，调整到背景图项链中，对应4×4圆形宝石位置处，如图5-6-17。

（17）新建1个新图层，重命名该图层为"8×4椭圆宝石"并修改该图层颜色为紫色 ![8*4椭圆宝石]，切换至该图层，通过纵横轴绘制出其轮廓线，如图5-6-18。

（18）选取步骤（17）绘制的8×4椭圆宝石轮廓线，复制粘贴出相同规格8×4椭圆宝石轮廓线，再通过操作轴移动和旋转功能，调整到背景图项链中，对应8×4椭圆宝石位置处，如图5-6-19。

（19）新建1个新图层，重命名该图层为"3×3圆形宝石"并修改该图层颜色为粉色 ![3*3圆形宝石]，切换至该图层，使用【画圆】扩展列内的【圆：直径】功能，如图5-6-20绘制1个3×3的圆形宝石轮廓线。

（20）选取步骤（19）绘制的3×3圆曲线，复制粘贴出新的同规格3×3圆曲线，再通过操作轴移动和旋转功能，调整到背景图项链中，对应3×3圆形宝石位置处和圆形金属

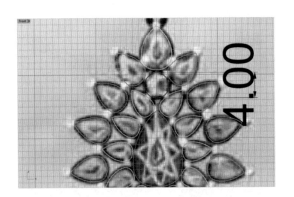

图5-6-16

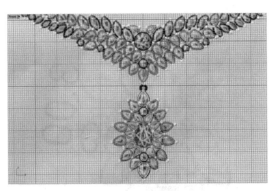

图5-6-17

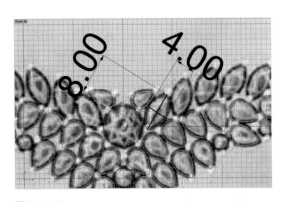

图5-6-18

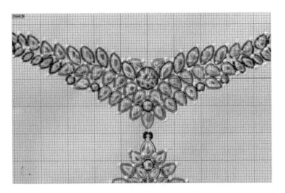

图5-6-19

件处，如图5-6-21。

（21）新建1个新图层，重命名该图层为"6×3椭圆宝石"并修改该图层颜色为灰色 ![6×3椭圆宝石 💡 🔓 ■]，切换至该图层，通过纵横轴绘制出其轮廓线，如图5-6-22。

（22）选取步骤（21）绘制的6×3椭圆

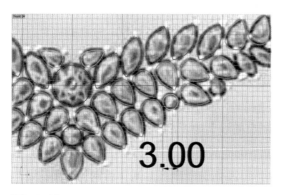

图5-6-20

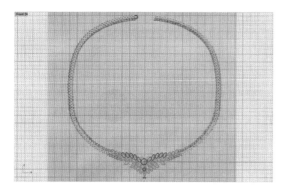

图5-6-21

宝石轮廓线，复制粘贴新的同规格6×3椭圆宝石轮廓线，再通过操作轴移动和旋转功能，调整到背景图项链中，对应6×3椭圆宝石位置处，如图5-6-23。

（23）新建1个新图层，重命名该图层为"5×2.5椭圆宝石"并修改该图层颜色为黑色 ![5×2.5椭圆宝石 💡 🔓 ■]，切换至该图层，通过纵横轴绘制出其轮廓线，如图5-6-24。

（24）选取步骤（23）绘制的5×2.5轮廓线，复制粘贴出新的同规格5×2.5轮廓线，再通过操作轴移动和旋转功能，调整到背景图项链中，对应5×2.5椭圆宝石位置处和椭圆金属部件处。最后得到整体宝石与部件线定

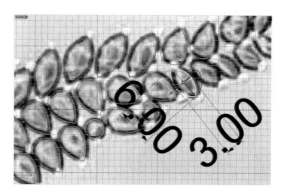

图5-6-22

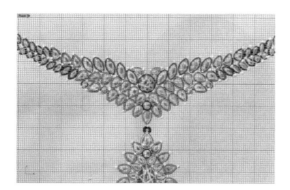

图5-6-23

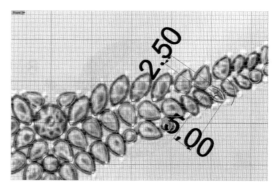

图5-6-24

位，如图5-6-25。

（25）左键点击【背景图】 扩展列内的【隐藏背景图】功能 ，隐藏前面新建的所有宝石图层，只显示出当前需要操作的红色"8×8圆形宝石"图层。导入1个圆形刻面宝石模型并将其放入该图层中，如图5-6-26。

（26）选取步骤（25）导入的圆形宝石

模型，使用【变动】 扩展列内的【两点定位】功能 ，参考点1和参考点2定位于如图*A*点和*B*点，捕捉*A*点和*B*点时最好切换至立体图工作视窗，找准宝石左右两端上腰部的端点上，如图5-6-27。

（27）于参数指令栏中设置"缩放=三轴" **目标点 1 〈 参考点 1〉**（ **复制(C)=否 缩放(S)=三轴**），目标点1和目标点2，分别捕捉至直径为8mm的圆曲线左右两个端点*a*点和*b*点上，完成宝石模型定位，如图5-6-28。

（28）切换至顶视图工作视窗，使用【控制点曲线】功能 ，如图5-6-29绘制出镶口物件的断面曲线，镶口宽度"4.5"，高度"1"。

（29）选取步骤（28）绘制的断面曲线，

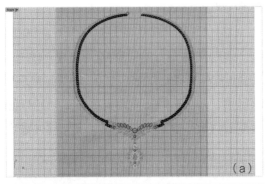

（a）

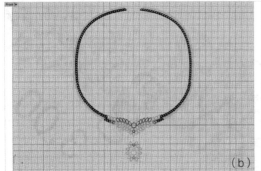

（b）

图5-6-25

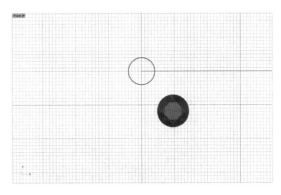

图5-6-26

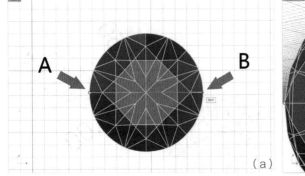

（a）

图5-6-27

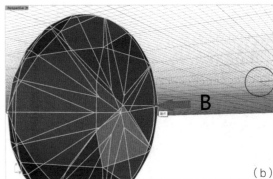

（b）

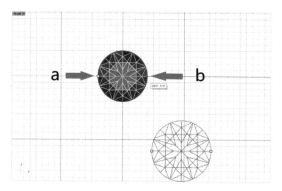

图5-6-28

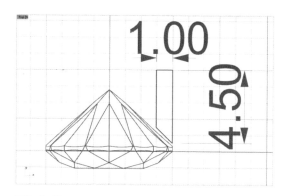

图5-6-29

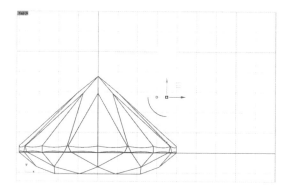

图5-6-30

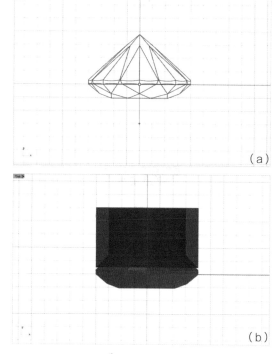

（a）

（b）

图5-6-31

使用【组合】功能🗲，将其组合为1条封闭的曲线 **有 4 条曲线组合为 1 条封闭的曲线**，如图5-6-30。

（30）选取断面曲线，使用【建立曲面】🗲扩展列内的【旋转成型】功能🗲，于参数指令栏中设置旋转轴起点为"0"坐标轴原点，旋转轴终点按住shift开启正交模式，方向为正交向下，旋转角度为"360"，完成镶口物件生成，如图5-6-31。

（31）使用【控制点曲线】功能🗲，确定起点时按F9开启"锁定格点"功能，确定完起点后再次按下F9关闭"锁定格点"，如图5-6-32绘制镶爪的断面曲线，并使用【组合】功能🗲将绘制好的断面曲线组合为1条曲线。

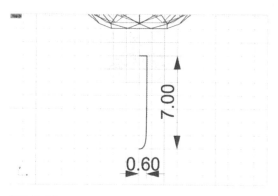

图5-6-32

（32）选取步骤（31）得到的断面曲线，使用【建立曲面】扩展列内的【旋转成型】功能，于参数指令栏中设置旋转轴起点为"0"坐标轴原点，旋转轴终点按住shift开启正交模式，方向为正交向下，旋转角度为"360"，完成镶爪物件生成，如图5-6-33。

（33）选取镶爪，切换至前视图工作视窗，利用操作轴平移功能，将其平移至左边如图5-6-34位置，稍微卡入宝石0.2mm距离。

（34）切换至顶视图工作视窗，选取镶爪，使用操作轴平移功能将其上移至镶爪底部与镶口底部同高的位置，如图5-6-35。

（35）切换至前视图工作视窗，选取镶爪，使用【变动】扩展列内的【镜像】功能，设置为Y轴镜像，得到右边镶爪，如图5-6-36。

（36）选取左右镶爪，复制粘贴出新的镶爪。在新镶爪一并选中的状态下，使用操作轴旋转功能，旋转90°，如图5-6-37。

（37）制作完8×8圆形宝石及其镶嵌物件后隐藏该图层，显示"12×8梨形宝石"图层，导入1个梨形宝石模型，并将其放入该图

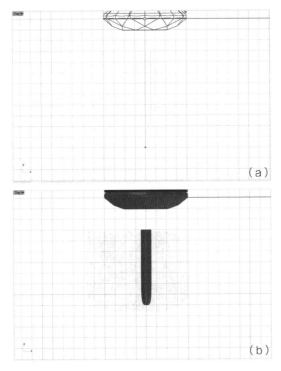

(a)

(b)

图5-6-33

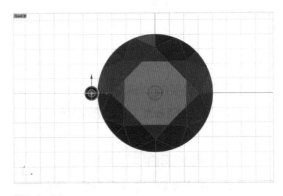

图5-6-34

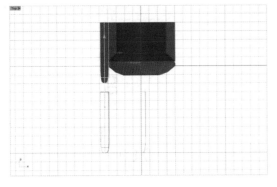

图5-6-35

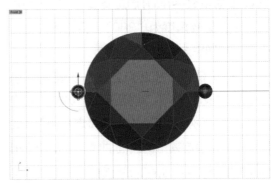

图5-6-36

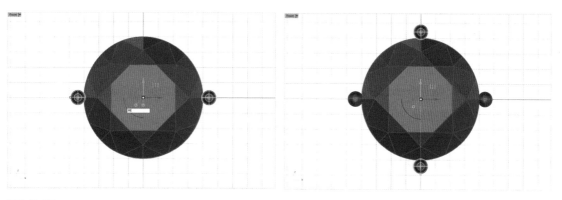

图5-6-37

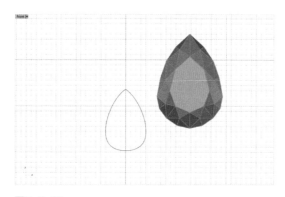

图5-6-38

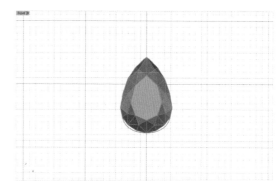

图5-6-39

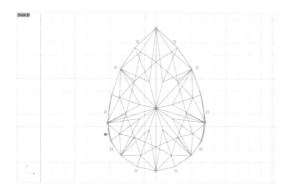

图5-6-40

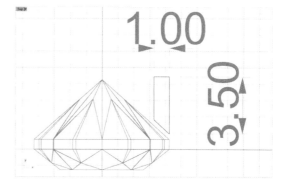

图5-6-41

层中，如图5-6-38。

（38）使用【两点定位】功能 ，将导入的梨形宝石上下顶点作为参考点定位至12×8的轮廓线内，如图5-6-39。

（39）选取轮廓曲线，F10打开其控制点，根据适应好尺寸的梨形宝石模型边缘，重新调整轮廓曲线的形态，使其于宝石模型更加贴合，调整时两两对称控制点，进行上下平移或缩放来调整，如图5-6-40。

（40）如图5-6-41绘制该宝石镶口物件的断面曲线，完成绘制后注意要使用【组合】功能 将其组合为1条封闭的曲线。

（41）选取步骤（40）的断面曲线，使用【曲线工具】↘扩展列内的【全部圆角】功能↖，于参数指令栏中设置圆角半径数值为"0.1"，完成圆角，如图5-6-42。

（42）选取断面曲线，切换至前视图，使用操作轴上下平移功能，将其向下平移至如图5-6-43位置（与轮廓线相切位置）。

（43）右键点击使用【建立曲面】扩展列内的【沿着路径旋转】功能，旋转路径选取为梨形宝石轮廓线，选取旋转轴起点时切换至顶视图工作视窗，如图5-6-44选取宝石底部端点作为旋转轴起点，按住shift键打开正交功能，向下确认旋转轴终点方向，得到镶口物件。

（44）使用【控制点曲线】功能，如图5-6-45尺寸绘制镶爪的断面曲线。

（45）使用【建立曲面】扩展列内的【旋转成型】功能，如图5-6-46成型镶爪物件。

（46）将步骤（45）得到的镶爪物件平移至镶爪底部与镶口底部同高的位置处，如图5-6-47。

（47）切换至前视图工作视窗，复制粘贴出新的镶爪，通过操作轴移动功能和【镜像】功能，将镶爪物件放置到如图位置，镶爪卡入宝石约0.2mm，如图5-6-48。

（48）制作完12×8梨形宝石及其镶嵌物件后隐藏该图层，显示"8×4马眼型宝石"图层，导入1个马眼型宝石模型，并将其放入该图层中，如图5-6-49。

（49）选取导入的宝石模型，使用【两点定位】功能，设置为三轴缩放，如图5-6-50

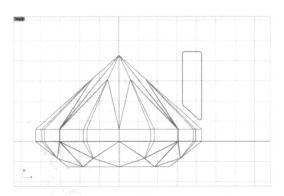

图5-6-42

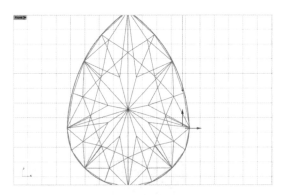

图5-6-43

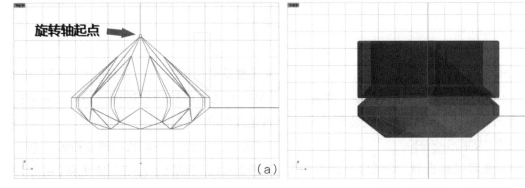

（a）　　　　　　　　　　　　　　（b）

图5-6-44

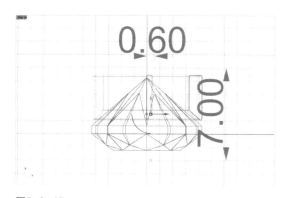

图5-6-45

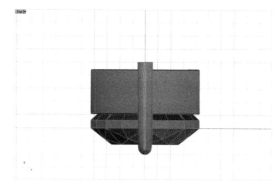

图5-6-46

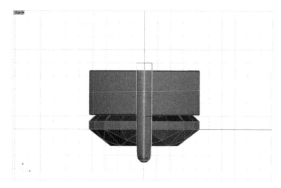

图5-6-47

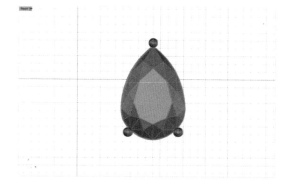

图5-6-48

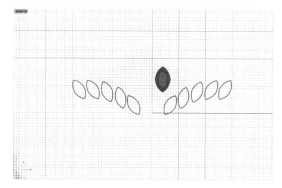

图5-6-49

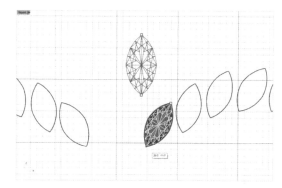

图5-6-50

将参考点捕捉至宝石的上下两端，将目标点捕捉至轮廓线的上下两端完成定位。

（50）选取宝石模型和轮廓线，复制出1组，点击其操作轴中心物件点，按住左键拖动，在拖动过程中，输入数值"0"，将宝石操作轴中心物件点定位于坐标轴原点位置，如图5-6-51。

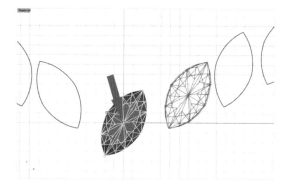

图5-6-51

（51）使用操作轴的旋转功能，将宝石角度调整好，方便后续利用旋转成型功能制作镶口和镶爪物件，如图5-6-52。

（52）切换至顶视图工作视窗，使用"控制点曲线"功能绘制如图尺寸的镶口断面曲

线，并将其组合和圆角处理，如图5-6-53。

（53）再次使用"控制点曲线"功能绘制如图5-6-54尺寸的镶爪断面曲线，并组合处理。

（54）右键点击【沿着路径旋转】功能，以镶口断面曲线作为"轮廓曲线"，8×4马眼形宝石轮廓线作为"路径"，生成镶口物件，如图5-6-55。

（55）选取镶爪断面曲线，使用【旋转成型】功能，如图5-6-56生成镶爪物件。

（56）切换至前视图工作视窗，在复制出1个新镶爪物件，调整2个镶爪至如图5-6-57位置，吃入宝石0.2mm。

（57）选取宝石、镶口、镶爪，使用"两

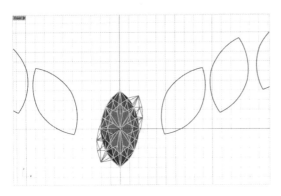

图5-6-52

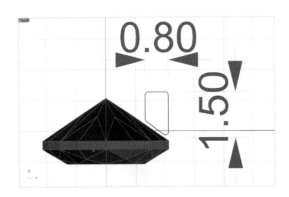

图5-6-53

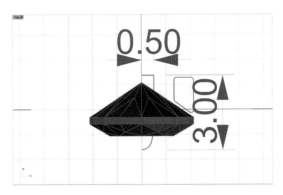

图5-6-54

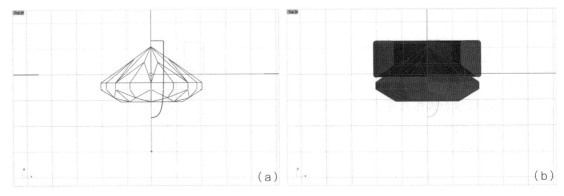

（a）　　　　　　　　　　　　　（b）

图5-6-55

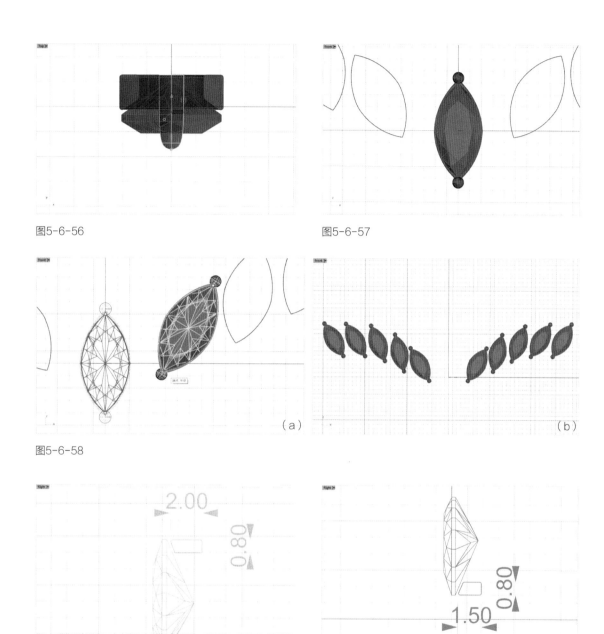

图5-6-56

图5-6-57

图5-6-58

（a）

（b）

图5-6-59

图5-6-60

点定位"功能，设置为可复制 **复制(C)=是**，参考点选取为宝石上下两端点，目标点为轮廓线的上下两端点，对每个宝石位置都进行复制定位，如图5-6-58。

（58）绘制7×5梨形宝石的镶口断面曲线时，可切换至右视图工作视窗进行绘制，尺寸

如图5-6-59所示。

（59）绘制6×4梨形宝石的镶口断面曲线时，可切换至右视图工作视窗进行绘制，尺寸如图5-6-60所示。

（60）绘制5×3梨形宝石的镶口断面曲线时，可切换至右视图工作视窗进行绘制，尺寸

如图5-6-61所示。

（61）绘制4×4圆形宝石的镶口断面曲线时，可切换至右视图工作视窗进行绘制，尺寸如图5-6-62所示。

（62）绘制3×3圆形宝石的镶口断面曲线时，可切换至右视图工作视窗进行绘制，尺寸如图5-6-63所示。

（63）对以上各尺寸宝石均先制作出单个宝石的镶口和镶爪物件，再逐一定位复制到对应的轮廓线位置处，如图5-6-64。

（64）完成宝石部分后，开始制作项链后半部分的金属部件。选取1个马眼型轮廓线，使用【曲面】 扩展列内的【直线挤出】功能 ，于参数指令栏中输入挤出长度为"1" **挤出长度 〈 1〉**，设置为往两边挤出且

挤出为实体 **两侧(B)=否　实体(S)=否**，回车生成挤出实体，如图5-6-65。

（65）使用【工具】 扩展列内的【不等距边缘圆角】功能 ，要进行圆角的边缘选取为上一步得到的马眼型实体物件的表面边缘，设置圆角半径为"1"，回车完成圆角，如图5-6-66。

（66）圆形的金属部件，也是按照马眼型金属部件的制作方法进行生成，其圆角半径也是"1"，如图5-6-67。

（67）为了减少项链成品的重量和成本，需对金属部件进行适当的掏底减重处理。选取其轮廓线，使用操作轴三轴缩放功能，缩放数值为"0.5"，得到1个缩小1/2的轮廓线，如图5-6-68。

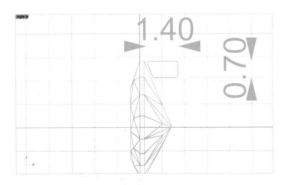

图5-6-61

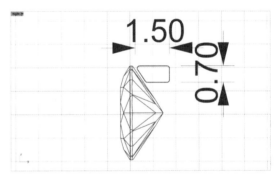

图5-6-62

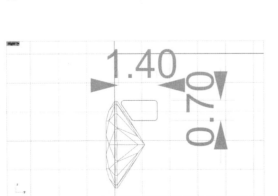

图5-6-63

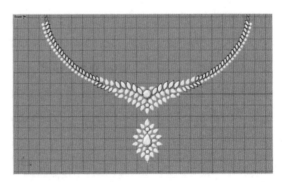

图5-6-64

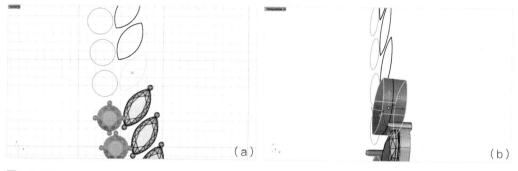

图5-6-65

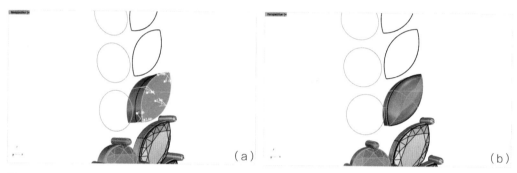

图5-6-66

图5-6-67

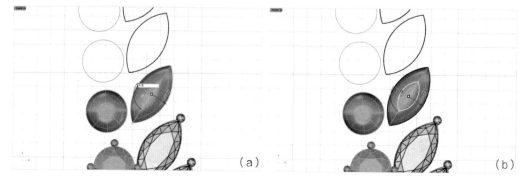

图5-6-68

（68）选取步骤（67）得到的缩小后的轮廓线，使用【直线挤出】功能，设置为向一侧挤出且挤出为实体，切换至右视图工作视窗将其挤出如图5-6-69长度的实体。

（69）将步骤（66）得到的马眼型金属部件和步骤（68）挤出的物件用【布尔运算差集】功能进行相减，得到如图5-6-70掏底后的金属部件。

（70）利用同样方法，将圆形金属部件也进行掏底操作，如图5-6-71。

（71）切换至前视图工作视窗，新建1个"链接件"图层　连接件　💡 🔓 ■，并将当前图层设置为该图层。使用【控制点曲线】功能，以4个金属链部件为1组，如图绘制其整体边沿线，如图5-6-72。

（72）切换至右视图工作视窗，使用【矩形：角对角】功能，绘制1个长宽为"1"的等边矩形，再使用【曲线工具】扩展列内的【全部圆角】功能，选取该矩形曲线，于参数指令栏中设置圆角半径为"0.1"，完成圆角，如图5-6-73。

（73）选取步骤（72）中的圆角矩形曲线，使用【移动】功能，将其移动定位至步骤（71）的边沿线上，如图5-6-74。

（74）使用【建立曲面】扩展列内的【单轨扫略】功能，以步骤（71）的边沿线作为路径，步骤（73）定位好的圆角矩形曲线作为断面曲线，如图5-6-75生成物件。

（75）选取步骤（74）中的物件，复制粘贴出2个新物件，并切换至右视图工作视窗，如图5-6-76将其排列。

（76）选取步骤（75）复制出的最右边部

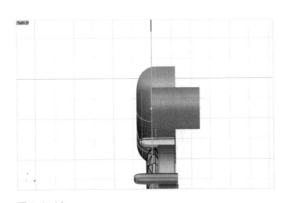

图5-6-69

图5-6-70

图5-6-71

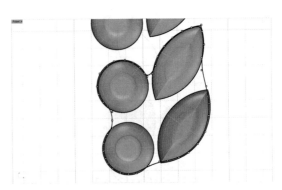

图5-6-72

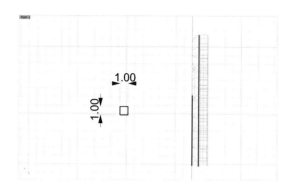

图5-6-73

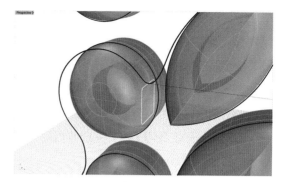

图5-6-74

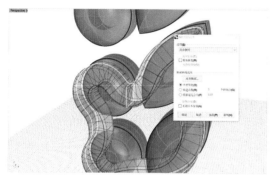

图5-6-75

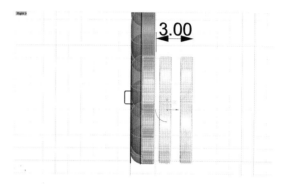

图5-6-76

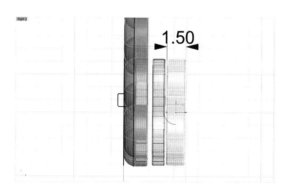

图5-6-77

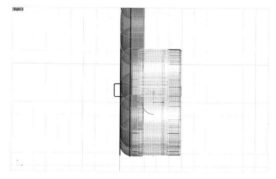

图5-6-78

件，使用操作轴横向单轴缩放功能，固定数值"1.5"倍数缩放，得到如图5-6-77。

（77）选取中间部件，使用操作轴横向单轴缩放功能，将中间部件单轴拉宽至与左右部件相连状态，如图5-6-78。

（78）切换至前视图工作视窗，使用【控制点曲线】功能 ，如图5-6-79绘制出分割线。

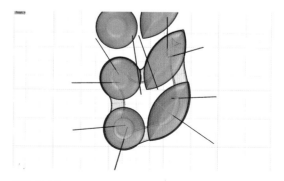

图5-6-79

（79）选取步骤（78）绘制的分割线，使用左侧工具栏中的【修剪】功能，对步骤（77）拉宽高度后的中间部件进行修剪，仅保留如图5-6-80的部分。（若其他部件影响修剪功能的选取时，可将其他部件先用操作轴向一个方向移动固定数值距离，完成修剪后再回移相同数值回到原位置。）

（80）删除分割线，选取步骤（79）修剪

图5-6-80

图5-6-81

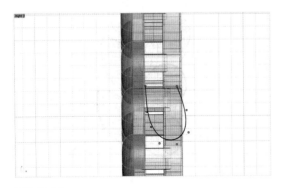

图5-6-83

剩下的物件，使用【实体工具】扩展列内的【将平面洞加盖】功能，使这些修剪后的物件成为封闭实体，如图5-6-81。

（81）重复步骤（71）至步骤（80），为另一组金属链部件制作底托结构，如图5-6-82。

（82）切换至右视图工作视窗，使用【控制点曲线】功能，为2个金属链部件组绘制环扣物件的造型线，如图5-6-83。

（83）切换至前视图工作视窗，F10打开步骤（82）中环扣物件造型线的控制点，继续进行调整，如图5-6-84。

（84）选取调整好的造型线，使用【建立实体】扩展列内的【圆管（平头盖）】功能，于参数指令栏中设置起点直径和终点直径为"0.8"，生成1条0.8mm厚度的环扣物件，如图5-6-85。

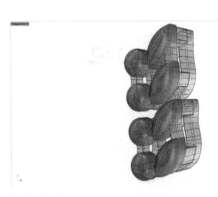

图5-6-82

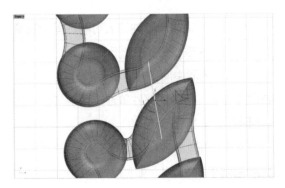

图5-6-84

（85）选取步骤（84）中的环扣物件，复制粘贴出1个新的环扣物件用于后面相减运算，如图5-6-86。

（86）使用【实体工具】🔘扩展列内的【布尔运算差集】🔘功能，选取下面1组金属环底托物件为被减去的物件，选取步骤（85）新复制出来的环扣物件为将要减去的物件，完成

相减运算，如图5-6-87。

（87）重复步骤（82）至步骤（86），制作另外一个环扣物件，如图5-6-88。

（88）此处应注意，在实际生产过程中，该金属链组件需要分组进行实物制作，所以其环扣部位也非如模型般闭合好直接生产，需要如图5-6-89那样将环扣部件摊平制作，后期

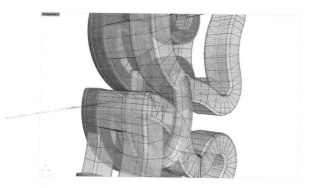

图5-6-85

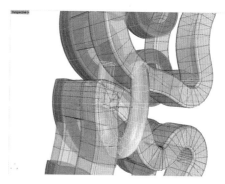

图5-6-86

（a）

图5-6-87

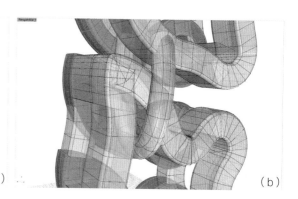

（b）

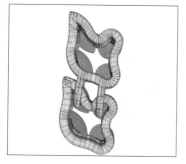

图5-6-88

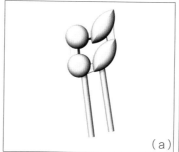

（a）

（b）

图5-6-89

与其他金属链组部件组合起来时，需弯曲后焊接。

（89）将单个制作好的金属链组件和环扣部件使用左侧工具栏中的【群组】 ⚫ 功能进行绑定，如图5-6-90。

（90）基于做出来的金属链组和环扣部件，利用可复制的【两点定位】功能 ◈，

对剩下位置的金属部件进行复制定位，如图5-6-91。

（91）当前图层切换至红色"图层01" 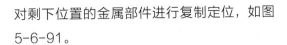，根据项链的活动结构划分模块区域，同一模块区域内的各宝石镶嵌结构为金属硬连接，各相邻模块区域之间为可活动的扣合连接，如图5-6-92使用【控制点曲线】功能 ⧉ 划分好各个区域，方便各区域分开建立底部夹层支撑结构。

（92）切换至右视图工作视窗，使用"选取"标签栏 选取 内的【以图层选取】功能 ◔，点击对话框内的"8×8圆形宝石"图层，选取该图层中所有物件，如图5-6-93使用操作轴平移至底部与其他宝石底部同高的位置。

（93）其他宝石图层也进行同样的操作，尽量保证所有宝石镶口和镶爪物件底部处于同

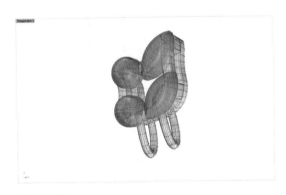

图5-6-90

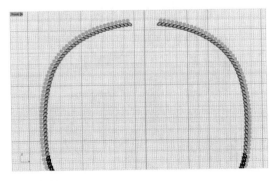

图5-6-91

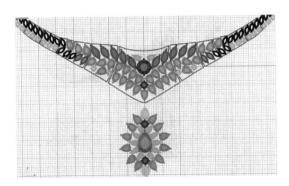

图5-6-92

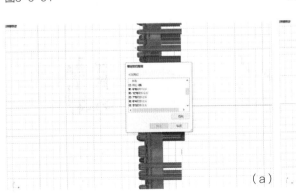

（a）

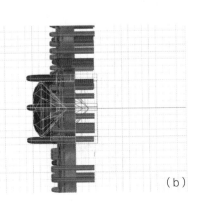

（b）

图5-6-93

一高度上，如图5-6-94。

（94）切换至前视图工作视窗，观察各宝石之间的镶爪是否重合或相交，将这些镶爪进行调整。调整镶爪过程中，确保镶爪之间没有相互交叉连接，如图5-6-95、图5-6-96。

（95）当前图层切换至"连接件"图层

连接件 ♀ ☐ ■，当前图层切换至该图层，使用【实体】⬛扩展列内的【球

体：中心点、半径】功能⬤，建立1个直径为"1" **直径 〈1.00〉** 球体，如图5-6-97。

（96）以步骤（95）建立的小球体作为连接件，如图5-6-98放置于同一区域模块内各没有接触的镶嵌金属部件的连接处，实现各个金属部件之间的连接。放置后，切换至右视图工作视窗，将其平移至与部件底部同高位置。

（97）当前图层切换至"预设值"图层

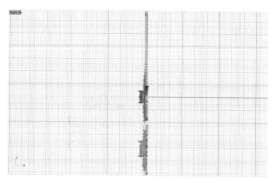

图5-6-94

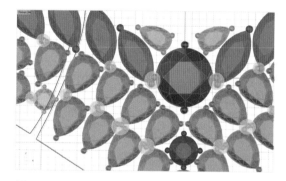

图5-6-95

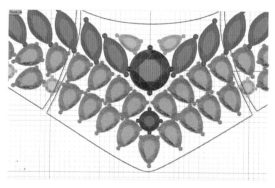

图5-6-96

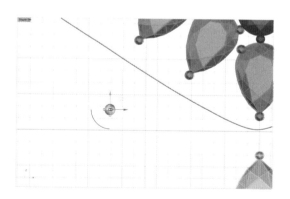

图5-6-97

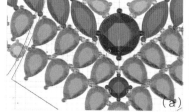

（a）

（b）

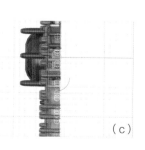

（c）

图5-6-98

■**预设值**，如图5-6-99沿着1个区域模块内的部件整体边缘进行曲线绘制。

（a）

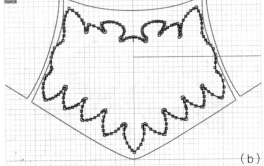

（b）

图5-6-99

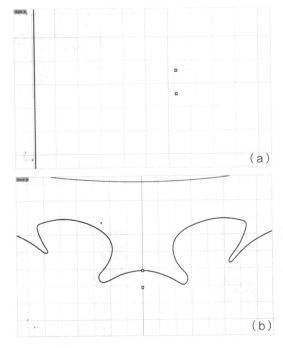

（a）

（b）

图5-6-101

（98）切换至右视图工作视窗，使用【矩形：角对角】功能□，绘制1个边长为"1"的正方形，并对其边缘进行圆角处理，圆角半径为"0.1"，如图5-6-100。

（99）选取步骤（98）绘制的正方形曲线，使用【两点定位】功能◆，将其定位至步骤（78）绘制的边沿线上部中间位置，如图5-6-101。

（100）选取步骤（97）的边沿线作为"路径"，以步骤（99）定位好的正方形曲线作为"断面曲线"，使用【单轨扫掠】功能⌒₁，得到如图5-6-102底部物件。

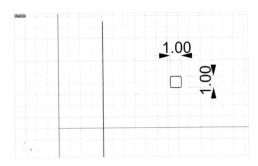

图5-6-100

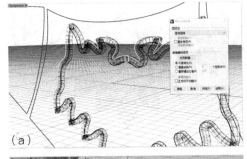

（a）

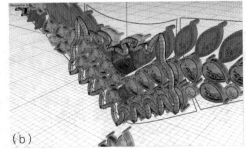

（b）

图5-6-102

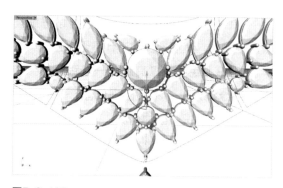

图5-6-103

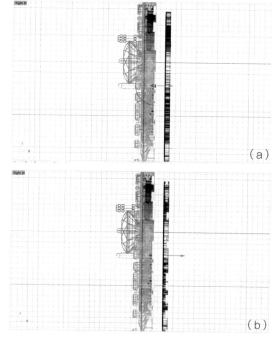

图5-6-104

（101）在前视图工作视窗，按住shift键，并点选可与步骤（100）底部相交的镶爪，使用【炸开】功能 ⚡，将它们炸开方便后期对控制点进行移动，如图5-6-103。

（102）切换至右视图工作视窗，框选镶爪底部的控制点，平移至与支撑物底部平齐，如图5-6-104。

（103）刚才调整完控制点的镶爪物件进行重新【组合】 🐾，得到如图5-6-105稳定结构的底部支撑模型。

（104）使用同样方法，对其他区域模块的部件底板进行建模，如图5-6-106。

（105）为下面区域模块部件制作1个内孔直径为1.6mm，环厚0.8mm的环扣，方便后期实物与项链上部链扣连接，如图5-6-107。

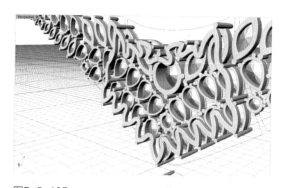

图5-6-105

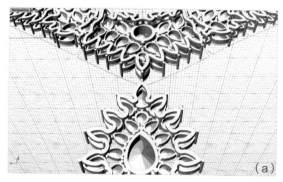

图5-6-106

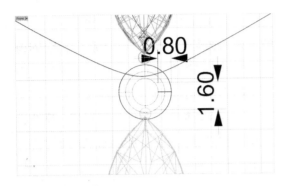

图5-6-107

（106）通过项链活动模块区域划分和宝石大小分图层的方法，如图5-6-108最后完成项链的整体建模。

（107）关于底部支撑，读者可以仔细观察以下物件，其底部支撑设计是否合适？

（108）底部支撑其线条一般跟随顶部造型的边缘线设计，不宜出现如图5-6-109的分别支撑的状况，图中情况，在打印、单件铸造方面都没问题可以制作出来，但是一旦进入到批量生产过程中，底部支撑设计成这种造型，是无法开胶膜的，一般依照顶部造型边缘线的投影线制作，如图5-6-110，图中将应该去除的金属区域用红色标注，读者可以观察底部支撑黄色金属线条的走向，这一问题也请读者在建模设计中注意。

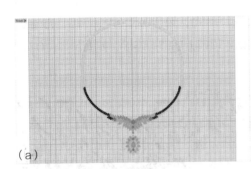
（a）

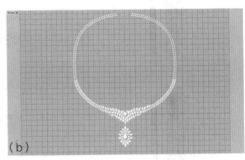
（b）

图5-6-108

图5-6-109

图5-6-110

第六章 Chapter

6 3D制造

第一节　3D打印

3D打印快速成型技术是通过材料累积成型的增材制作方法，较传统的削减材料成型的减材制造法，节约了生产资源，并且在一些小批量、特殊结构物件的快速制造上有着无可比拟的优势。3D打印快速成型技术在首饰业内已使用二十余年，是一项非常成熟的技术，现阶段在企业应用最为广泛的主要为树脂、蜡材及金属材料三类打印设备。

一、打印类型

目前，已经投入商业应用的3D打印快速成型技术主要是融积法和激光固化法。选用的打印材料必须是符合后期铸造生成的材料，首饰是较为精密的产品，其对打印机的精细度要求较高，并不是目前市场上一般的PVC树脂类3D打印机（图6-1-1）都能适合。而且，3D打印机与扫描设备也得到了较好的结合应用，得以获取模型数据，作为设计素材，如图6-1-2、图6-1-3。许多采取精密扫描仪通过

图6-1-1

图6-1-2

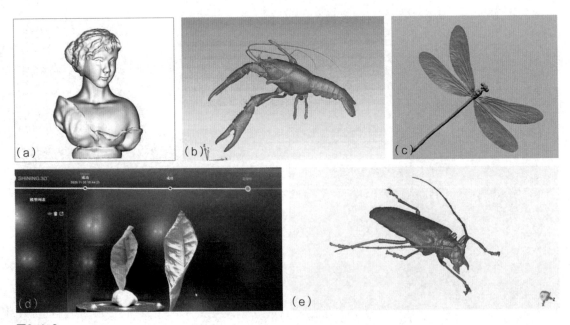

图6-1-3

逆向工程完成的逆向设计案例，也深受首饰企业青睐，图6-1-4，视频6-1。（图6-1-3、图6-1-4由广州迪迈智创科技有限公司提供。）

1. 蜡材打印模型

该技术采用的是融积法，在计算机的控制下，设备中的多个加热喷头将低熔点的材料加热至半熔融状态，依据模型切面的轮廓信息在二维平面上运动，选择性地涂覆在工作台面上，快速冷凝后形成一个薄层，通过不同的切面轮廓层的堆积形成一个三维模型体。

这个模型体实际上包括了蓝色与白色两种颜色蜡。最终的成品蓝蜡模型是包裹在白色的支撑蜡之间。模型由设备软件自行计算需要支撑的部位、形状，并通过两个喷射，一个负责喷蓝色蜡，即模型材料；一个负责喷白色蜡，即支撑材料，模型与支撑一体层积，所以最终得出模型体。浇铸前，由于蓝色与白色蜡材熔点不同，使用热水将白色蜡材融化去除即可，如图6-1-5蓝蜡模型。

2. 树脂打印模型

该技术采用的是激光固化法。使用液态的光敏树脂原料，在计算机控制下，紫外激光按首饰各个分层切面的轮廓轨迹数据对液态光敏树脂表面逐点扫描，被扫描区域的树脂薄层产生光聚合反应而产生固化，形成一个薄层；待该薄层固化完毕后，工作台下降一个层位，在固化好的树脂表面涂上新的一层液态树脂，然后重复以上工序，如此反复至模型完成，最终得到树脂材料进行成型，如图6-1-6图6-1-7。近年来，树脂材料开发出更为紧

图6-1-4

图6-1-5　蓝蜡模型

图6-1-6

图6-1-7

图6-1-8

图6-1-9

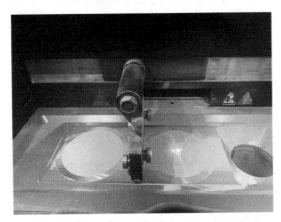

图6-1-10

致的材质，业内俗称为"陶瓷蜡"。采用该材料打印出的模型，由于具有更高强度的硬度，能够承担更大的压力，故而企业直接采用其进行胶膜压制，压缩生产工序，提高生产效率，如图6-1-8。

3. 金属打印模型

该技术采用的是激光烧结法。使用金属粉末原料，在计算机控制下，高能量激光按首饰各个分层切面的数据对金属粉末逐点扫描，被扫描区域的金属粉末熔融烧结，形成一个金属薄层；工作台下降一个层位，刮刀刮上新的一层金属粉末并重复以上工序，如此反复至金属产品完成，清除支撑后得到成品，如图6-1-9金属打印设备，图6-1-10激光烧结，图6-1-11打印出品。

（图6-1-9至图6-1-11由广州迪迈智创科技有限公司提供）。

二、印前准备

所有需要打印的模型，在将数据传输至3D打印机前必须做如下检查：

（1）3D打印机属于所见即所得模式，需要打印的模型必须处于可见状态，隐藏物件不会被打印。

（2）模型检查无误后，所有的石头均应该减去石位，或删除掉所有的石头模型。便于后期执版时校对石位。

（3）需要分件打印的物件，分开排布。

（4）所有物件（含支撑）均应该相互接触，检查无误后，联集全体物件（包括支撑），

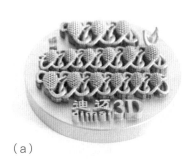
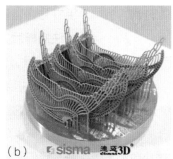

（a）　　　　（b）　　　　（c）

图6-1-11

分件物件各自单独联集。

（5）咨询打印服务商，作品是否超过其最大打印尺寸。建议模型高度不宜超过30mm，长、宽则不超过打印平台即可。若出现大于打印平台的情况，需要将物件剪断，分置打印。

图6-1-12

三、打印后

打印完成后，视浇铸工艺要求选择性对树脂模型进行剪支撑作业，清除掉所有支撑材料（部分作品因为体积或执版需要，可直接进行铸造而无须清理树脂支撑，留待执版时再行处理），如图6-1-12。清支撑剪除时，无须清理至平齐树脂模型。根部请留出约0.1mm厚度，后期铸造时，才不易在根部形成收缩型孔洞，如图6-1-13。

第二节　缩水与放量

首饰在制作过程中，伴随着生产中的每一道工序，都会出现不断缩小的情况，我们称之为"缩水"。

（1）建模后，喷蜡打印，蜡模/树脂模与建模原始数据相比，会产生约1‰的缩小情况；

图6-1-13

（2）蜡模/树脂模在金属浇铸的时候，金属冷凝会产生向内缩小的现象；

（3）浇铸出的银版，进行执版工序处理，抛削损失表层金属；

（4）银版在压制胶模的过程中，胶模收缩造成空腔收小；

（5）注蜡时，热蜡液冷凝产生微小收缩；

（6）浇铸注蜡模时，再次出现金属收缩；

（7）金属件在执模处理时，抛削损失表层金属；

以上7道工序是首饰批量生产必经工序，均出现不同程度造型收缩及金属损耗的必然情况，如图6-2-1铜版戒指手寸，所示戒指版的

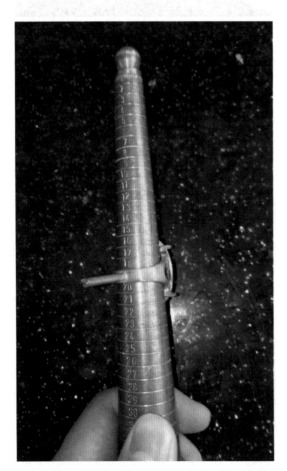

图6-2-1 铜版戒指手寸

手寸号是港度19号，经过压胶模到注蜡复制成注蜡模后，缩小了1个手寸号，实际测量为港度18号，缩小程度是比较大的，图6-2-2注蜡模戒指手寸。

正是这些原因，导致最终产品与建模原始模型数据出现大小不一致的情况。这个减少的量，我们必须在建模之初就考虑进去，要为模型预算出一个恰当的缩水量，以抵消后期在铸造、胶膜压制等工序中的产品体量的不断缩小。这个放大的数值称为放缩水，需要我们在建模时适当地将模型造型稍稍做大，增加出足够的空间加以弥补。

具体的放缩水数值，应视不同产品大小、款式，以及各个企业采用的不同胶膜材料、甚至铸造中选用的石膏品质以及铸造温度的不同，甚至天气温度对蜡模的影响都会使得这个数据有所偏差。所以，大多数企业的放缩水值与执模留量均是切合自家生产状况而拟定的。

一般而言，首饰的缩水可以参考下列设置：

（1）建模模型单件出货模式：

单件建模模型直接出货，由于3D打印模经历的制作过程少，缩水也比较少，略微放大1.012%～1.015%或不放大。即建模完成后，联集所有需打印物件，执行"多重变形命令"：尺寸栏目直接输入相应数值（具体操作与下段制版放大一致）。

图6-2-2 注蜡模戒指手寸

（2）建模模型制版批量出货模式

批量生产，建模完成后，一般放1.035%~1.04%，若模型体积较大，可放1.04%~1.05%。

戒指类产品，可以适量放大约1个手寸号。

若吃不准缩水量，即便缩水留大一些也没关系，可以在执版上面控制。

在放缩水的基础上，可对后期能够执版执摸的部位略加大留出的空间量，可参考下列数据：

一般情况下，能执到版的位置要预留0.2~0.3mm的执版位，至少0.2mm，金货少留，银、铜货可多留；执不到的位置一般留0.05~0.1mm。

附　　录

1. 戒指手寸表

直径/mm	美度	港度	欧度	英度	日度
13.00	1.75	3	41		1
13.25				D	
13.30	2.00	4	42		2
13.60	2.50	5		E	3
13.65			43		
13.85	2.75				
13.90					4
13.95			44	F	
14.05	3.00				
14.15		6			
14.25	3.25		45		
14.30					5
14.45	3.50			G	
14.60		7	46		6
14.65	3.75				
14.80					
14.85	4.00		47		
14.90				H	7
14.95		8			
15.15	4.25				
15.20	4.50				
15.25		9	48	I	8
15.30	4.75				
15.50			49		
15.60		10		J	9
15.70	5.00				
15.80					10
15.85			50		
15.90	5.25				
15.95		11		K	
16.10	5.50				11
16.20			51		
16.30	5.75				
16.35		12		L	
16.50	6.00		52		12
16.60		13			

直径/mm	美度	港度	欧度	英度	日度
16.70	6.25				
16.80			53	M	13
16.90	6.50				
16.95		14			
17.15	6.75		54	N	14
17.30		15			
17.35	7.00				
17.50			55		15
17.55	7.25			O	
17.65		16			
17.75	7.50		56		16
17.95	7.75				
18.00		17		P	
18.05					17
18.10			57		
18.20	8.00				
18.35	8.25	18	58	Q	18
18.60	8.50				
18.65					19
18.70		19	59		
18.80	8.75			R	
19.00	9.00				20
19.05		20	60		
19.10					
19.20	9.25			S	
19.35			61		
19.40	9.50	21			21
19.60	9.75			T	
19.70			62		22
19.75		22			
19.80	10.00				
20.00	10.25		63	U	23
20.10		23			
20.15					
20.20	10.50				
20.30			64	V	24

直径/mm	美度	港度	欧度	英度	日度
20.50		24			
20.60					25
20.65	11.00		65	W	
20.90		25			
20.95			66		
21.00					26
21.05	11.50				
21.15		26		X	
21.25			67		
21.30					27
21.45	12.00				
21.55			68	Y	
21.60		27			28
21.85	12.50		69		
21.90					29
21.95		28		Z	
22.20			70		
22.25					30
22.30	13.00	29			
22.50			71	1	
22.60					31
22.65		30			
22.70	13.50			2	
22.85			72		
22.90					32
23.00		31			
23.10	14.00			3	
23.20			73		33
23.35		32			
23.50			74		34
23.55	14.50				
23.70		33			
23.80			75		35
23.95	15.00				

2. 常用单型手镯腕寸表

单位：mm

序号	腕宽	腕厚
1	55	45
2	57	47
3	60	50
4	62	52
5	65	55
6	68	58
7	70	60

3. 石重对照表

3.1 圆形石头

序号	筛号	尺寸/mm	重量/（ct）克拉	厘与分石	序号	筛号	尺寸/mm	重量/（ct）克拉	厘与分石
1	0000+	0.83(0.8~0.85)	0.003	3厘	25	10.5+	2.60	0.075	7.5分
2	0000+	0.86(0.84~0.87)	0.0032	3.2厘	26	11+	2.70	0.08	8分
3	0000+	0.89(0.87~0.91)	0.0035	3.5厘	27	11.5+	2.80	0.09	9分
4	000+	0.98(0.95~1)	0.0042	4.2厘	28	12+	2.90	0.1	10分
5	00+	1.08(1.04~1.1)	0.0052	5.2厘	29	12.5	3.00	0.11	11分
6	0+	1.13(1.10~1.15)	0.0062	6.2厘	30	13+	3.10	0.12	12分
7	1+	1.15	0.007	7厘	31	13.5+	3.20	0.13	13分
8	1.5+	1.20	0.008	8厘	32	14+	3.30	0.14	14分
9	2+	1.25	0.009	9厘	33	14.5+	3.40	0.15	15分
10	2.5+	1.30	0.01	1分	34	15+	3.50	0.165	16.5分
11	3+	1.35	0.011	1.1分	35	15.5+	3.60	0.175	17.5分
12	3.5+	1.40	0.013	1.3分	36	16+	3.70	0.19	19分
13	4.5+	1.50	0.015	1.5分	37	16.5+	3.80	0.2	20分
14	5+	1.55	0.017	1.7分	38	17+	3.90	0.215	21.5分
15	5.5+	1.60	0.019	1.9分	39	17.5+	4.00	0.23	23分
16	6+	1.70	0.022	2.2分	40	18+	4.10	0.25	25分
17	6.5+	1.80	0.026	2.6分	41	18.5+	4.20	0.27	27分
18	7+	1.90	0.031	3.1分	42	19+	4.35	0.3	30分
19	7.5+	2.00	0.035	3.5分	43	19.5+	4.50	0.33	33分
20	8+	2.10	0.04	4分	44	20+	4.60	0.35	35分
21	8.5+	2.20	0.046	4.6分	45	20.5+	4.80	0.4	40分
22	9+	2.30	0.051	5.1分	46	21+	5.00	0.45	45分
23	9.5+	2.40	0.057	5.7分	47	21.5+	5.20	0.5	50分
24	10+	2.50	0.066	6.6分					

注：筛号即钻石筛目编号。

3.2　长方石和梯形石常规尺寸

长方石		梯形石	
名称	尺寸	名称	尺寸
SB	1.5×1	TB	1.75×1.5×1
SB	1.75×1	TB	1.75×1.5×1.25
SB	1.75×1.5	TB	2×1.5×1
SB	2×1.5	TB	2×1.75×1
SB	2×1.75	TB	2.25×1.5×1
SB	2.25×1.5	TB	2.5×1.5×1
SB	2.5×1.5	TB	2.5×1.75×1
SB	2.3×1.7	TB	3×2×1
SB	2.5×1.8	TB	3×2×1.2
SB	2.75×1.5	TB	3.5×2×1
SB	3×1.5	TB	3.5×2×1.25
SB	3×1.25	TB	3.5×2×1.5
SB	3×2	TB	4×2×1
SB	3.5×2	TB	4×2×1.5
SB	4×2	TB	4×3×2

4. 石位数据表

　　下列各表中的数据均为最小数值，镶口建模时，请勿小于此数值。镶口建模分为金镶与蜡镶（若注明金镶、蜡镶，指此数据金、蜡镶均可采用）两种类型，分别对应后期金属镶石与注蜡模镶石，数据有所不同，请读者依据生产要求选择相应的数据参照表使用。

4.1　爪镶

4.1.1　圆石爪镶（金镶）

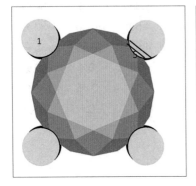 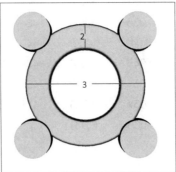 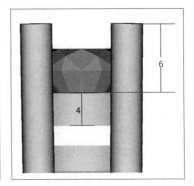

圆石爪镶（金镶）石位数据表　　　　　　　　单位：mm

No.	石头直径	爪直径 1	镶口边宽度 2	镶口直径 3	镶口高度 4	爪吃入石距离 5	爪高出镶口距离 6	
							圆石镶爪	色石镶爪
1	1.2	0.6	0.4	1.15	0.7	0.1	1	1.05
2	1.3	0.6	0.425	1.25	0.7	0.1	1	1.05
3	1.4	0.65	0.45	1.35	0.725	0.1	1	1.05
4	1.5	0.65	0.5	1.45	0.725	0.1	1	1.15
5	1.6	0.7	0.5	1.55	0.75	0.1	1	1.15
6	1.7	0.7	0.5	1.65	0.75	0.1	1	1.15
7	1.8	0.75	0.5	1.75	0.775	0.1	1	1.15
8	1.9	0.75	0.5	1.85	0.775	0.1	1	1.15
9	2	0.8	0.5	1.95	0.8	0.1	1	1.15
10	2.1	0.8	0.525	2	0.8	0.1	1	1.15
11	2.2	0.825	0.525	2.1	0.8	0.1	1.1	1.2
12	2.3	0.825	0.525	2.2	0.825	0.1	1.1	1.2
13	2.4	0.875	0.525	2.3	0.825	0.1	1.1	1.2
14	2.5	0.85	0.55	2.4	0.85	0.1	1.2	1.3
15	2.6	0.85	0.55	2.5	0.85	0.1	1.2	1.3
16	2.7	0.85	0.575	2.6	0.875	0.1	1.2	1.3
17	2.8	0.85	0.575	2.7	0.875	0.1	1.2	1.3
18	2.9	0.85	0.6	2.8	0.9	0.1	1.2	1.3
19	3 ~ 5	0.9 ~ 1.1	0.6 ~ 0.7	2.9 ~ 4.9	0.9 ~ 1.1	0.15	1.2 ~ 1.5	1.3 ~ 1.6
20	5 ~ 8	1.1 ~ 1.2	0.7 ~ 0.9	4.9 ~ 7.9	1.1 ~ 1.2	0.2	1.5 ~ 2.0	1.6 ~ 2.1
21	8 ~ 10	1.2 ~ 1.4	0.9 ~ 1.0	8 ~ 10	1.2 ~ 1.4	0.2	2.0 ~ 2.5	2.1 ~ 2.6

注：①镶爪数量有 2、3、4、5、6 爪等形式；②爪造型有圆爪、平爪、花式爪等变化；③色石一般比圆钻略厚，故色石镶爪比圆石镶爪高度基础上增加 0.05 ~ 0.15mm，见图中 6 数据；④爪直径在石大小一致的情况下，一（爪）管二（石）或一（爪）管四（石）的爪，比一管一的爪要大 0.1 ~ 0.2mm。

4.1.2 圆爪公主方

 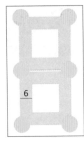 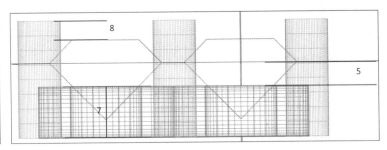

公主方爪镶（圆爪、金镶）石位数据表　　　　　　　　单位：mm

No.	石头直径	爪直径1	石间距2	爪吃入石距离3	镶口与石距离4	石腰与镶口距离5	镶口边宽度6	镶口高度7	爪与石台面距离8
1	0.8	0.5	0.1	0.1	0.1	0.2	0.3	0.6	0.3
2	0.9	0.5	0.1	0.1	0.1	0.2	0.3	0.6	0.3
3	1	0.55	0.1	0.1	0.1	0.2	0.35	0.65	0.4
4	1.15	0.55	0.1	0.1	0.1	0.2	0.35	0.65	0.4
5	1.2	0.6	0.1	0.1	0.1	0.25	0.4	0.7	0.4
6	1.3	0.6	0.1	0.11	0.1	0.25	0.4	0.7	0.45
7	1.4	0.65	0.1	0.115	0.1	0.25	0.45	0.75	0.45
8	1.5	0.7	0.1	0.12	0.1	0.25	0.45	0.75	0.45
9	1.6	0.7	0.1	0.125	0.1	0.3	0.5	0.8	0.45
10	1.7	0.725	0.1	0.125	0.1	0.3	0.5	0.85	0.5
11	1.8	0.75	0.1	0.125	0.1	0.3	0.5	0.85	0.5
12	1.9	0.75	0.1	0.125	0.1	0.3	0.55	0.85	0.5
13	2.1	0.8	0.1	0.15	0.1	0.35	0.6	0.9	0.55
14	2.3	0.85	0.1	0.15	0.1	0.4	0.65	0.9	0.55
15	2.5	0.9	0.1	0.15	0.1	0.45	0.7	0.95	0.6
16	2.7	0.95	0.1	0.15	0.1	0.5	0.7	1	0.6
17	2.9	1.05	0.1	0.15	0.1	0.5	0.75	1	0.6
18	3.1	1	0.1	0.15	0.1	0.55	0.75	1.05	0.65
19	3.3	1.1	0.1	0.15	0.1	0.55	0.8	1.1	0.7

注：①每个爪必须是直圆柱形，无须收斜；②镶口边多于宝石 0.1mm，如图中 4 所示。

4.1.3 包角公主方

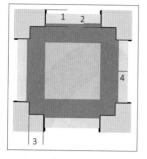
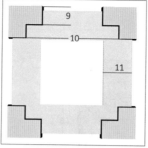
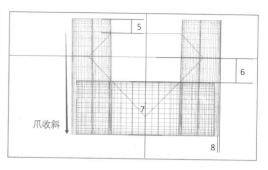

公主方爪镶（包角镶、金镶）石位数据表   单位：mm

No.	石头直径	爪上部宽度1	爪吃入石距离2	半包角长度3	镶口与石距离4	爪与石台面距离5	石腰与镶口距离6	镶口高度7	爪斜度距离8	爪下部宽度9	包角距离10	镶口边距离11
1	2	0.6	0.15	0.4	0.1	0.5	0.35	0.7	0.15	0.65	1.7	0.55
2	2.1	0.6	0.15	0.4	0.1	0.5	0.35	0.75	0.15	0.65	1.8	0.6
3	2.2	0.6	0.15	0.4	0.1	0.5	0.35	0.75	0.15	0.65	1.9	0.6
4	2.3	0.65	0.15	0.4	0.1	0.55	0.4	0.75	0.15	0.7	2	0.6
5	2.4	0.65	0.15	0.45	0.1	0.55	0.4	0.8	0.175	0.7	2.1	0.65
6	2.5	0.65	0.15	0.45	0.1	0.6	0.45	0.8	0.175	0.7	2.2	0.65
7	2.6	0.65	0.15	0.45	0.1	0.6	0.45	0.85	0.175	0.7	2.3	0.675
8	2.7	0.65	0.15	0.45	0.1	0.6	0.5	0.85	0.175	0.7	2.4	0.7
9	2.8	0.65	0.15	0.45	0.1	0.6	0.5	0.9	0.175	0.7	2.5	0.7
10	2.9	0.65	0.15	0.5	0.1	0.6	0.5	0.9	0.2	0.7	2.6	0.7
11	3	0.65	0.2	0.5	0.1	0.6	0.5	0.95	0.2	0.7	2.6	0.75
12	3.1	0.65	0.2	0.5	0.1	0.65	0.55	1	0.2	0.7	2.7	0.75
13	3.2	0.65	0.2	0.5	0.1	0.65	0.55	1	0.2	0.7	2.8	0.75
14	3.3	0.65	0.2	0.5	0.1	0.7	0.55	1	0.2	0.7	2.9	0.8
15	3.4	0.7	0.2	0.6	0.1	0.7	0.6	1	0.225	0.75	3	0.8
16	3.5	0.7	0.2	0.6	0.1	0.7	0.6	1.05	0.255	0.75	3.1	0.8
17	3.6	0.7	0.2	0.6	0.1	0.7	0.6	1.05	0.255	0.75	3.2	0.8
18	3.7	0.7	0.2	0.6	0.1	0.7	0.6	1.05	0.225	0.75	3.3	0.85
19	3.8	0.7	0.2	0.6	0.1	0.7	0.65	1.05	0.225	0.75	3.4	0.85
20	3.9	0.7	0.25	0.65	0.1	0.7	0.65	1.05	0.25	0.75	3.4	0.9
21	4	0.7	0.25	0.7	0.1	0.75	0.65	1.1	0.25	0.75	3.5	0.9
22	4.5	0.75	0.25	0.7	0.1	0.75	0.7	1.1	0.25	0.8	4	0.95
23	5	0.75	0.25	0.8	0.1	0.8	0.75	1.15	0.275	0.8	4.5	0.95
24	5.5	0.8	0.25	0.8	0.1	0.8	0.8	1.15	0.275	0.85	5	1
25	6	0.8	0.25	0.9	0.1	0.8	0.85	1.2	0.3	0.85	5.5	1.1

注：①镶口边多于宝石 0.1mm，如图中 4 所示；②包角爪从上至下，大小渐变，如图中 1、9 所示。

4.2　包、抹镶（金镶、蜡镶）

4.2.1　圆石包、抹镶

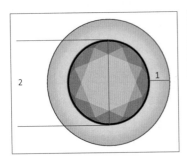
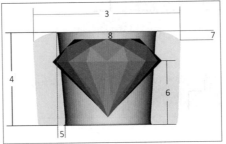
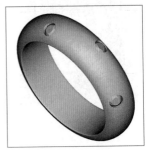

圆石包、抹镶（金、蜡镶）石位数据表　　　　单位：mm

No.	石头直径	镶口宽度 1	镶口上部内直径 2	镶口上部直径 3	镶口整体高度 4	镶口内斜距离 5	石腰距镶口底部距离 6	镶口斜面高度 7	石台面与镶口顶部距离 8
1	0.8	0.45	0.6	1.5	1.375	0.1	0.85	0.075	0.25
2	0.9	0.45	0.7	1.6	1.375	0.1	0.85	0.075	0.25
3	1	0.475	0.8	1.75	1.425	0.1	0.9	0.075	0.25
4	1.15	0.475	0.95	1.9	1.425	0.125	0.9	0.1	0.275
5	1.2	0.5	1	2	1.475	0.125	0.9	0.1	0.275
6	1.3	0.5	1.1	2.1	1.475	0.125	0.9	0.1	0.275
7	1.4	0.525	1.2	2.25	1.475	0.125	0.95	0.125	0.3
8	1.5	0.525	1.3	2.35	1.505	0.15	0.95	0.125	0.3
9	1.6	0.55	1.4	2.5	1.525	0.15	0.95	0.125	0.3
10	1.7	0.575	1.5	2.65	1.605	0.15	0.975	0.15	0.325
11	1.8	0.6	1.6	2.8	1.725	0.15	1	0.15	0.325
12	1.9	0.6	1.7	2.9	1.775	0.15	1.05	0.15	0.325
13	2.1	0.65	1.9	3.2	1.825	0.175	1.1	0.175	0.35
14	2.3	0.65	2.1	3.4	1.96	0.175	1.1	0.175	0.35
15	2.5	0.675	2.3	3.65	2.1	0.175	1.2	0.175	0.35
16	2.7	0.7	2.5	3.9	2.265	0.2	1.2	0.2	0.375
17	2.9	0.7	2.7	4.1	2.405	0.2	1.45	0.2	0.375
18	3.1	0.725	2.9	5.35	2.575	0.225	1.55	0.225	0.4
19	3.3	0.75	3.1	4.6	2.725	0.225	1.65	0.225	0.4

注：①此表数据，金、蜡镶均可采用；②包镶内壁内斜（图中 5），起承托石头的作用；③包镶镶口顶部（图中 7）略外斜，便于后期金镶时，作为敲打边之用；④3.3mm 以上石头数据，据此表数据类推即可；⑤蜡包镶一般选用 5mm 以下优质可蜡镶材质的石头；⑥抹镶与包镶基本一致，抹镶数据仅剔除数据 7 即可。

4.2.2　公主方包镶

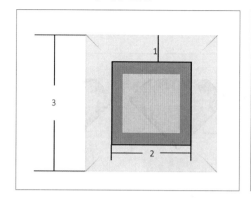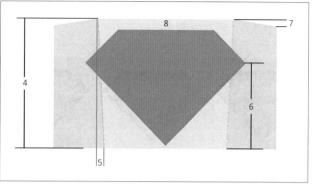

公主方包镶（金、蜡镶）石位数据表　　　　单位：mm

No.	石头直径	镶口宽度 1	镶口内边长 2	镶口边长 3	镶口整体高度 4	镶口内斜距离 5	石腰距镶口底部距离 6	镶口斜面高度 7	石台面与镶口顶部距离 8
1	0.8	0.45	0.6	1.5	1.375	0.1	0.85	0.075	0.25
2	0.9	0.45	0.7	1.6	1.375	0.1	0.85	0.075	0.25
3	1	0.475	0.8	1.75	1.425	0.1	0.9	0.075	0.25
4	1.15	0.475	0.95	1.9	1.425	0.125	0.9	0.1	0.275
5	1.2	0.5	1	2	1.475	0.125	0.9	0.1	0.275
6	1.3	0.5	1.1	2.1	1.475	0.125	0.9	0.1	0.275
7	1.4	0.525	1.2	2.25	1.475	0.125	0.95	0.125	0.3
8	1.5	0.525	1.3	2.35	1.505	0.15	0.95	0.125	0.3
9	1.6	0.55	1.4	2.5	1.525	0.15	0.95	0.125	0.3
10	1.7	0.6	1.5	2.7	1.725	0.15	1	0.15	0.325
11	1.8	0.6	1.6	2.8	1.725	0.15	1	0.15	0.325
12	1.9	0.6	1.7	2.9	1.775	0.15	1.05	0.15	0.325
13	2.1	0.65	1.9	3.2	1.825	0.175	1.1	0.175	0.35
14	2.3	0.65	2.1	3.4	1.96	0.175	1.1	0.175	0.35
15	2.5	0.675	2.3	3.65	2.1	0.175	1.2	0.175	0.35
16	2.7	0.7	2.5	3.9	2.265	0.2	1.2	0.2	0.375
17	2.9	0.7	2.7	4.1	2.405	0.2	1.45	0.2	0.375
18	3.1	0.725	2.9	4.35	2.575	0.225	1.55	0.225	0.4
19	3.3	0.75	3.1	4.6	2.725	0.225	1.65	0.225	0.4

注：①包镶内壁内斜（图中 5），起承托石头的作用；②包镶镶口顶部（图中 7）略外斜，便于后期金镶时，作为敲打边之用。③ 3.3mm 以上石头数据，据此表数据类推即可；④蜡包镶一般选用 5mm 以下优质可蜡镶材质的石头。

4.3　逼镶

4.3.1　逼镶（金镶）

4.3.1.1　圆石逼镶（担位）

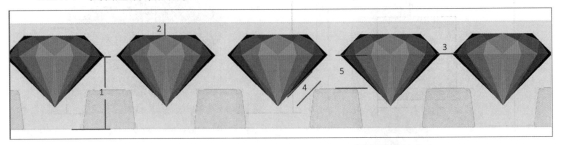

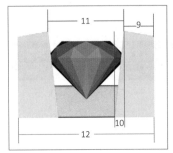

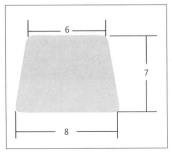

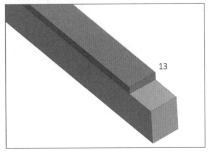

圆石逼镶（横担位、金镶）石位数据表　　　　　　　　　　　单位：mm

No.	石头直径	石腰与底部距离1	石台面与光金边顶部距离2	石间距3	石下棱与横担距离4	石腰与横担顶部距离5	横担顶部宽度6	横担高度7	横担底部宽度8	光金边宽度9	斜位宽度10	上斜位宽度11	逼镶底部整体宽度12	敲打边厚度13
1	0.8	0.85	0.1	0.15	0.1	0.25	0.5	0.6	0.7	0.5	0.125	0.6	1.6	0.2
2	0.9	0.85	0.1	0.15	0.1	0.25	0.5	0.6	0.7	0.5	0.125	0.7	1.7	0.2
3	1	0.9	0.1	0.17	0.125	0.3	0.55	0.65	0.75	0.525	0.125	0.8	1.85	0.2
4	1.15	0.9	0.125	0.17	0.125	0.35	0.575	0.675	0.775	0.525	0.15	0.95	2	0.2
5	1.2	0.9	0.125	0.2	0.15	0.4	0.6	0.7	0.8	0.55	0.15	1	2.1	0.2
6	1.3	0.9	0.125	0.2	0.15	0.45	0.625	0.725	0.825	0.55	0.15	1.1	2.2	0.2
7	1.4	0.95	0.125	0.2	0.15	0.45	0.625	0.725	0.825	0.575	0.15	1.2	2.35	0.2
8	1.5	0.95	0.125	0.2	0.15	0.45	0.625	0.725	0.825	0.575	0.175	1.3	2.45	0.2
9	1.6	0.95	0.125	0.25	0.17	0.5	0.65	0.75	0.85	0.6	0.175	1.4	2.6	0.2
10	1.8	1	0.125	0.25	0.17	0.5	0.65	0.75	0.85	0.65	0.175	1.6	2.9	0.2
11	1.9	1.05	0.125	0.25	0.175	0.5	0.65	0.75	0.85	0.65	0.175	1.7	3	0.2
12	2.1	1.1	0.15	0.25	0.175	0.55	0.675	0.775	0.875	0.7	0.2	1.9	3.3	0.2
13	2.3	1.1	0.15	0.25	0.2	0.6	0.7	0.8	0.9	0.7	0.2	2.1	3.5	0.2
14	2.5	1.2	0.15	0.25	0.2	0.6	0.7	0.8	0.9	0.725	0.2	2.3	3.75	0.2
15	2.7	1.2	0.15	0.25	0.2	0.6	0.7	0.8	0.9	0.75	0.225	2.5	4	0.2
16	2.9	1.45	0.15	0.25	0.2	0.65	0.7	0.8	0.9	0.75	0.225	2.7	4.2	0.2
17	3.1	1.55	0.15	0.3	0.25	0.65	0.75	0.825	0.95	0.775	0.25	2.9	4.45	0.2
18	3.3	1.65	0.15	0.3	0.25	0.65	0.75	0.825	0.95	0.775	0.25	3.1	4.65	0.2

注：①每两颗石头中间放一个横担，其作用是让支撑两条逼镶边；②逼镶边上加一条敲打边，高度同图中9的数据；③图中2所列数据为未增加敲打边之前距离。

4.3.1.2　圆石逼镶（桶位）

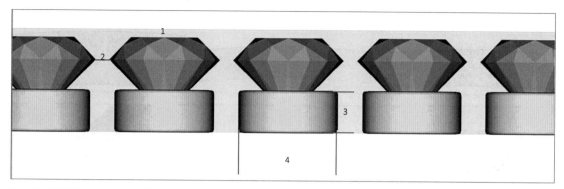

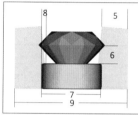
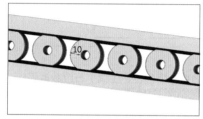
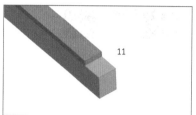

圆石逼镶（桶位、金镶）石位数据表　　　　　　　　单位：mm

No.	石头直径	石台面与光金边顶部距离1	石间距2	桶位高度3	桶位宽度4	光金边宽度5	石腰与桶位顶部距离6	桶位长度7	斜位距离8	逼镶底部整体宽度9	桶位边宽度10	敲打边厚度11
1	0.8	0.1	0.15	0.5	0.6	0.5	0.35	0.8	0.125	1.6	0.4	0.2
2	0.9	0.1	0.15	0.5	0.7	0.5	0.35	0.9	0.125	1.7	0.425	0.2
3	1	0.1	0.17	0.5	0.8	0.525	0.35	1	0.125	1.85	0.475	0.2
4	1.15	0.125	0.17	0.5	0.95	0.525	0.35	1.15	0.15	2	0.475	0.2
5	1.2	0.125	0.2	0.55	1	0.55	0.4	1.2	0.15	2.1	0.525	0.2
6	1.3	0.125	0.2	0.55	1.1	0.55	0.4	1.3	0.15	2.2	0.525	0.2
7	1.4	0.125	0.2	0.6	1.2	0.575	0.4	1.4	0.15	2.35	0.575	0.2
8	1.5	0.125	0.2	0.6	1.3	0.575	0.4	1.5	0.175	2.45	0.575	0.2
9	1.6	0.125	0.25	0.65	1.4	0.6	0.45	1.6	0.175	2.6	0.6	0.2
10	1.8	0.125	0.25	0.7	1.6	0.65	0.45	1.8	0.175	2.9	0.625	0.2
11	1.9	0.125	0.25	0.7	1.7	0.65	0.45	1.9	0.175	3	0.625	0.2
12	2.1	0.15	0.25	0.75	1.9	0.7	0.5	2.1	0.2	3.3	0.65	0.2
13	2.3	0.15	0.25	0.75	2.1	0.7	0.55	2.3	0.2	3.5	0.65	0.2
14	2.5	0.15	0.25	0.8	2.3	0.725	0.6	2.5	0.2	3.75	0.7	0.2
15	2.7	0.15	0.25	0.85	2.5	0.75	0.65	2.7	0.225	4	0.7	0.2
16	2.9	0.15	0.25	0.85	2.7	0.75	0.65	2.9	0.225	4.2	0.75	0.2
17	3.1	0.15	0.3	0.9	2.9	0.775	0.7	3.1	0.25	4.45	0.75	0.2
18	3.3	0.15	0.3	0.95	3.1	0.775	0.7	3.3	0.25	4.65	0.8	0.2

注：①每颗石头对应一个桶位；②桶位作用：承托石头，便于镶嵌时准确落石；③敲打边侧面宽度等同于图中9的数据；④图中1所列数据为未增加敲打边之前的距离。

4.3.1.3　公主方逼镶

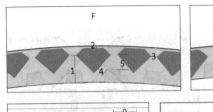
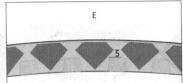
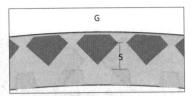

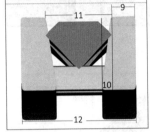
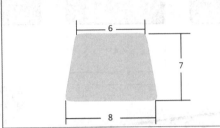
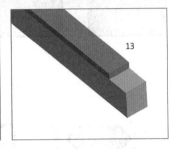

公主方逼镶（横担位、金镶）石位数据表　　　　　单位：mm

No.	石头直径	石腰与底部距离1	石台面与光金边顶部距离2	石间距3	石下棱与横担距离4	石腰与横担顶部距离5			横担顶部宽度6	横担高度7	横担底部宽度8	光金边宽度9	斜位宽度10	上斜位宽度11	逼镶底部整体宽度12	敲打边厚度13
						E	F	G								
1	0.8	0.85	0.1	0.1	0.1	0.1	0.25	0.4	0.5	0.6	0.7	0.5	0.125	0.6	1.9	0.2
2	0.9	0.85	0.1	0.1	0.1	0.1	0.25	0.45	0.5	0.6	0.7	0.5	0.125	0.7	2	0.2
3	1	0.9	0.1	0.1	0.125	0.1	0.27	0.5	0.55	0.65	0.75	0.525	0.125	0.8	2.1	0.2
4	1.15	0.9	0.125	0.1	0.125	0.15	0.3	0.575	0.575	0.675	0.775	0.525	0.15	0.95	2.3	0.2
5	1.2	0.9	0.125	0.1	0.15	0.15	0.3	0.6	0.6	0.7	0.8	0.55	0.15	1	2.5	0.2
6	1.3	0.9	0.125	0.1	0.15	0.15	0.32	0.65	0.625	0.725	0.825	0.55	0.15	1.1	2.6	0.2
7	1.4	0.95	0.125	0.1	0.15	0.15	0.35	0.7	0.625	0.725	0.825	0.575	0.15	1.2	2.7	0.2
8	1.5	0.95	0.125	0.1	0.15	0.15	0.35	0.75	0.625	0.725	0.825	0.575	0.175	1.3	2.8	0.2
9	1.6	0.95	0.125	0.1	0.17	0.2	0.37	0.8	0.65	0.75	0.85	0.6	0.175	1.4	2.95	0.2
10	1.8	1	0.125	0.1	0.17	0.2	0.4	0.9	0.65	0.75	0.85	0.65	0.175	1.6	3.2	0.2
11	1.9	1.05	0.125	0.1	0.175	0.2	0.42	0.95	0.65	0.75	0.85	0.65	0.175	1.7	3.3	0.2
12	2.1	1.1	0.15	0.13	0.175	0.25	0.45	1.05	0.675	0.775	0.875	0.7	0.2	1.9	3.6	0.2
13	2.3	1.1	0.15	0.13	0.2	0.25	0.48	1.15	0.7	0.8	0.9	0.7	0.2	2.1	3.8	0.2
14	2.5	1.2	0.15	0.13	0.2	0.25	0.5	1.25	0.7	0.8	0.9	0.725	0.2	2.3	4.05	0.2
15	2.7	1.2	0.15	0.15	0.2	0.25	0.55	1.35	0.7	0.8	0.9	0.75	0.225	2.5	4.3	0.2
16	2.9	1.45	0.15	0.15	0.2	0.3	0.58	1.45	0.7	0.8	0.9	0.75	0.225	2.7	4.5	0.2
17	3.1	1.55	0.15	0.15	0.25	0.3	0.61	1.55	0.75	0.825	0.95	0.775	0.25	2.9	4.75	0.2
18	3.3	1.65	0.15	0.15	0.25	0.3	0.65	1.65	0.75	0.825	0.95	0.775	0.25	3.1	4.95	0.2

注：①每两颗石头中间放一个担位，目的让两条逼镶边受力；②逼镶边上，另增加一条镶嵌用敲打边，高度见图中 13 的数据、宽度见图中 9 的数据；③图中 2 为未增加敲打边之前数据；④E 表示逼镶厚度比较薄，F 表示逼镶厚度适中，G 表示逼镶厚度较厚，它们的数据基本上是最低限度，尺寸可以根据情况适当调整。

4.3.2　逼镶（蜡镶）

4.3.2.1　圆石逼镶（担位）

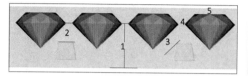 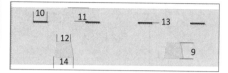

圆石逼镶（横担位、蜡镶）石位数据表　　　　单位：mm

No.	石头直径	石腰与底部距离1	石腰与横担顶部距离2	石下棱与横担距离3	石间距4	石台面与光金边顶部距离5	上斜位宽度6	槽位多于石吃入距离7	斜位距离8	横担高度9	逼镶槽位宽度10	逼镶槽与光金顶部距离11	横担顶部宽度12	逼镶槽高度13	横担底部宽度14	光金边宽度15	槽外部石长度16
1	0.9	0.85	0.35	0.2	0.15	0.28	0.8	0.15	0.4	0.6	0.55	0.5	0.5	0.2	0.7	0.5	0.5
2	1	0.9	0.4	0.2	0.17	0.28	0.9	0.15	0.4	0.65	0.55	0.5	0.5	0.2	0.75	0.525	0.6
3	1.1	0.9	0.4	0.2	0.17	0.3	1	0.15	0.55	0.7	0.6	0.5	0.55	0.2	0.775	0.525	0.7
4	1.2	0.9	0.5	0.225	0.2	0.3	1.1	0.15	0.55	0.7	0.65	0.5	0.6	0.2	0.8	0.55	0.8
5	1.3	0.9	0.55	0.225	0.2	0.3	1.2	0.15	0.55	0.725	0.65	0.5	0.625	0.2	0.825	0.55	0.85
6	1.4	0.95	0.55	0.225	0.2	0.3	1.3	0.15	0.55	0.725	0.7	0.5	0.625	0.2	0.825	0.575	1
7	1.5	0.95	0.55	0.225	0.2	0.3	1.4	0.15	0.55	0.725	0.7	0.5	0.625	0.2	0.825	0.575	1.05
8	1.6	0.95	0.6	0.225	0.25	0.3	1.5	0.2	0.6	0.75	0.725	0.5	0.65	0.2	0.85	0.6	1.2
9	1.7	0.95	0.6	0.225	0.25	0.3	1.6	0.2	0.6	0.75	0.75	0.55	0.65	0.2	0.85	0.65	1.37
10	1.8	1	0.6	0.225	0.25	0.3	1.7	0.2	0.6	0.75	0.75	0.55	0.65	0.2	0.85	0.65	1.4
11	1.9	1.05	0.6	0.225	0.25	0.3	1.8	0.2	0.6	0.75	0.8	0.6	0.65	0.2	0.85	0.65	1.5
12	2	1.05	0.6	0.25	0.25	0.3	1.9	0.2	0.6	0.75	0.8	0.6	0.65	0.2	0.85	0.65	1.57
13	2.1	1.1	0.65	0.25	0.25	0.3	2	0.2	0.6	0.775	0.8	0.65	0.675	0.25	0.85	0.7	1.7
14	2.2	1.1	0.65	0.25	0.25	0.3	2.1	0.2	0.6	0.775	0.9	0.65	0.675	0.25	0.875	0.7	1.8
15	2.3	1.1	0.7	0.25	0.25	0.3	2.2	0.2	0.6	0.8	0.95	0.67	0.7	0.25	0.9	0.7	1.9
16	2.4	1.1	0.7	0.25	0.25	0.3	2.3	0.2	0.6	0.8	0.95	0.67	0.7	0.25	0.9	0.7	1.97
17	2.5	1.2	0.7	0.25	0.25	0.3	2.4	0.2	0.6	0.8	0.95	0.7	0.7	0.25	0.9	0.725	2.1
18	2.6	1.2	0.7	0.25	0.25	0.32	2.5	0.2	0.6	0.8	0.95	0.7	0.7	0.25	0.9	0.725	2.2
19	2.7	1.2	0.7	0.25	0.25	0.32	2.6	0.2	0.6	0.8	0.95	0.7	0.7	0.25	0.9	0.725	2.3
20	2.8	1.3	0.7	0.25	0.25	0.32	2.7	0.2	0.6	0.8	1	0.75	0.7	0.25	0.9	0.75	2.4
21	2.9	1.45	0.75	0.25	0.25	0.32	2.8	0.2	0.6	0.8	1	0.75	0.7	0.25	0.9	0.75	2.45
22	3	1.45	0.75	0.25	0.3	0.32	2.9	0.2	0.6	0.825	1	0.75	0.725	0.25	0.95	0.775	2.55

注：需开出"<""＞"形逼镶槽位，且槽位深度超过石腰吃入距离，具体见图中7对应数据。

4.3.2.2　公主方、梯方石逼镶

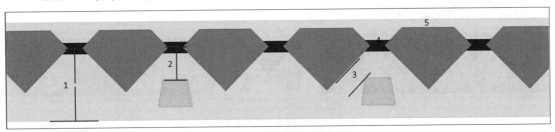

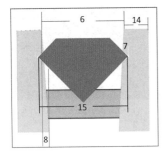
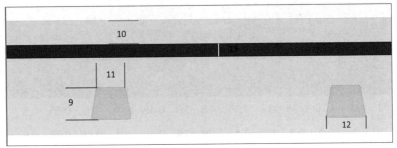

公主方、梯方石逼镶（横担位、蜡镶）石位数据表　　　　单位：mm

No.	石头直径	石腰与底部距离1	石腰与横担顶部距离2	石下棱与横担距离3	石间距4	石台面与光金边顶部距离5	上斜位宽度6	槽位多于石吃入距离7	斜位距离8	横担高度9	槽位与光金边顶部距离10	横担顶部宽度11	横担底部宽度12	槽位高度13	光金边宽度14	槽外部石长度15
1	0.9	0.85	0.35	0.2	0.15	0.28	0.8	0.15	0.4	0.6	0.55	0.5	0.7	0.2	0.5	0.5
2	1	0.9	0.4	0.2	0.15	0.28	0.9	0.15	0.4	0.6 5	0.55	0.5	0.75	0.2	0.525	0.6
3	1.1	0.9	0.4	0.2	0.15	0.3	1	0.15	0.55	0.7	0.6	0.55	0.77 5	0.2	0.525	0.7
4	1.2	0.9	0.5	0.225	0.15	0.3	1.1	0.15	0.55	0.7	0.65	0.6	0.8	0.2	0.55	0.8
5	1.3	0.9	0.55	0.225	0.15	0.3	1.2	0.15	0.55	0.725	0.65	0.625	0.825	0.2	0.55	0.85
6	1.4	0.95	0.55	0.225	0.15	0.3	1.3	0.15	0.55	0.725	0.7	0.625	0.825	0.2	0.575	1
7	1.5	0.95	0.55	0.225	0.15	0.3	1.4	0.15	0.55	0.725	0.7	0.625	0.85	0.2	0.575	1.05
8	1.6	0.95	0.6	0.225	0.15	0.3	1.5	0.2	0.58	0.75	0.725	0.65	0.85	0.2	0.6	1.2
9	1.7	0.95	0.6	0.225	0.15	0.3	1.6	0.2	0.6	0.75	0.725	0.65	0.85	0.2	0.65	1.37
10	1.8	1	0.6	0.225	0.15	0.3	1.7	0.2	0.6	0.75	0.725	0.65	0.85	0.2	0.65	1.4
11	1.9	1.05	0.6	0.225	0.15	0.3	1.8	0.2	0.6	0.75	0.8	0.65	0.85	0.2	0.65	1.5
12	2	1.05	0.6	0.25	0.15	0.3	1.9	0.2	0.6	0.75	0.8	0.65	0.85	0.2	0.65	1.57
13	2.1	1.1	0.65	0.25	0.15	0.3	2	0.2	0.6	0.775	0.9	0.65	0.85	0.2	0.7	1.7
14	2.2	1.1	0.65	0.25	0.15	0.3	2.1	0.2	0.6	0.775	0.9	0.675	0.85	0.2	0.7	1.8
15	2.3	1.1	0.7	0.25	0.15	0.3	2.2	0.2	0.6	0.8	0.95	0.675	0.875	0.2	0.7	1.9
16	2.4	1.1	0.7	0.25	0.15	0.3	2.3	0.2	0.6	0.8	0.95	0.7	0.9	0.2	0.7	1.97
17	2.5	1.2	0.7	0.25	0.15	0.3	2.4	0.2	0.6	0.8	0.95	0.7	0.9	0.2	0.725	2.1
18	2.6	1.2	0.7	0.25	0.15	0.32	2.5	0.2	0.6	0.8	0.95	0.7	0.9	0.2	0.725	2.2
19	2.7	1.2	0.7	0.25	0.15	0.32	2.6	0.2	0.6	0.8	0.95	0.7	0.9	0.2	0.725	2.3
20	2.8	1.3	0.7	0.25	0.15	0.32	2.7	0.2	0.6	0.8	1	0.7	0.9	0.2	0.75	2.4
21	2.9	1.45	0.75	0.25	0.15	0.32	2.8	0.2	0.6	0.8	1	0.7	0.9	0.2	0.75	2.45
22	3	1.45	0.75	0.25	0.15	0.32	2.9	0.2	0.6	0.825	1	0.725	0.95	0.2	0.775	2.55

注：①需开出"<"">"形逼镶槽位，且槽位深度超过石腰吃入距离，具体见图中 7 对应数据；②槽位必须贯穿整个逼镶面。

4.4　钉镶（金镶、蜡镶）

4.4.1　钉镶（金镶）

4.4.1.1　圆石共钉镶

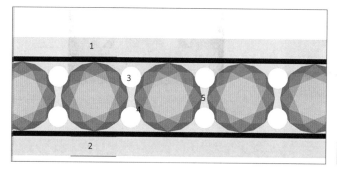
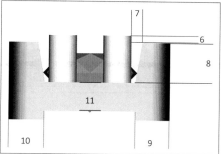

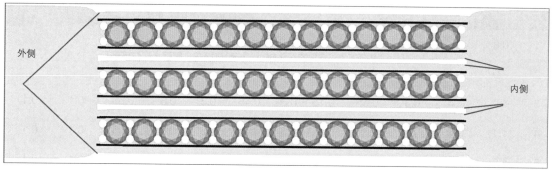

外侧　　内侧

共钉镶（金镶）石位数据表　　单位：mm

No.	石头直径	外侧光金边宽度 1	内侧光金边宽度 2	钉直径 3	钉吃入石距离 4	石间距 5	钉高于光金边距离 6	光金边斜位距离 7	石位槽深度 8	底部光金外侧宽度 9	底部光金内侧宽度 10	槽厚度 11
1	0.8	由于 0.8 ~ 0.9 的石头较小，一般直接在金属面上起钉镶嵌										
2	0.9											
3	1	0.4	0.3	0.45 ~ 0.5	0.05	0.2	0.1	≥ 0.2	0.45	0.6	0.5	0.6
4	1.1	0.4	0.3	0.45 ~ 0.5	0.05	0.2	0.1	≥ 0.2	0.45	0.6	0.5	0.6
5	1.2	0.4	0.3	0.45 ~ 0.5	0.05	0.2	0.1	≥ 0.2	0.45	0.6	0.5	0.6
6	1.3	0.4	0.3	0.45 ~ 0.5	0.05	0.2	0.1	≥ 0.2	0.5	0.6	0.5	0.6
7	1.4	0.4	0.3	0.45 ~ 0.5	0.05	0.2	0.1	≥ 0.2	0.5	0.6	0.5	0.6
8	1.5	0.4	0.3	0.45 ~ 0.5	0.05	0.2	0.1	≥ 0.2	0.5	0.6	0.5	0.65
9	1.6	0.4	0.3	0.5 ~ 0.55	0.05	0.2	0.1	≥ 0.2	0.55	0.6	0.5	0.65
10	1.7	0.4	0.3	0.5 ~ 0.55	0.08	0.2	0.1	≥ 0.2	0.55	0.6	0.5	0.65
11	1.8	0.4	0.3	0.55 ~ 0.6	0.08	0.2	0.1	≥ 0.2	0.55	0.6	0.5	0.65
12	1.9	0.4	0.3	0.55 ~ 0.6	0.08	0.2	0.1	≥ 0.2	0.55	0.6	0.5	0.65
13	2	0.4	0.3	0.55 ~ 0.6	0.1	0.2	0.1	≥ 0.2	0.55	0.6	0.5	0.7
14	2.1	0.4	0.3	0.6 ~ 0.65	0.1	0.2	0.1	≥ 0.2	0.6	0.6	0.5	0.7
15	2.2	0.4	0.3	0.6 ~ 0.65	0.1	0.2	0.1	≥ 0.2	0.6	0.6	0.5	0.7
16	2.3	0.4	0.3	0.6 ~ 0.65	0.1	0.2	0.1	≥ 0.2	0.65	0.6	0.5	0.7
17	2.4	0.4	0.3	0.6 ~ 0.65	0.1	0.2	0.1	≥ 0.2	0.65	0.6	0.5	0.7
18	2.5	0.4	0.3	0.65 ~ 0.7	0.1	0.2	0.1	≥ 0.2	0.65	0.6	0.5	0.7
19	2.6	0.4	0.3	0.65 ~ 0.7	0.1	0.2	0.1	≥ 0.2	0.65	0.6	0.5	0.7
20	2.7	0.4	0.3	0.65 ~ 0.7	0.1	0.2	0.1	≥ 0.2	0.65	0.6	0.5	0.7
21	2.8	0.4	0.3	0.65 ~ 0.75	0.1	0.2	0.1	≥ 0.2	0.65	0.6	0.5	0.7
22	2.9	0.4	0.3	0.65 ~ 0.75	0.1	0.2	0.1	≥ 0.2	0.65	0.6	0.5	0.7
23	3	0.4	0.3	0.7 ~ 0.8	0.1	0.2	0.1	≥ 0.2	0.65	0.6	0.5	0.75
24	3.1	0.4	0.3	0.7 ~ 0.8	0.1	0.2	0.1	≥ 0.2	0.65	0.6	0.5	0.75
25	3.2	0.4	0.3	0.7 ~ 0.8	0.1	0.2	0.1	≥ 0.2	0.65	0.6	0.5	0.75
26	3.3	0.4	0.3	0.75 ~ 0.85	0.1	0.2	0.1	≥ 0.2	0.65	0.6	0.5	0.75
27	3.4	0.4	0.3	0.75 ~ 0.85	0.1	0.2	0.1	≥ 0.2	0.65	0.6	0.5	0.75
28	3.5	0.4	0.3	0.75 ~ 0.85	0.1	0.2	0.1	≥ 0.2	0.65	0.6	0.5	0.75

注：所有钉为圆柱形，且直径大小相同。

4.4.1.2　圆石四钉镶

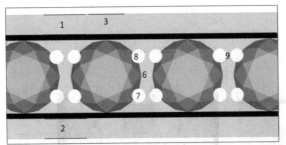
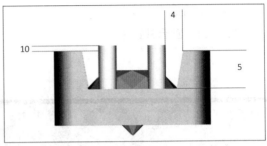

四钉镶（金镶）石位数据表　　　　　　　　　　　　　　　　单位：mm

No.	石头直径	外侧光金边宽度 1	内侧光金边宽度 2	光金边底部宽度 3	光金边斜位距离 4	石位槽深度 5	石间距 6	钉直径 7	钉吃入石距离 8	钉间距 9	钉高于光金边距离 10
1	0.8										
2	0.9			由于 0.8、0.9 的石头较小，一般直接在金属面上起钉镶嵌							
3	1.0	0.4	0.3	0.65	0.15 ~ 0.3	0.45	0.3	0.3	0.05	0.1	0.1
4	1.1	0.4	0.3	0.65	0.15 ~ 0.3	0.45	0.3	0.3	0.05	0.1	0.1
5	1.2	0.4	0.3	0.65	0.15 ~ 0.3	0.45	0.3	0.3	0.05	0.1	0.1
6	1.3	0.4	0.3	0.65	0.15 ~ 0.3	0.5	0.35	0.35	0.05	0.1	0.1
7	1.4	0.4	0.3	0.65	0.15 ~ 0.3	0.5	0.35	0.35	0.05	0.1	0.1
8	1.5	0.4	0.3	0.65	0.15 ~ 0.3	0.5	0.35	0.35	0.05	0.1	0.1
9	1.6	0.4	0.3	0.65	0.15 ~ 0.3	0.55	0.4	0.4	0.05	0.1	0.1
10	1.8	0.4	0.3	0.65	0.15 ~ 0.3	0.55	0.4	0.4	0.08	0.1	0.1
11	1.9	0.4	0.3	0.65	0.15 ~ 0.3	0.55	0.4	0.4	0.08	0.1	0.1
12	2.1	0.4	0.3	0.65	0.15 ~ 0.3	0.55	0.4	0.4	0.1	0.1	0.1
13	2.3	0.4	0.3	0.65	0.15 ~ 0.3	0.65	0.5	0.5	0.1	0.1	0.1
14	2.5	0.4	0.3	0.65	0.15 ~ 0.3	0.65	0.5	0.5	0.1	0.1	0.1
15	2.7	0.4	0.3	0.65	0.15 ~ 0.3	0.65	0.5	0.5	0.1	0.1	0.1
16	2.9	0.4	0.3	0.65	0.15 ~ 0.3	0.65	0.5	0.5	0.1	0.1	0.1
17	3.1	0.4	0.3	0.65	0.15 ~ 0.3	0.65	0.5	0.5	0.1	0.1	0.1
18	3.3	0.4	0.3	0.65	0.15 ~ 0.3	0.65	0.5	0.5	0.1	0.1	0.1

注：所有钉为圆柱形，且直径大小相同。

4.4.2 钉镶（蜡镶）
4.4.2.1 圆石共钉镶

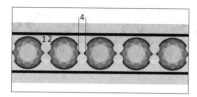

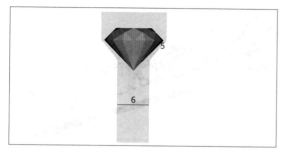
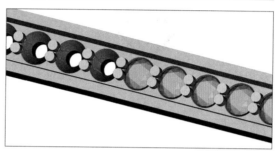

圆石共钉镶（蜡镶）石位数据表 单位：mm

No.	石头直径	钉直径 1	钉吃入石距离 2	钉高于石台面距离 3	石间距 4	开孔物大于石腰距离 5	开孔物孔直径 6
1	1	0.40	0.05	0.1	0.17	0.1	0.5
2	1.1	0.40	0.05	0.1	0.17	0.1	0.55
3	1.2	0.45	0.05	0.1	0.20	0.1	0.6
4	1.3	0.50	0.06	0.1	0.20	0.1	0.65
5	1.4	0.525	0.065	0.1	0.20	0.1	0.7
6	1.5	0.55	0.07	0.1	0.20	0.1	0.75
7	1.6	0.60	0.075	0.1	0.25	0.1	0.8
8	1.7	0.65	0.075	0.1	0.25	0.1	0.85
9	1.8	0.65	0.075	0.1	0.25	0.1	0.9
10	1.9	0.70	0.075	0.1	0.25	0.1	0.95
11	2	0.725	0.08	0.1	0.25	0.1	1.0
12	2.1	0.725	0.10	0.1	0.25	0.1	1.05
13	2.2	0.75	0.10	0.1	0.25	0.1	1.1
14	2.3	0.75	0.10	0.1	0.25	0.1	1.15
15	2.4	0.80	0.10	0.1	0.25	0.1	1.2
16	2.5	0.80	0.10	0.1	0.25	0.1	1.25
17	2.6	0.825	0.10	0.1	0.25	0.1	1.3
18	2.7	0.825	0.10	0.1	0.25	0.1	1.35
19	2.8	0.90	0.10	0.1	0.25	0.1	1.4
20	2.9	0.90	0.10	0.1	0.25	0.1	1.45
21	3	0.90	0.10	0.1	0.30	0.1	1.5

注：①可将宝石减去钉，作为校版定位；②石头腰部与光金面平齐；③蜡钉镶一般选用 3mm 以下优质可蜡镶材质的石头。

4.4.2.2　圆石四钉镶

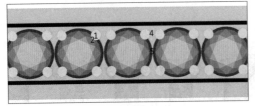
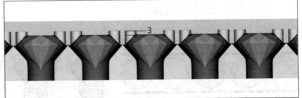
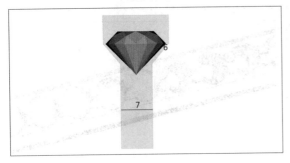
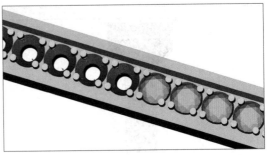

圆石四钉镶（蜡镶）石位数据表　　　　单位：mm

No.	石头直径	钉直径 1	钉吃入石距离 2	钉高于石台面距离 3	钉间距 4	石间距 5	开孔物大于石腰距离 6	开孔物孔直径 7
1	1	0.3	0.05	0.1	0.1	0.25	0.1	0.5
2	1.1	0.3	0.05	0.1	0.13	0.25	0.1	0.55
3	1.2	0.3	0.05	0.1	0.16	0.25	0.1	0.6
4	1.3	0.35	0.05	0.1	0.1	0.25	0.1	0.65
5	1.4	0.35	0.05	0.1	0.13	0.25	0.1	0.7
6	1.5	0.35	0.05	0.1	0.16	0.25	0.1	0.75
7	1.6	0.4	0.05	0.1	0.1	0.25	0.1	0.8
8	1.7	0.4	0.05	0.1	0.13	0.25	0.1	0.85
9	1.8	0.4	0.05	0.1	0.16	0.25	0.1	0.9
10	1.9	0.45	0.05	0.1	0.1	0.25	0.1	0.95
11	2	0.45	0.05	0.1	0.14	0.255	0.1	1
12	2.1	0.5	0.05	0.1	0.1	0.255	0.1	1.05
13	2.2	0.5	0.05	0.1	0.11	0.255	0.1	1.1
14	2.3	0.5	0.05	0.1	0.14	0.255	0.1	1.15
15	2.4	0.55	0.05	0.1	0.1	0.26	0.1	1.2
16	2.5	0.55	0.05	0.1	0.11	0.26	0.1	1.25
17	2.6	0.55	0.05	0.1	0.15	0.26	0.1	1.3
18	2.7	0.55	0.05	0.1	0.17	0.26	0.1	1.35
19	2.8	0.6	0.05	0.1	0.12	0.26	0.1	1.4
20	2.9	0.6	0.05	0.1	0.15	0.26	0.1	1.45
21	3	0.6	0.05	0.1	0.18	0.26	0.1	1.5

注：①可将宝石减去钉，作为校版定位；②石头腰部与光金面平齐；③蜡钉镶一般选用 3mm 以下优质可蜡镶材质的石头。

4.5 虎爪镶（金镶）

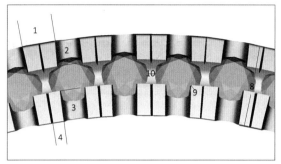

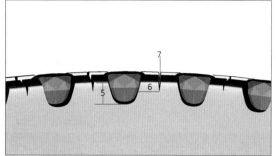

虎爪（金镶）石位数据表　　　　　　单位：mm

No.	石头直径	外侧整爪长度1	外侧爪宽度2	内侧爪宽度3	内侧分爪长度4	爪高度5	分爪高度6	分爪槽宽度7	爪整体宽度8		石吃入爪深度9	石间距10
									居内侧镶爪	居外侧镶爪		
1	0.8	0.6	0.45	0.4	0.3	0.45	0.2	0.05	1	1.1	0.05	0.35
2	0.9	0.6	0.45	0.4	0.3	0.45	0.2	0.05	1.1	1.2	0.05	0.35
3	1	0.65	0.525	0.425	0.33	0.5	0.2	0.05	1.2	1.3	0.075	0.35
4	1.15	0.7	0.55	0.45	0.35	0.6	0.2	0.05	1.35	1.45	0.075	0.35
5	1.2	0.7	0.55	0.45	0.35	0.6	0.2	0.05	1.4	1.5	0.075	0.35
6	1.3	0.7	0.55	0.45	0.35	0.7	0.2	0.05	1.5	1.6	0.075	0.35
7	1.4	0.75	0.575	0.475	0.37	0.75	0.2	0.05	1.6	1.7	0.075	0.35
8	1.5	0.8	0.6	0.5	0.4	0.8	0.2	0.05	1.7	1.8	0.075	0.35
9	1.6	0.9	0.65	0.55	0.4	0.82	0.3	0.1	1.8	1.9	0.075	0.4
10	1.8	0.9	0.65	0.55	0.4	0.96	0.3	0.1	2	2.1	0.075	0.4
11	1.9	0.9	0.65	0.55	0.4	1.03	0.3	0.1	2.1	2.2	0.075	0.4
12	2.1	0.95	0.675	0.575	0.425	1.17	0.3	0.1	2.3	2.4	0.075	0.4
13	2.3	1.1	0.75	0.65	0.5	1.3	0.3	0.1	2.5	2.6	0.075	0.5
14	2.5	1.15	0.775	0.675	0.525	1.45	0.3	0.1	2.7	2.8	0.1	0.5
15	2.7	1.2	0.8	0.7	0.55	1.59	0.3	0.1	2.9	3	0.1	0.5
16	2.9	1.25	0.825	0.725	0.575	1.73	0.3	0.1	3.1	3.2	0.1	0.5
17	3.1	1.3	0.85	0.75	0.6	1.87	0.3	0.1	3.3	3.4	0.125	0.5
18	3.3	1.35	0.875	0.775	0.625	2	0.3	0.1	3.5	3.6	0.125	0.5

注：①每处虎爪在电脑上是正方形，金镶时，在金属方虎爪上，再将其吸圆；②若造型需要分件制作，靠近分件焊接的虎爪镶最后3颗石头，其边位宽度需加大0.1mm，以保障足够的焊接位置；③虎爪上可预先制作出分爪槽位，便于后期镶嵌分爪吸钉时的定位，也可不必预先制作。制作时，分爪槽物件其造型为"V"形，不能做成"U"形。

4.6　光金面种爪（金镶、蜡镶）

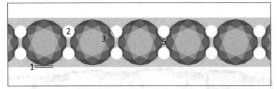

光金面种爪（金镶、蜡镶）石位数据表　　　　　　　　单位：mm

No.	石头直径	石头与光金边距离 1		爪直径 2	爪吃入石距离 3	爪高于石台面距离 4	石间距 5	石腰与光金面距离 6
		外侧	内侧					
1	1.1	0.15	0.05	0.45 ~ 0.5	0.05	0.4	0.2	0.15
2	1.2	0.15	0.05	0.45 ~ 0.5	0.05	0.4	0.2	0.15
3	1.3	0.15	0.05	0.45 ~ 0.5	0.05	0.4	0.2	0.15
4	1.4	0.15	0.05	0.45 ~ 0.5	0.05	0.4	0.2	0.15
5	1.5	0.15	0.05	0.45 ~ 0.5	0.05	0.4	0.2	0.15
6	1.6	0.15	0.05	0.5 ~ 0.55	0.05	0.4	0.2	0.2
7	1.7	0.15	0.05	0.5 ~ 0.55	0.08	0.4	0.2	0.2
8	1.8	0.15	0.05	0.55 ~ 0.6	0.08	0.4	0.2	0.2
9	1.9	0.15	0.05	0.55 ~ 0.6	0.08	0.4	0.2	0.25
10	2	0.15	0.05	0.55 ~ 0.6	0.1	0.4	0.2	0.25
11	2.1	0.15	0.05	0.6 ~ 0.65	0.1	0.4	0.2	0.25
12	2.2	0.15	0.05	0.6 ~ 0.65	0.1	0.4	0.2	0.3
13	2.3	0.15	0.05	0.6 ~ 0.65	0.1	0.4	0.2	0.3
14	2.4	0.15	0.05	0.6 ~ 0.65	0.1	0.4	0.2	0.3
15	2.5	0.15	0.05	0.65 ~ 0.7	0.1	0.4	0.2	0.35
16	2.6	0.15	0.05	0.65 ~ 0.7	0.1	0.4	0.2	0.35
17	2.7	0.15	0.05	0.65 ~ 0.7	0.1	0.4	0.2	0.35
18	2.8	0.15	0.05	0.65 ~ 0.75	0.1	0.4	0.2	0.35
19	2.9	0.15	0.05	0.65 ~ 0.75	0.1	0.4	0.2	0.4
20	3	0.15	0.05	0.7 ~ 0.8	0.1	0.4	0.2	0.4
21	3.1	0.15	0.05	0.7 ~ 0.8	0.1	0.4	0.2	0.4
22	3.2	0.15	0.05	0.7 ~ 0.8	0.1	0.4	0.2	0.45
23	3.3	0.15	0.05	0.75 ~ 0.85	0.1	0.4	0.2	0.45
24	3.4	0.15	0.05	0.75 ~ 0.85	0.1	0.4	0.2	0.45
25	3.5	0.15	0.05	0.75 ~ 0.85	0.1	0.4	0.2	0.45

注：①外侧：易执摸到的一侧；内侧：不易执摸到的一侧；②0.8 ~ 1.0mm 石头不做光金面种爪，一般直接在光金面上起钉镶。

4.7　压镶（6围1金镶）

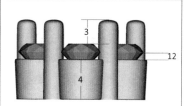
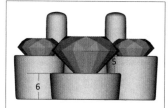

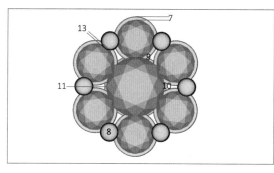
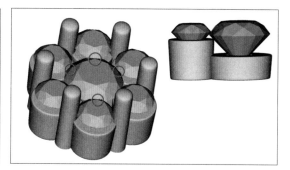

6围1圆石压镶（金镶）石位数据表

单位：mm

No.	主石直径	副石直径	镶口高度落差 1	副石镶口边宽度 2	爪与副石台面距离 3	副石镶口高度 4	主石腰与主石镶口距离 5	主石镶口高度 6	副石镶口多于副石距离 7	爪直径 8	副石压主石距离 9	副石间距 10	主石镶口多于主石距离 11	副石腰与副石镶口距离 12	爪吃入石距离 13
1	1.6	1	0.5	0.35	0.7	0.65	0.3	0.4	0.1	0.55	0.185	0.145	0.05	0.2	0.115
2	1.8	1.15	0.5	0.4	0.7	0.7	0.3	0.45	0.1	0.55	0.21	0.145	0.05	0.2	0.1
3	1.9	1.2	0.5	0.4	0.7	0.7	0.3	0.45	0.1	0.6	0.205	0.175	0.05	0.25	0.13
4	2	1.3	0.5	0.45	0.75	0.75	0.35	0.5	0.1	0.6	0.21	0.175	0.05	0.25	0.1
5	2.1	1.4	0.55	0.5	0.75	0.75	0.35	0.5	0.1	0.65	0.21	0.175	0.05	0.25	0.1
6	2.2	1.5	0.6	0.5	0.75	0.8	0.35	0.55	0.1	0.7	0.21	0.175	0.05	0.25	0.13
7	2.4	1.6	0.7	0.55	0.75	0.8	0.4	0.55	0.1	0.7	0.22	0.225	0.05	0.3	0.13
8	2.6	1.8	0.7	0.55	0.8	0.8	0.45	0.55	0.1	0.75	0.22	0.225	0.05	0.3	0.13
9	2.7	1.9	0.7	0.55	0.8	0.85	0.5	0.6	0.1	0.75	0.24	0.225	0.05	0.3	0.135
10	3	2.1	0.75	0.6	0.85	0.85	0.55	0.6	0.1	0.8	0.26	0.225	0.05	0.35	0.135
11	3.1	2.2	0.75	0.65	0.85	0.85	0.55	0.6	0.1	0.8	0.27	0.225	0.05	0.35	0.135
12	3.2	2.3	0.75	0.7	0.85	0.9	0.55	0.65	0.1	0.85	0.27	0.225	0.05	0.4	0.136
13	3.4	2.5	0.8	0.75	0.9	0.9	0.6	0.65	0.1	0.9	0.29	0.225	0.05	0.45	0.145
14	3.6	2.7	0.85	0.75	0.9	0.9	0.6	0.65	0.1	0.95	0.3	0.225	0.05	0.5	0.148
15	3.9	2.9	0.9	0.8	0.9	0.95	0.65	0.7	0.1	1.05	0.32	0.225	0.05	0.5	0.168
16	4.2	3.1	0.95	0.8	0.95	0.95	0.7	0.7	0.1	1.05	0.35	0.275	0.05	0.55	0.173
17	4.4	3.3	0.95	0.85	1	1	0.7	0.75	0.1	1.1	0.37	0.275	0.05	0.55	0.198

注：①每个副石镶口直径均比副石直径多0.2mm；②主石镶口直径比主石直径多0.1mm。

5. 贵金属首饰加工单耗标准

5.1 黄金首饰、K（黄）金首饰、K（黄）金镶嵌首饰加工贸易单耗标准（HDB/HJ 001—200）

序号	成品				原料				净耗/（g/g）	损耗率/%
	名称	单位	商品编号	规格	名称	单位	商品编号	规格		
1	黄金首饰	g	7113191990	不限	黄金	g	71081200	足金、千足金	1.0	0.25
2	8K（黄）金首饰	g	7113191990	不限	黄金	g	71081200	足金、千足金	0.333	6
3	9K（黄）金首饰	g	7113191990	不限	黄金	g	71081200	足金、千足金	0.375	6
4	10K（黄）金首饰	g	7113191990	不限	黄金	g	71081200	足金、千足金	0.417	6
5	14K（黄）金首饰	g	7113191990	不限	黄金	g	71081200	足金、千足金	0.583	6
6	18K（黄）金首饰	g	7113191990	不限	黄金	g	71081200	足金、千足金	0.750	6
7	22K（黄）金首饰	g	7113191990	不限	黄金	g	71081200	足金、千足金	0.916	6
8	9K（黄）金镶嵌制品	g	711319119071113191990	不限	黄金	g	71081200	足金、千足金	0.375	8.5
9	10K（黄）金镶嵌制品	g	711319119071113191990	不限	黄金	g	71081200	足金、千足金	0.417	8.5
10	14K（黄）金镶嵌制品	g	711319119071113191990	不限	黄金	g	71081200	足金、千足金	0.583	8.5
11	18K（黄）金镶嵌制品	g	711319119071113191990	不限	黄金	g	71081200	足金、千足金	0.750	8.5
12	22K（黄）金镶嵌制品	g	711319119071113191990	不限	黄金	g	71081200	足金、千足金	0.916	8.5

5.2 铂金首饰、铂金镶嵌首饰加工贸易单耗标准（HDB/HJ 002—2005）

序号	成品				原料				净耗/(g/g)	损耗率/%
	名称	单位	商品编号	规格	名称	单位	商品编号	规格		
1	铂金首饰	g	7113199.90	不限	铂金	g	71101100	PT990	0.99	2.8
								PT950	0.95	2.8
								PT900	0.90	2.8
								PT850	0.85	2.8
2	铂金镶嵌首饰	g	71131991.00 71131999.90	不限	铂金	g	71101100	PT990	0.99	10
								PT950	0.95	10
								PT990	0.90	10
								PT880	0.85	10

5.3　钯金首饰、钯金镶嵌首饰加工贸易单耗标准（HDB/HJ 006—2009）

序号	成品				原料				净耗/（g/g）	工艺耗损率/%
	名称	单位	商品编号	规格	名称	单位	商品编号	规格		
1	千足钯金首饰（999%）		71131999						1	2.95
2	足钯首饰（999%）		71131999						0.99	2.95
3	950 钯首饰（950%）	g	71131999	不限	999 钯（999<=）	g	71102100	条、块、颗、粒状	0.95	2.95
4	足钯金镶嵌首饰（999%）		71131991						0.99	11
5	950 钯金镶嵌首饰（950%）		71131991						0.95	11

5.4　足银首饰、925银首饰及925银镶嵌首饰制品加工贸易单耗标准（HDB／HJ 005—2007）

序号	成品				原料				净耗/（g/g）	工艺损耗率/%
	名称	单位	商品编号	规格	名称	单位	商品编号	规格		
1	足金首饰	g	7113119090	形状不一、式样大小不规则的戒指、项链、吊坠、耳环、手链、胸针等	1# 银	g	7106911000	99.99%	1	5
2					2# 银		7106919000	99.95%	1	
3	925 银首饰	g	7113119090	形状不一、式样大小不规则的戒指、项链、吊坠、耳环、手链、胸针等	1# 银	g	7106919000	99.99%	0.925	6
4					2# 银		7106919000	99.95%	0.925	
5					925 银		7106919000	92.5%	1	
6	925 银镶嵌首饰	g	7113119090（镶嵌其他宝石类）7113111000（镶嵌碎钻类）	银料部分	1# 银	g	7106911000	99.99%	0.925	7.5
7					2# 银		7106919000	99.95%	0.925	
8					925 银		7106919000	92.5%	1	

参考文献

[1] 李天兵，胡楚雁，刘敏. 首饰CAD及快速成型【M】. 武汉：中国地质大学出版社，2013.

[2] 李举子. 宝石镶嵌技法【M】. 上海：上海人民美术出版社，2011.

[3] 徐禹. JewelCAD首饰设计【M】. 北京：北京工艺美术出版社，2012.

[4] 徐禹. JewelCAD高级首饰设计技法【M】. 北京：中国轻工业出版社，2017.

[5] 徐禹. 首饰雕蜡技法（第二版）【M】. 北京：中国轻工业出版社，2018.

[6] 徐禹. 首饰制作技法【M】. 北京：中国轻工业出版社，2014.